生物之書

The Biology Book

作者 —— 麥可·傑拉德（Michael C. Gerald）
葛羅莉亞·傑拉德（Gloria E. Gerald）

譯者 —— 陸維濃

謹以滿懷的感激與愛
將本書獻給我們的好孩子馬可與梅莉莎
也為他們的成就感到喜悅和光榮。

並以此書紀念我的兄弟史蒂芬
以及我們的雙親傑拉德夫婦和古魯伯夫婦
感謝他們付出的愛與鼓勵
及對我們的種種啟發
讓我們能夠致力完成此書。

目次

▌緒論

　　早在文字出現以前，當人類意識到生物與無生物之間的差別，不由分說，我們的老祖宗已然「寫」下生物史的第一頁。隨著狩獵採集生活的過程，人類遭遇環境中的各種生物，對生物之間的異同有最起碼的認知。處理動物屍體，準備用以為食的時候，動物的內部結構躍然眼前，各種動物的不同，想必也令聰明的獵人好奇不已。人類遠祖的生活中，超自然力量扮演極為重要的角色，是人類生命的來源，賜福人類及其後代，同時也會以阻斷食物來源和散播疾病的方式懲罰人類，老祖宗們希望透過獻祭活人和動物，能夠影響超自然力量的決定。大約在 1 萬 2000 年前，人類對周遭環境展現更強大的控制能力，開始栽種作物、馴養動物，尤其是從那之後就成為人類忠心好幫手的狗。

　　醫者是人類史上最早修習生物學的一群人，這裡的醫者泛指巫醫、男女祭司，或是專門醫治疾病的薩滿（Shaman）。這些人的治療方式綜合使用植物草藥、祈禱，向超自然力量祈求，希望自己能從經驗中——而非系統性的研究——獲得治療能力。亞里斯多德（西元前 384~ 前 322 年）是最早對生物學展現興趣的偉大學者，有系統地檢驗動植物及其特徵，透過一絲不苟的觀察、歸納和演繹，替生物分門別類，以超過四本的著作和人類分享知識，不具任何超自然力量的神祕色彩。

　　17 世紀末，雷文霍克這位自學鏡片研磨的布商，發現既非植物也非動物所存在的顯微世界，因他以母語荷蘭文去信給歐洲的科學協會，導致他的發現未能引起轟動。有了顯微鏡，1830 年代的許來登和許旺才能確定，細胞就是所有生物最基本的構造與功能單位，一如原子是化學界的基本單位。

　　19 世紀之前，科學界對生物的研究，即後來所稱的「自然史」，主要聚焦在動植物的多樣性和分類，以及動物的解剖和生理學。此時自然學家的研究方法並不是進行實驗，而是以觀察為主。然而到了 19 世紀，科學家的研究方法發生劇變，此時科學界出現許多有關生物功能的系統性研究及描述，生物學也成了指稱自然史研究或自然科學的最新詞彙。由於有機化學的進步，使生物化學界的先驅如克勞德·貝赫德，得以研究生物體內的化學變化，直至今日，有關生物化學的研究仍在持續精進。

　　生物界最重大的發現，約莫發生在 1859 至 1869 年這 10 年間。查爾斯·達爾文發展天擇說，是演化論的基礎。如今，演化論儼然是生物學的中心主旨，用來解釋所有生物的異同之處。達爾文的著作《物種起源》（*Origin of Species*，1859 年）在科學界引起廣大迴響，然而捷克修道士喬治·孟德爾以修道院種植的豌豆為材料，發表有關植物高度的研究結果卻乏人問津。直到 30 多年後，孟德爾發表的文章才被人重新發現，並視之為遺傳學的基石，也是科學界解釋突變導致天擇的基礎，這樣的解釋曾使達爾文和其助手感到困惑，並挑戰自己的演化論。古時候的人類相信生物源自於無生物，即所謂的「自然發生論」，然而路易斯·巴斯德以一個簡單又優雅的實驗，提出極具說服力的證據，證明生物源自於更早期的生命形態。不過生命最初的起源究竟為何？在當時依然是個懸而未決的問題。

　　自 20 世紀至今，探究細胞組成及各胞器獨特功能的研究，可謂生物界最重要的研究。1953 年，詹姆士·華生和法蘭西斯·克里克確認 DNA 的構形，是生物學界的重大革命，激發科學界對 DNA 的廣泛興趣，這股熱忱延燒至今。後續的研究方向著重在基因如何透過 DNA 發揮作用，作為遺傳的分子基礎；如何指揮蛋白質的合成；如何影響人類的健康。當代醫藥發展以及我們今日攝入的動植物，要能夠有創新的改變，端賴 DNA 操縱和生物科技的發展。

　　古代哲人亞里斯多德志在了解當時世界的各種知識，然而 19 世紀末的生物學研究發展並不如此，而是朝向更細微、更多元、更專業的方向前進，使得生物學之下有更多子學科因而興起，受過訓練的

專業人員積極從事研究。一般而言，生物學或動植物學可再劃分為生物化學、分子生物學、細胞生物學、解剖學、生理學、微生物學、演化生物學、遺傳學和生態學，在本書中可以找到這些學科發展過程中的重要里程碑。

生物之書

本書的目的是以易讀、有趣的方式，提供讀者生物學歷史上 250 個重要的事件。每一篇都以方便讓所有讀者理解的方式撰寫，同時提供新的資訊與洞見給具有科學背景的讀者。在有限的篇幅，我們提供讀者必要的背景知識，並避免艱澀難懂，過於專業化的討論及解釋。簡言之，本書以循序漸進的方式安排生物學史上重要的里程碑，建立科學性的同時又不失易讀性，使讀者能夠投入其中，而每一篇也可以獨立閱讀，不受編排的順序影響。此外，針對每個主題，我們還提供相關的文獻，讀者可從中找到更詳細的資料。各篇章的年代精準度各有不一，我們相信讀者一定能夠理解：專家並非總是一心一意地注意日期，就算是建立該里程碑最主要的研究人員也未必如此。

目前坊間大專院校主流的生物教科書，篇幅動輒超過一千頁，我們為什麼只選擇 250 個生物學發展史上的重要事件？首先，這些重要事件一定是當代最重要的科學進程，其地位維持幾百年，有些甚至至今仍屹立不搖。有些里程碑建立在前人的發現之上，據以發展，並在當時就受到廣泛的支持；有些革命性的新發現，例如科學哲學家湯瑪斯・孔恩所描述的典範轉移（paradigm shift），則完全悖離當時普遍為人所接受的觀念，飽受反對者的訕笑、批評，甚至敵視。雖然科學家給人的形象總是理性、客觀，然而生物學發展史一路走來，仍有許多學者因為政治、哲學、經濟或宗教等因素，或僅因自身的傲慢，拒不接受那些與傳統相悖，與所知不符的新思維。然而，當鐵證出現在眼前，科學界還是接受安德雷亞斯・維薩里訂正加倫對人體描述的錯誤，儘管加倫的著作在當時已流傳近 1500 年，是許多醫學生奉為圭臬的寶典。羅伯・柯霍證實傳染性疾病的罪魁禍首是細菌，而非瘴癘，這又是科學方法革新醫學的另一場勝利。

許多偉大的科學家不顧陳規教條，發現生物科學界最重要的里程碑。本書特別強調這些發現，並以適當且有趣的方式順道介紹相關的科學家。把心理刺激和消化功能連結起來而享譽全球的生理學家，同時是諾貝爾獎得主伊凡・帕夫洛夫，在 1920 至 1930 年代，是讓蘇聯隱忍許久的頭痛人物，經常公開批評共產主義；奧圖・羅威發現化學性神經傳導物質的存在，在納粹德國入侵奧地利之後，利用他的諾貝爾獎獎金讓自己遠走高飛。最後，我們必須承認，這些重要的里程碑當中，其中幾個因為具備有趣的故事性而入選，畢竟，誰不喜歡有趣的故事呢？

本書蒐羅的各個里程碑，體現艾薩克・牛頓的名言：「如果我能看得更遠，是因為我站在巨人的肩膀上」，我們試圖從歷史的角度解釋各種發現或觀念之於生物學的重要性，並強調這些發現對後續研究人員及對當代人的思維影響。我們希望讀者看完這本書之後，能夠對周遭生物懷抱更多感激之情。

致謝

我們要對我們的女兒梅莉莎・傑拉表達最大的感謝，她以生物人類學家的專業提出建言，帶給我們莫大的幫助。我們的兒子，馬可・傑拉德引薦我們與 Sterling 出版社接觸，在成書過程中給予我們鼓勵和無價的專業支援。還要感謝克莉絲汀娜・傑拉德的無私支持，以及瓊・伊凡斯對於蒐羅範圍的指引建議。Sterling 出版社的編輯和負責出版作業的同仁提供我們莫大的支持，尤其是我們的編輯馬蘭妮・麥登，以及 LightSpeed 出版社的史考特・卡拉馬的幫助，所有參與其中的同仁，都是我們深深感激的對象。

生命的起源

路易斯・巴斯德（Louis Pasteur，1822~1895 年）
約翰・哈爾丹（J. B. S. Haldane，1892~1964 年）
亞歷山大・奧帕潤（Alexander Oparin，1894~1980 年）

　　藉由微生物化石可以推估，地球上最早的生命可能出現在 40 億至 42 億年前。但生命究竟是如何出現的？認為生命起源於非生命物質的觀念（自然發生論，spontaneous generation）可以回溯至古希臘時代，直到 1859 年，路易斯・巴斯德進行一系列的實驗，才推翻這樣的觀念。然而到了 1920 年代中期，自然發生論又重新崛起，改名為無生源論（abiogenesis）。而俄國亞歷山大・奧帕潤和英國的約翰・哈爾丹，這兩位獨立研究的生化學家和演化生物學家則認為，現今的環境和地球的原始狀態極為不同，早期的地球環境適合化學反應進行，有利於無機起始材料合成有機分子。有大量科學文獻提出理論假說，以奧帕潤—哈爾丹的假說為基礎並加以變化，敘述地球的生命如何開始，然而未有一說受到普世認同。

　　無生源論認為，生命起源於可以自我複製的簡單非生物有機分子，形成生命的過程可分為幾個階段：首先，大氣層中的二氧化碳和氮，經由強烈的陽光或紫外輻射提供能量，合成小型有機分子，例如胺基酸和含氮鹼基。這些小型的有機分子結合形成巨分子，例如蛋白質和核酸。巨分子與原始細胞及泡囊等形成活細胞的先驅物質聚合在一起，外圍再由一層薄膜包覆，這層薄膜可以控制細胞內部的

化學物質含量。在這樣的情況下，複製、產能和耗能的化學反應便可以發生。最後形成具有自我複製能力的核糖核酸，核糖核酸能夠合成蛋白質，而具有酵素功能的蛋白質又是核糖核酸複製不可或缺的元素。這些新形成的核糖核酸分子具有獨特的化學結構，非常適合自我複製，並且可以把適存的特徵傳遞給下一代的核糖核酸分子，這可能就是最早的天擇過程。

地球上的生命究竟如何起源？幾千年來，這個問題不斷挑戰著學者和哲學家。地球形成 10 億年後，當時的地球環境和如今大大不同，彼時的環境有利於原始大氣層中的原始物質形成有機分子。

參照條目　原核生物（約西元前39億年）；真核生物（約西元前20億年）；新陳代謝（西元1614年）；推翻自然發生論（西元1668年）；化石紀錄與演化（西元1836年）；達爾文的天擇說（西元1859年）；酵素（西元1878年）；米勒—尤列實驗（西元1953年）；生命分域說（西元1990年）。

最後的共祖

查爾斯・達爾文（**Charles Darwin**，**1809~1882** 年）

查爾斯・達爾文提出的演化論認為，地球上所有生命都來自共同祖先。在《物種起源》書中，達爾文如此寫道：「根據類比推論，我認為曾經出現在地球上的所有生物都來自相同的生命形態，一個被注入氣息的生命形態。」所謂的最後普遍共祖（last universal common ancestor, LUCA），或稱最後共祖（last universal ancestor），並非一定是地球上第一種生物，而是指大約在 39 億年前，地球上現存所有生物開始演化之際，當時所有生物的共同祖先，而如今地球上所有生物體內有都含有共祖的遺傳特徵。生物主要有三大分支：真核生物（eukaryote），例如動植物、原生動物，以及所有具有細胞核的生物；細菌和古菌，這兩類的生物都沒有細胞核。

在現存生物體內尋找共祖留下來的特徵，是一項既使人迷惑又備受爭議的工作。一開始，科學家假設共祖是粗糙且質量簡單的生物，然而現在科學家相信這未免過分簡化我們的共祖。2010 年，科學家提出一項正式的試驗，評估共祖該有的特徵。

生物的最後普遍共祖是一種單細胞生物，由含有脂質的膜包圍住負責產生能量和負責生殖的胞器。所有生物的遺傳資訊都由去氧核糖核酸（DNA）密碼組成，藉由這些密碼，DNA 可以轉譯為酵素和其他蛋白質，不管是細菌或人類幾乎都是如此。轉譯之後的遺傳資訊，更支持最後普遍共祖這樣的觀念，使科學家更堅定認為生物並不是從各種祖先分別演化而來的。

尋找共祖的過程中，基因置換（gene swapping）是最令人頭痛的複雜現象之一。如今已知基因可以在不同生物間傳遞，讓科學家更難決定眼前看見的究竟是普遍性的特徵還是經過基因置換的特徵。

生命之樹，一張暗指所有生命都來自共同祖先的圖畫，是世界各地神學和神話學常用的隱喻方式。這張出自沙基汗宮（Palace of Shaki Khans，約 1797 年）的生命之樹，目前在亞塞拜然國家美術館展出。

參照
條目　生命的起源（約西元前40億年）；原核生物（約西元前39億年）；真核生物（約西元前20億年）；達爾文的天擇說（西元1859年）；去氧核糖核酸（DNA）（西元1869年）；酵素（西元1878年）；米勒─尤列實驗（西元1953年）。

原核生物

卡爾・烏斯（Carl Woese，1928~2012 年）
喬治・福克斯（George E. Fox，1945 年生）

地球上首次出現生命大約是 40 億年前的事，此時地球形成已經有 6 億年。原核生物是地球上最原始，數量也最多的生命形態。原核生物能夠這麼成功，有幾個關鍵因素：首先，多數原核生物具有細胞核，保護細胞外還能維持細胞的形狀。此外，多數原核生物具有趨性，是一種向營養物質和氧氣移動，並遠離有害物質的本能。更驚人的是，原核生物可以透過二分裂，將原本的細胞一分為二，達到快速無性生殖的目的，藉此適應不利的環境。

根據烏斯及福克斯的生命分域說，三域中有兩域，即古菌及細菌兩域都是原核生物。細胞核、胞器及細胞中具有特殊功能的結構（如核糖體和粒線體），外層都沒有膜。原核細胞內的細胞質，是呈現凝膠狀的的液體，次細胞物質懸浮其中，DNA 位在細胞質的擬核（nucleoid）區域。

古菌擁有驚人的適應能力，能夠在少有生物能存活的極端環境中生存繁衍，如嗜極端生物（extremophile）之類的古菌域生物，能夠生存於火山熱泉，還有古菌生物可以生存在猶他州大鹽湖中，這裡的鹽度比海水高出 10 倍。

到目前為止，多數已知的原核生物為細菌，有些細菌和其他動物間存在共生或互利的關係。科學界對細菌了解比較多，因為多數疾病和細菌有關。據估計，人類疾病有半數都由細菌引起。在顯微鏡下檢視細菌的時候，可發現細菌有許多形狀，最常見的有球狀、桿狀、螺旋狀或弧狀。因為細胞壁內的化學成分不同，對革蘭氏染劑會有不同反應，可藉此把細菌分為革蘭氏陽性菌或革蘭氏陰性菌，在臨床醫學上，對於診斷或以抗生素治療感染性疾病，這種分類方式有很重要的指示作用。

原核生物是地球上數量最豐富的生命形態，也是地球上最早出現的生命形態。細菌代表生命三域的其中之一，是最為人熟知的原核生物，具有細胞壁，主要有四種形狀：桿狀（如圖）、球狀、螺旋狀和弧狀。

參照條目　生命的起源（約西元前40億年）；真核生物（約西元前20億年）；雷文霍克的顯微世界（西元1674年）；細胞學說（西元1838年）；達爾文的天擇說（西元1859年）；去氧核糖核酸（DNA）（西元1869年）；病菌說（西元1890年）；益生菌（西元1907年）；抗生素（西元1928年）；核糖體（西元1955年）；生命分域說（西元1990年）。

藻類

　　藻類是形成食物鏈的基礎。從簡單的單細胞生物或擁有數百萬細胞的多細胞生物,都包含在藻類的範疇裡。就大小而言,藻類橫跨七個數量級,從直徑一微米的微胞藻,到長達 60 公尺的大浮藻都包含其中。藉由光合作用,藻類可以利用二氧化碳和水形成有機食物分子,是所有海洋生物賴以生存的食物鏈的基礎。氧氣是光合作用中的副產品,全球陸生動物呼吸所需的氧氣,有 30 至 50% 由藻類生產。原油和天然氣是古代藻類行光合作用而遺留下來的產物。

　　藻類的異質性挑戰眾人普遍接受的生物分類方法。有些藻類具有原生動物和真菌的特徵,由 10 億年前的藻類演化而來。各種藻類之間親緣關係並不親密,也沒有形成單一的演化支系。25 億年前,地球大氣層的氧氣含量突然劇增,據信是因為藍綠藻行光合作用的原因。紅藻和綠藻從藻類共祖演化而來,演化時間超過 10 億年,最古老的藻類化石,年代可回溯至 15 億年前。綠藻的演化支就是陸生植物的祖先所在位置,有些生物學家認為應該把綠藻納入植物界的範疇。

　　藻類的分類方式,有些是依據細胞核的有無,區分為真核或原核生物,或者依據它們的棲地進行生態上的分類。從 1830 年起,藻類依據顏色分為三大類群:紅藻、綠藻和褐藻,這是因為光合作用中的輔助色素遮蔽葉綠體的綠色。目前已知的紅藻約有 6000 種,所在的海域深度不同,會造成色彩濃淡的差異。紅藻是熱帶海洋溫暖海域中最常見的藻類,多數紅藻是多細胞生物,其中最大型的就是海藻。綠藻門有超過 7000 種綠藻,主要出現在淡水域。

所有生物都要仰賴藻類行光合作用,過程中形成的有機分子,是海洋生物不可或缺的生存元素。氧氣是光合作用的副產品,是所有陸生生物生存的重要關鍵。

參照條目 原核生物(約西元前39億年);真核生物(約西元前20億年);真菌(約西元前14億年);陸生植物(約西元前4.5億年);細胞核(西元1831年);光合作用(西元1845年);食物網(西元1927年)。

真核生物

　　所有先進的生命形態都具有真核細胞。距今約 16 億至 21 億年前，據信是從原核生物透過內共生作用（endosymbiosis）演化而來的真核生物出現在地球上。真核細胞的體積比原核細胞大 10 倍，更有組織也更複雜。真核生物的形狀大小有極大差異，小如阿米巴原蟲、紅藻，大如鯨魚、恐龍。

　　原核細胞和真核細胞最主要的差異在於，真核細胞的細胞核和細胞內的胞器，外層都有膜包覆。各自區隔開來的空間，讓胞器能夠更有效率的執行能量轉換、消化營養物質、合成蛋白質等特定功能，使細胞內可同時進行多項功能而不會互相干擾。

　　細胞核是細胞內最大的胞器，內有攜帶遺傳資訊且纏繞成染色體的 DNA。真核細胞的增殖方式有兩種：其一是有絲分裂（mitosis），一個細胞會產生兩個遺傳背景完全一樣的子細胞；其二是減數分裂（meiosis），成對的染色體分離，每一個子細胞擁有的染色體數目是母細胞的一半。

　　真核細胞域，生命三域中的第三域，包含多細胞生物組成的動物界、植物界和真菌界，以及多數為單細胞生物的原生生物界。就目前所知，原生生物是最多元，數量也最多的真核生物。想要區別真核細胞域中的不同生物界，可從生物獲得營養的方式來判別：植物藉由光合作用獲得自身所需的養分；真菌從環境中吸收已分解的營養物質（例如已分解的生物殘骸或動物的排遺）；動物則是吃其他生物維生。至於原生生物如何獲取營養，目前沒有概括性的通論。從這個角度出發，藻類像植物，黏菌像真菌，阿米巴原蟲則像動物。近年來，原生生物適切的分類地位和演化史幾經修正，而且遺傳分析的結果顯示，有些原生生物和動物及真菌之間的親緣關係，甚至比跟其他原生生物還要親近。

真核生物包含多細胞植物、動物、真菌與單羊肚的真菌，食用真菌致死的案件中有 95% 都是誤食這類真菌。

參照條目　生命的起源（約西元前40億年）；原核生物（約西元前39億年）；藻類（約西元前25億年）；真菌（約西元前14億年）；雷文霍克的顯微世界（西元1674年）；細胞核（西元1831年）；細胞學說（西元1838年）；達爾文的天擇說（西元1859年）；減數分裂（西元1876年）；有絲分裂（西元1882年）；革蘭氏染色法（西元1884年）；病菌說（西元1890年）；生命分域說（西元1990年）；內共生理論（西元1967年）；原生生物的分類（西元2005年）。

真菌 |

　　除了黴菌和可食用的蕈菇類，一般人實在不覺得真菌是一種重要的生命形態，然而真菌對我們的生活卻有重要影響。真菌幫忙分解並回收環境中已經死亡，或是正在衰敗的有機物質。除了菇類、羊肚菌和松露，有些真菌還可以幫助乳酪熟成，酵母菌可以用來製作麵包、酒精飲品和化工原料。此外，人類史上最重要的藥物青黴素（penicillin）和預防移植器官產生排斥作用的環孢素（cyclosporine），都是由真菌提煉而成的藥物。10 萬種真菌中有三成是行寄生生活的真菌或病菌。植物是真菌最喜歡攻擊的目標，嚴重影響水果收成，並引發美洲栗疫病（American chestnut tree blight）、荷蘭榆樹病（Ducth elm disease）和麥角病（ergotism）。944 年，法國有 4 萬人因麥角病而死，而著名的塞冷郡女巫審判事件，那些因產生幻覺而被當作女巫的人，可能就是麥角病的代罪羔羊。真菌也會感染皮膚造成香港腳、念珠菌症，以及危及性命的系統性感染。

　　過去將真菌納為植物。真菌生長在土壤中，行固著生活並且具有細胞壁。但是分子證據顯示，真菌跟動物的親緣關係比較相近，至少在 14 億年前水中的單細胞共祖演化而來。最古老的陸生真菌化石已有 4 億 6000 萬年的歷史。

　　除單細胞真菌（例如酵母菌）以外，真菌的組成單位是菌絲（hyphae），菌絲外環繞著含有幾丁質（chitin）的細胞壁，幾丁質同時是昆蟲外骨骼的主要成分，真菌的細胞壁並不如植物是由纖維素（cellulose）組成的。菌絲的頂端分支彼此交纏而成菌絲體，菌絲體產生子實體，子實體產生具有生殖功能的孢子。

　　不像動物會攝取食物，也不像植物會生產食物，真菌透過幾種不同的方式獲得營養：作為異營生物時（heterotroph），真菌吸收環境中的養分；行腐生生活時，真菌分泌酵素分解活／死細胞中（倒木或動物遺骸）的大型有機分子，變成真菌可以吸收的小分子養分；行寄生生活的時候，真菌會分泌另一種酵素可以穿透細胞壁，藉以吸取生存所需的養分。

酵母菌、黴菌和菇類都是真菌，既是人類的食物來源（菇類、松露），又可藉由發酵作用製作麵包和酒精飲品（酵母菌）。在凝乳中接種特選的真菌，可以為乳酪增添特殊的風味和口感。

參照條目　真核生物（約西元前20億年）；麥角中毒症與巫婆（西元1670年）；酵素（西元1878年）；抗生素（西元1928年）；生命分域說（西元1990年）；美洲栗疫病（西元2013年）。

節肢動物

　　節肢動物是地球上最成功的動物，從最高聳的山峰到最深邃的海洋，從極圈到熱帶，海陸空三界都有牠們的身影。所有現存生物和化石生物中，有四分之三是節肢動物。根據估計，現存在地球上的節肢動物數量約有 1018 隻，約有 100 萬種已知種類，熱帶雨林中還有更多未知的節肢動物，等待科學家鑑定。節肢動物體型大小各異，從微小的昆蟲和甲殼類動物到棲息在白令海峽，足展寬度超過 1.8 公尺，重量通常超過 8 公斤的扁足擬石蟹（blue king crab）。

　　節肢動物的起源和演化一直備受爭議，因為許多最早出現的節肢動物並沒有留下化石證據。一般認為節肢動物是從海中的環節動物（annelid）共祖演化而來，時間大約是 5 億 5000 萬至 6 億年前。從環節動物共祖開始，節肢動物的演化究竟是一次到位還是經過多次演化，科學家的說法至今仍莫衷一是。節肢動物最古老的化石是現已絕種的海洋生物——三葉蟲，其生存年代可以回溯至 5 億 3000 萬年前。大約在 4 億 5000 萬年前，史上第一種陸生動物出現在地球上，牠也是節肢動物，是一種和蜈蚣有親緣關係的多足類動物。

　　動物界就屬節肢動物門的成員最多元，節肢動物門又可分為五個主要類群，分別是昆蟲、蜘蛛、

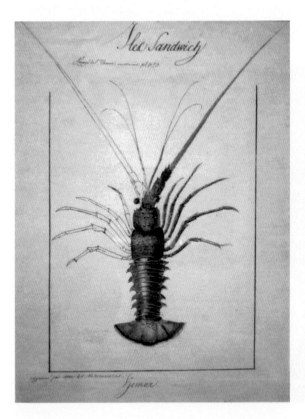

蠍子、甲殼類動物和蜈蚣。這些動物都具有相同的特徵：身體和人類一樣呈現兩側對稱，也就是身體的左側就如同身體右側的鏡像；體表覆有幾丁質組成的外骨骼，除了提供保護，還提供肌肉的附著點，讓節肢動物可以靈活移動附肢，並可防止身體喪失水分。昆蟲的身體分節，附肢具有關節，所謂「節肢」就是「有關節的附肢」。雖然體外罩了一層硬梆梆的外骨骼，但是具有關節的足、爪和口器，還是可以靈活運動。演化過程中附肢的數目逐漸少，功能變得更專化，像是作為運動（如走路或游泳）、取食、防衛、接收感覺（特化程度尤其高）和生殖之用。

所有現存生物和化石生物中，有四分之三是節肢動物，包括龍蝦這樣的甲殼類生物也包含在節肢動物的範疇內。這幅水彩畫《夏威夷龍蝦》繪於 1819 年，出自時年 16 歲的法國少年藝術家亞德里安・陶奈（Adrien Taunay the Younger）之手。

參照條目　昆蟲（約西元前4億年）。

延腦：生命中樞

　　說到腦，我們毫無疑問會想到推理、情感，當然還有思考，這些受到腦部高度調控的活動。然而，腦部還負責更基本的維生功能，這些功能由延腦負責調控，延腦可能是最先演化的腦部構造，有些專家甚至認為延腦是最重要的腦部結構。

　　兩側對稱動物是所有脊椎動物的共祖，在 5 億 5500 萬至 5 億 5800 萬年前首次出現在地球上。兩側動物的特徵是具有由口連接至肛門的中空腸道，以及具有神經索，也就是脊索的前身。5 億多年以前，脊椎動物出現在地球上，據說模樣就和現在的盲鰻很相似。脊椎動物的解剖特徵是在口端神經索發展出三個腦部團塊，分別是前腦、中腦和後腦。

　　延腦屬於後腦，從脊索頂端發展而來。整個腦部最下方的就是延腦，也是脊椎動物腦中最原始的結構。延腦調節生命賴以存續的無意識運動，如控制呼吸、心跳速率和血壓。位於延腦的化學感受器，監測血液中氧氣及二氧化碳的濃度，並適當調節呼吸速率，延腦受損的個體會因為無法呼吸而立即死亡。位於主動脈和頸動脈的壓力感受器負責偵測動脈血壓，透過神經脈衝傳達訊息給延腦的心血管中心，觸發改變以恢復正常的血壓和心跳速率。

　　延腦也是許多動作的反射中心，不需意識參與可以即刻做出反應，像是嘔吐、咳嗽和吞嚥。此外，延腦還是神經進出腦部的必經之地，可以傳遞腦部和脊索之間的神經訊號。

延腦是最原始的腦部結構，控制許多生存必須的功能，如呼吸、心跳速率和血壓，以及咳嗽和打噴嚏等反射動作。這張美國戰訊新聞處在二次世界大戰時發布的海報，提醒美國軍人咳嗽和打噴嚏時要遮住口鼻，以免傳播病菌。

參照條目 魚（約西元前5.3億年）；血壓（西元1733年）；神經系統訊息傳遞（西元1791年）；神經元學說（西元1891年）。

魚

　　大約在 5 億 5000 萬年前，脊椎動物最古老的祖先出現在海洋裡。之後，地球進入泥盆紀（約 4 億 1700 萬至 3 億 5900 萬年前），所謂「魚類的時代」宣告來臨，經過驚人的演化，魚類成為現今地球上最多元的脊椎動物。5 萬 2000 種脊椎動物中，有 3 萬 2000 種是魚類，簡單來說魚類就是有鰓，四肢無趾的脊椎動物。

　　無頜魚類（agnathan）約出現在 5 億 3000 萬年前發生的寒武紀大爆發（Cambrian Explosion），是地球上第一種魚類。沒有下頜，頭部周圍有骨甲，圓形的口部用來吸食或濾食，七鰓鰻（lamprey）和盲鰻（hagfish）是唯一存活至今的無頜魚類。在今日的軟骨魚和硬骨魚身上，可以看見魚類下頜的發展，增加的攝食範圍，使魚類成為主動的捕食者。軟骨魚類體內沒有真正的骨頭，由軟骨組成輕盈、具有彈性的骨骼，例如魟魚、鯊魚和鰩魚，都是身手敏捷的捕食者。

　　硬骨魚具有真正的骨頭，種類約有 1 萬 9000 種，外型各異，例如鰻魚、鱉魚、鱒魚和鮪魚。許多硬骨魚體內有魚鰾，這個充氣的囊狀構造讓魚類不費吹灰之力就能保持身體的浮力，維持在特定深度。所有的魚類比重都比海水重，而鯊魚和魟魚又沒有魚鰾，所以會下沉，牠們不是選擇待在海床就是一直動個不停，這麼做非常消耗體力。比起空氣中的氧氣，海水中的氧氣少得多，讓水流不斷流經多對魚鰓，是魚類獲得氧氣並排除代謝終產物——二氧化碳的有效方法。

　　硬骨魚主要可以分為兩類：一為輻鰭魚，有放射狀排列的骨骼支撐著魚鰭；一為肉鰭魚，如活化石腔棘魚，胸鰭和腹鰭中有桿狀的骨頭，周遭有肌肉包覆。這些肉質鰭演化成陸生四足的四肢和腳，包括人類的四肢在內。

最原始的魚類，照片的七鰓鰻屬於無頜魚類，利用圓形的口進行濾食。一般認為北美五大湖中的七鰓鰻是入侵種，碰巧來到沒有天敵的環境，所以竟然吃起湖鱒這類具有商機的魚類。

參照條目　泥盆紀（約西元前4.17億年）；兩棲動物（約西元前3.6億年）；古生物學（西元1796年）；活化石：腔棘魚（西元1938年）。

約西元前 4.5 億年

陸生植物

亞里斯多德（**Aristotle**，西元前 384~322 年）
查爾斯·達爾文（**Charles Darwin**，1809~1882 年）

最先把生物分為動物和植物的人是亞里斯多德，他的分類條件至今仍頗受大家歡迎：會動的是動物，不會動的是植物。陸生植物約有 30 萬至 31 萬 5000 種，包括開花植物、針葉樹、蕨類和苔蘚，不包含藻類和真菌。

所有開花植物都是從輪藻這種綠藻演化而來，輪藻首次出現在陸地上的時間大約是 120 萬年前。許多綠藻生長在池塘和湖泊邊緣等容易變得乾燥的地方，達爾文提出天擇說，認為這些綠藻適應這樣的狀況，在水退去以後能夠生存在水位線之上。早期的陸生植物，大約出現在 4 億 5000 萬年前，享受地球上明亮的陽光和充足的二氧化碳，有助於植物藉由光合作用產生有機分子，進而自給自足，而那時的地球土壤也相當營養肥沃。陸生植物中有 85 至 90％都是種子植物，首次出現的時間約在 3 億 6000 萬年前，又過了 1 億 4000 萬年，開花植物出現在地球上，而植物分類群中最年輕的草類，出現在 4000 萬年前。

綠色植物的範疇包括體型微小的野草到參天的紅杉。這些植物全都具有真核細胞和由纖維素組成的細胞壁，多數綠色植物藉著行光合作用獲得自己需要的能量。現存的蕨狀種子植物，是地球上最先出現的種子植物。植物授粉後形成的胚胎，胚胎形成種子，種子外圍有保護層，親本植物釋放種子後，這樣的種子可以保持休眠狀態好幾年。

約 1 萬 2000 年前，世界各地的人類開始栽種野生的種子植物，人類也從狩獵採集者轉變為農夫。種子植物除了是人類主要的食物來源，也是燃料、木器（孢子植物除外）和藥物的主要來源。孢子植物，包括蕨類、苔、蘚和木賊，既不會開花，也並非由種子發芽生長而來。

陸生植物體型大小各異，包含毫不起眼的野草到參天的紅杉。照片的苔蘚植物，體內沒有植物運輸水分的系統，必需生長在潮濕的環境，周圍一定要液態水才有辦法繁殖，多雨氣候地區保持潮濕的屋瓦，是最適合苔類植物生長的地方。

參照條目 藻類（約西元前25億年）；真核生物（約西元前20億年）；植物防禦草食動物（約西元前4億年）；種子的成功（約西元前3.5億年）；裸子植物（約西元前3億年）；種子植物（約西元前1.25億年）；藥用植物（約西元前6萬年）；農業（約西元前1萬年）；光合作用（西元1845年）；達爾文的天擇說（西元1859年）。

泥盆紀

亞當・塞維克（Adam Sedgwick，1785~1873 年）
羅德里克・默奇森（Roderick Murchison，1792~1871 年）

　　1839 年，地質學家亞當・塞維克和羅德里克・默奇森以英國得文郡（Devon）為泥盆紀命名，因為地球上最早受到研究的泥盆紀地層就在這裡。泥盆紀距今 4 億 1700 萬至 3 億 5900 萬年前，見證植物和魚類生命的重大改變，其中包括魚類離開海洋來到陸地上。海洋覆蓋地球 85% 的面積，地球上曾有兩塊超級大陸：位於北半球的勞亞古陸（Laurasia）和南半球的岡瓦納古陸（Gondwanaland）。

　　約在 4 億 5000 萬年前，陸生植物首次出現，地球上最古老的維管束植物就出現在泥炭紀的開端。比起較早出現的非維管束植物，例如苔蘚類、蕨類，維管束植物不一樣的地方在於，植物體內具有分布廣泛的管路系統，可以用來傳輸水分和營養物質。這段期間，地球的植被相很簡單，並且侷限在水邊，都是一些小型的植物，最高頂多 1 公尺。木本植物出現後，植株軸向強度增加，可以長得更高，接觸到大量陽光，能支撐更重的枝葉重量。土壤成分的改變也促進植物的根系發展，證據就是 3 億 8500 萬年前，地球上首次出現類樹木生物（tree-like organism）長成的森林。

　　生物世界的革命性改變。在泥炭紀中期，無頜魚類（沒有下頜，具有板狀骨甲的魚類）的數量開始減少。而有頜魚類，如鯊魚之類的軟骨魚類和多數現存的硬骨魚類，數量和種類都開始增加，成為海水和淡水中的主要捕食者，難怪這段期間又稱為「魚類的時代」。地球上最早出現的四足動物是從肉鰭魚演化而來，能夠爬出泥坑，離開水域到處走動，並且以陸生無脊椎動物為食。

　　到了泥盆紀末期，約 70％ 的無脊椎動物已經消失，其中主要都是海洋無脊椎動物，淡水無脊椎動物佔較少數，珊瑚礁則是徹底消失。根據估計，泥盆紀後期滅絕事件大約維持 50 萬至 2500 萬年，雖然這起滅絕事件的成因至今依然是個謎，但是依然名列生物史上五大滅絕事件之一。

出自 1904 年恩斯特・海克爾（Ernst Haeckel）出版的畫冊《自然界的藝術形態》，畫出各式各樣的海葵，畫名就叫做《海葵》。海葵是棲息在水中的捕食性動物，可能在泥炭紀的珊瑚礁裡興盛生長。因為有些海葵的體內不具有堅硬的部分，所以無法留下化石紀錄。

參照條目 魚（約西元前5.3億年）；陸生植物（約西元前4.5億年）；兩棲動物（約西元前3.6億年）；裸子植物（約西元前3億年）；珊瑚礁（約西元前8000年）；古生物學（西元1796年）；化石紀錄與演化（西元1836年）；大陸漂移（西元1912年）。

昆蟲

艾德華‧威爾森（**Edward O. Wilson**，1929年生）

　　昆蟲是地球上數量最多的動物。已知種類約有100萬種，科學家推測大約還有600萬至1000萬種昆蟲等著被發現。因此，昆蟲組成動物界最大的分類群，數量超過其他所有動物數量的總和。昆蟲是無脊椎動物，隸屬於節肢動物門，其下至少分成30個目，每一目的昆蟲都具有外骨骼以及一些共同特徵：三對足、身體，分為頭、胸、腹三節，以及一對可以偵測聲音、振動和化學訊號（化學訊息傳遞素，包括費洛蒙在內）的觸角，以及針對取食方式而特化的外在口器。

　　昆蟲約出現在4億年前，最古老的昆蟲化石，模樣看起來就像現在的衣魚。科學家找到飛行昆蟲留下的完整印痕化石，推測生存時間大約是3億年前。昆蟲是地球上第一種會飛行的動物，也是唯一會飛的無脊椎動物。飛行提供昆蟲最主要的競爭優勢，使昆蟲可以逃離捕食者、尋找食物和配偶，以及移動到新的棲地。

　　許多昆蟲的生活史會經歷變態，經歷不完全變態的昆蟲，若蟲就像是成蟲的縮小版，蝗蟲就是如此；而經歷完全變態的昆蟲，像是蝴蝶，幼蟲必須經過四個階段，才能轉變為成蟲。研究螞蟻及其社會行為的美國生物學家艾德華‧威爾森，在1990年出版共同著作《螞蟻》一書。過著真社會性生活的螞蟻群居在一起，彼此合作照顧幼蟲，族群中有世代重疊和分工現象。

　　昆蟲和環境之間存在各式各樣的關係。許多人把昆蟲當成害蟲：把其他動物當成寄主（蚊子）、傳播疾病（瘧疾）、毀壞農作物（蝗蟲），以及破壞房屋結構（白蟻）。但昆蟲同時擔任替開花植物授粉的工作，是用來進行遺傳研究的絕佳材料，也是其他動物的食物來源。

溫斯勞斯‧霍拉（Wenceslaus Hollar，1607~1677年）是出生於波希米亞的蝕刻師，他的作品包羅萬象，如這幅完成於1646年的昆蟲蝕刻畫，共有41種昆蟲。

參照條目 節肢動物（約西元前5.7億年）；植物防禦草食動物（約西元前4億年）；種子植物（約西元前1.25億年）；古生物學（西元1796年）；昆蟲的舞蹈語言（西元1927年）；費洛蒙（西元1959年）；社會生物學（西元1975年）。

植物防禦草食動物

　　約在 4 億年前，在地球上第一種陸生植物出現後又過了約 5000 萬年，化石證據顯示昆蟲已經開始大啖植物。兩棲動物是地球上最早出現的陸生無脊椎動物，時間大約在 3 億 6000 萬年前，一開始兩棲動物以魚類和昆蟲為食，後來食性範圍拓展到植物身上。草食動物指的是身體結構和生理功能都已經適應以植物為主食的動物，植物可以提供豐富的碳水化合物。為了抵禦草食動物的侵略，並增加生存機會和繁殖適性，植物演化出物理和及化學防禦機制，可以驅趕天敵或讓草食動物受傷，甚至死亡。不過植物演化的同時，草食動物也跟植物共同演化，演變成能夠克服或減緩植物防禦機制的動物，才能繼續以植物為食。

　　物理性或機械性的防禦方式，例如玫瑰和仙人掌莖上著生的棘刺，目地在於驅趕草食動物，或者讓草食動物受傷。覆蓋在葉面或者分布在莖上的毛狀體（trichome），可以有效趕跑大部分草食性昆蟲，雖然有些昆蟲也演化出反防禦機制。植物的臘或樹脂可以改變植物的質地，使細胞壁變得既難吃又難消化。

　　植物的化學防禦機制利用新陳代謝產生的副產品或次級代謝物，這些是沒有參與植物生長、發育和繁殖等基礎功能的物質。然而，作為驅趕草食動物的忌避劑或毒素，這些物質改善植物長期的生存率。植物的化學防禦物質可分為生物鹼（alkaloid）和氰苷（cyanogenic glycoside），兩者都含有氮。生物鹼是胺基酸經過新陳代謝後衍生的產物，常見的有古柯鹼、番木　鹼、嗎啡鹼和菸鹼，菸鹼是園藝和農業殺蟲劑中常見的成分。生物鹼會影響草食動物體內的酵素活動，抑制蛋白質合成和 DNA 的修復機制，還會干擾神經功能。當草食動物取食含有氰苷的植物時，體內會產生氰化氫，會毒害草食動物的細胞呼吸作用。

棘、刺、針都是植株體尖銳且堅硬的構造，是驅趕草食動物的物理性方法。雖然這些名詞經常交互使用，不過植物學家仍根據植物種類來稱呼這些構造，照片是玫瑰莖上的針。

參照條目　陸生植物（約西元前4.5億年）；昆蟲（約西元前4億年）；兩棲動物（約西元前3.6億年）；新陳代謝（西元1614年）；氮循環與植物化學（西元1837年）；共演化（西元1873年）；酵素（西元1878年）；粒線體與細胞呼吸（西元1925年）。

約西元前 3.6 億年

兩棲動物

李奧納多・達文西（Leonardo da Vinci，1452 ～ 1519 年）

約在 3 億 6000 萬年前，肉鰭魚的鰭演化成四足動物的四肢和具趾的腳。逐漸演化的四足動物能夠離開水域，讓牠們不用和其他水中生物競爭資源，也逃離水中捕食者，還可以在水邊濃密的植被中追捕獵物。四足動物演化成兩棲動物，許多兩棲動物一生都過著既水生又陸生的生活模式。

兩棲動物約有 5000 至 6000 種，可分為三大類群，每一個分類群都有各自的特徵：有尾目（Urodela）的蠑螈具有長長的尾巴和四肢；裸蛇目（Apoda）的蚓螈模樣像蠕蟲，沒有足，幾乎全盲，生存在熱帶棲地。

約有 90％的兩棲動物屬於第三個分類群：無尾目（Anura），也就是青蛙和蟾蜍這些幼時水生，成年後在潮溼地區行陸生生活的動物。雌蛙或雌蟾蜍在水中產卵，雄蛙或雄蟾蜍負責讓卵受精。青蛙幼時稱為蝌蚪，蝌蚪具有鰓，可以從水中過濾氧氣，長長的尾巴和側線是感覺系統，讓蝌蚪可以偵測水中的動靜和壓力變化。經過變態後，蝌蚪發展出強勁的後腳、碩大的頭部和眼睛、一對暴露在外的鼓膜，以及適合肉食生活的消化系統，而尾巴、側線系統和鰓則消失不見。透過皮膚交換呼吸氣體，也就是氧氣和二氧化碳，這也是兩棲動物共有的特徵。多數兩棲動物生長發育的過程都要經歷變態。

生物多樣性的領頭羊。自 1980 年代起，科學家發出警訊，全世界的兩棲動物和蛙類數量開始下降，導致某些種類已經滅絕，對全球生物多樣性而言，這猶如巨大的威脅。兩棲動物以藻類和浮游動物為食，也會捕食昆蟲，減少昆蟲傳播疾病的機會，而兩棲動物本身又是其他脊椎動物的食物來源。至今我們仍不知道是什麼原因造成兩棲動物數量下降，但棲地破壞或棲地變化、環境汙染和真菌感染，都是可能的原因。

紅眼樹蛙棲息在中美洲雨林。受到驚嚇時，瞳孔縮小，眼睛周圍的紅色範圍變大，露出明亮的紅色，這是一種防禦機制（startle coloration），可以嚇唬鳥類或蛇之類的捕食者，樹蛙就能趁隙逃脫。

參照條目　魚（約西元前5.3億年）；昆蟲（約西元前4億年）；植物防禦草食動物（約西元前4億年）；氣體交換（西元1789年）；甲狀腺與變態（西元1912年）；食物網（西元1927年）。

種子的成功

　　史上第一種陸生植物，和如今的苔蘚及蕨類植物有親緣關係，大約出現在 4 億 5000 萬年前，統治植物世界超過 1 億年。這些早期的蕨類不會產生種子，而且需要依靠水分才能完成有性生殖。雄性配子體釋放精子，精子必需游泳穿越水狀薄膜才能和卵子相遇完成受精，形成合子。種子植物，可說是地球上最重要的一種生物，大約在 3 億 5000 萬年前首次出現在地球上，此後便成為地球上最主要，也最為人熟知的植物形態。種子和花粉是讓植物成功登陸的功臣，讓植物不需要水分也能完成生殖，適應乾旱等環境和陽光中有害的紫外線輻射。

　　孢子植物只會產生一種孢子，再由孢子形成兩性的配子體。隨著時間，這些植物有一部分演化成種子植物，開始產生兩種孢子：小孢子，可發育成多個雄配子體；大孢子，發育成單一個雌配子體。雌配子體加上外圍的保護構造，就像是一顆未成熟的種子，稱為胚珠（ovule）。花粉粒就是雄配子體，內部的精子受到保護層保護，以防精子乾枯，幫助精子抵抗機械性的傷害，讓精子可以長距離移動，傳播自身的遺傳物質。不像孢子植物的精子必須主動跋涉抵達胚珠的所在位置，種子植物的精子可以透過風力進行被動傳播。

　　讓花粉粒抵達植物胚珠所在位置的過程稱為授粉。等胚珠內的卵子受精後，胚珠產生胚胎，胚胎再發育成種子。種子保護胚胎，並提供營養，需要的話，可以讓胚胎維持幾10 年的休眠狀態，直到適合發芽的氣候狀況出現。

　　種子植物有兩種主要類型：裸子植物（gymnosperm），如針葉樹；被子植物（angiosperm），種類約有 25 萬種，九成以上的植物都是種子植物。

種子植物利用花粉粒讓精子得以遠距離傳播，在惡劣的氣候下完成使卵子受精的任務。念珠刺桐（Erythrina lysistemon）又名「幸運樹」，隸屬於豆科植物，是公園和庭院常見的樹木，人們相信這種樹除了具有神奇的力量，也有醫療效果。

參照條目　陸生植物（約西元前4.5億年）；裸子植物（約西元前3億年）；種子植物（約西元前1.25億年）；臭氧層損耗（西元1987年）。

爬蟲動物 |

　　大約在 3 億 2000 萬年前，最早期的爬蟲類出現在地球上，從兩棲動物演化而來，具有肺、肌肉更強勁的腿，並且可產下具有堅硬外殼的卵，比起兩棲動物產在水中的卵，爬蟲類的卵更適合存在於陸地上。中生代（距今 2.5 億至 2.65 億年前）是爬蟲類的天下，也是所謂「爬蟲類的時代」，此時的地球爬蟲類數量最多，也是最具有優勢的脊椎動物。過了這段輝煌時期，爬蟲類只剩下海龜、蛇和蜥蜴，而且超過 95％的爬蟲類都是蜥蜴。

　　爬蟲類是羊膜動物（是一種四足動物，也是除了鳥和哺乳類以外，會在陸地上產卵的動物），身體具有鱗片或外骨片，而且還是外溫動物（ectotherm），必須依賴外在熱源維持體溫。如今最古老的爬蟲類化石可回溯至 3 億 1500 萬年前，發現地點在新斯科細亞，看來像是一連串類似蜥蜴的動物所留下的腳印，長度 20 至 30 公分。雙孔類動物是最早期的爬蟲類，主要的特徵是顳骨兩側各有一對孔洞。雙孔類衍生成兩個演化分支：鱗龍類（lepidosaur）和祖龍類（archosaurs）。

　　鱗龍類包括蜥蜴、蛇和鱷蜥，鱷蜥是一種體長可達 1 公尺的蜥蜴，曾經廣布世界各地，但在只棲息在紐西蘭海岸地區。現已滅絕的滄龍（mosasaur）是一種海洋爬蟲類，也是鱗龍中最令人印象深刻的成員，模樣有如巨蜥，體長可達 17.5 公尺。滄龍是速度快，身手敏捷的海洋捕食者，曾主宰海洋達 2000 萬年。

　　翼龍（pterosaur）和恐龍（dinosaur）是祖龍類中最主要的兩種動物。翼龍（過去稱為翼手龍）是地球上最早出現的脊椎動物，擅長飛行，也是有史以來最大型的飛行動物，翼展寬度有 12 公尺。翼龍種類約有 120 種，體型最小者大小就像麻雀一樣。翼龍的骨頭和鳥類一樣呈現中空，而且具有極長的四趾，替翅膀提供支撐力道，有別於蝙蝠和鳥類的翅膀。史上第一隻翼龍約出現在 2 億 1500 萬年前，在滅絕之前，興盛時間長達 1 億 5000 萬年。

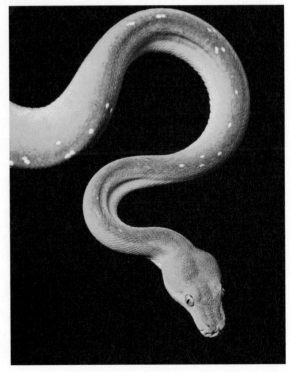

綠樹蟒棲息在印尼新幾內亞以及北澳約克角半島。這種蟒蛇體長可超過 180 公分，以特殊的蜷曲姿態棲息在樹枝上。

參照條目　兩棲動物（約西元前3.6億年）；恐龍（約西元前2.3億年）；鳥類（約西元前1.5億年）；古生物學（西元1796年）；溫度接收（約西元1882年）。

裸子植物

如果樹會說話就好了。地球上有些最老、最高、體型最粗壯的生物就是裸子植物，許多都出現在加州。紅杉可以活上好幾千年，「瑪土撒拉」這棵刺果松已經活了 4600 多年，據信是地球上最老的一棵樹。海岸紅杉的高度時而超過 110 公尺，而全世界最高的「同溫層巨人」有 113 公尺。化石紀錄顯示，在種子植物出現 5000 萬年之後，也就是大約 3 億年前，地球上首次出現裸子植物，它們替高大的植食性恐龍提供養分。雖然在 1 億 2500 萬年前，被子植物（開花植物）出現以後，便取代裸子植物在植物界的龍頭地位，高海拔地區依然是針葉樹的優勢地區，在氣候較寒冷的北美、北歐至北極苔原邊緣的乾燥地區興盛生長。松葉樹大約有 600 種，是裸子植物中最大的類群，多數都是常綠樹。

所謂的裸子植物就是以裸露的種子（胚珠）進行繁殖的植物，裸露的種子通常出現在形成松果的變形葉片上；相反的，種子植物的種子通常包覆在成熟的植物卵巢（果實）中。裸子植物具有根、莖、葉和具備兩種傳導方式的維管束系統：木質部負責把根系中的水分和礦物質傳導至枝條；韌皮部則負責把葉片製造的有機物質，傳導到不會進行光合作用的植物組織中。

裸子植物具有重要的經濟價值。北半球大部分的商業木材都是來自松葉樹的樹幹，如松、雲杉、洋松，這些是所謂的「軟木」，是大部分夾板的原料。松葉樹也是精油的來源，松葉樹的樹脂中含有松節油、松香、木醇和香膠。有些非針葉樹的裸子植物還可以當作藥材，如麻黃（麻黃素的來源），中國以麻黃入藥治療呼吸不順，已經有數千年的歷史；據信銀杏可有效治療阿茲海默症、高血壓，並舒緩更年期的症狀；從短葉紫杉的樹皮中可以萃取出有抗癌效用的紫杉醇。

坐落在加州內華達山脈印約國家森林的刺果松，據信是地球上最老的一棵樹。刺果松可以活幾千年，多虧了厚實、堅韌又富含樹脂的木材，讓它們可以抵抗昆蟲和真菌的侵襲。

參照條目　陸生植物（約西元前4.5億年）；種子的成功（約西元前3.5億年）；恐龍（約西元前2.3億年）；種子植物（約西元前1.25億年）；藥用植物（約西元前6萬年）；古生物學（西元1796年）。

恐龍

威廉・巴克蘭（**William Buckland**，**1784~1856 年**）
理查・歐文（**Richard Owen**，**1804~1892 年**）

侏儸紀世界。 大約 2.3 億年前，恐龍這種陸生的脊椎動物主宰地球長達 1 億 3500 萬年。1824 年，威廉・巴克蘭首次發表科學文獻描述恐龍的化石，接著由理查・歐文在 1842 年創造「dinosaur」這個詞彙，意指「可怕的蜥蜴」。然而，恐龍並不是蜥蜴。

恐龍被歸為爬蟲類，是非常多元的動物類群，種類超過 1000 種，除了產卵和築巢以外，幾乎無法列出共通的分類特徵。有植食性的恐龍，也有肉食性的恐龍；有些恐龍以雙腳站立，直立行走，有些恐龍則以四足行走。長久以來，我們一直以為恐龍是很遲緩笨重的動物，然後最近幾十年來發現的證據指出，有些恐龍（如迅猛龍）非常靈活，身手矯捷，有些恐龍則有高度的社會性，過著群居生活。恐龍體型大小各異，小則像如鴿子一般，大則像有史以來最大型的陸生動物。植食性的雷龍頸部非常長，頭部相對很小，體長可達 23 公尺。暴龍是最為人熟知的恐龍，這種以後腳站立，直立行走的肉食性恐龍，體長 12 公尺，和鳥類有共同祖先。

一般認為鳥類是由恐龍演化而來，1851 年，科學家在巴伐利亞首次發現始祖鳥的化石，生活在 1.5 億年前的始祖鳥可能就是鳥類和恐龍之間失落的環節。雖然在始祖鳥的化石遺跡中沒有發現羽毛，不過 1990 年代開始，科學家逐漸發現其他有羽毛的恐龍化石，進一步支持恐龍和鳥類之間的關係。

大約在 6600 萬年前，所有不會飛的恐龍以及地球上 95% 的生命全都滅絕。這起大滅絕事件的起因，一直是科學家探索歸因的研究主題。目前最盛行的理論認為地球遭受巨大撞擊，大氣層中充滿有毒物質，陽光也被遮擋一段很長的時間，造成植物和動物滅絕。雖然恐龍已經不復存在，但大家並沒有因此忘了牠們。恐龍依然是填充玩偶、書籍和電影的熱門主題，如柯南・道爾的《失落的世界》（1925 年）、《金剛》（1933 年）和《侏儸紀公園》（1990 至 2000 年代）。

瑪君龍是以雙腳站立的恐龍，大約是 6600 至 7000 萬年前出現在馬達加斯加。體長約 6 至 7 公尺，體重約 1130 公斤，這種肉食性的恐龍是當時環境中的頂尖捕食者。

參照條目 爬蟲動物（約西元前3.2億年）；鳥類（約西元前1.5億年）；古生物學（西元1796年）。

哺乳類

卡爾．林奈（Carl Linnaeus，1707~1778 年）

　　過去 6500 萬年來，哺乳類是地球上最主要的陸生動物。除了昆蟲和節肢動物（蜘蛛）以外，哺乳類是地球上分布最廣泛的動物。地球上任何一個陸生或水生的動物群落，都可以看見哺乳類動物的蹤影，牠們之所以有如此成功的生態地位，多虧了具備能夠控制體溫的能力。哺乳類有 5500 至 5700 種，體型大小各異，小至體長只有 3 至 4 公分的豬鼻蝠，大至現今地球上最大型的存活動物──藍鯨（體長超 30 公尺）。

　　真正的哺乳類動物大約出現在 2 億年前，經過幾千萬年的時間，演化出三個支系：產卵的單孔哺乳類，如只有在澳洲和新幾內亞才有的鴨嘴獸；有袋哺乳類，新生幼仔出生後，會在母親身上的育兒袋裡繼續發育，如澳洲和美洲才有的袋鼠和負鼠；胎盤哺乳類，九成的哺乳類動物都是胎盤哺乳類，幼仔在母親的子宮裡發育至一定程度後才會出生。2013 年，科學家在中國發現樹鼩大小般的哺乳類動物化石，學名為「Juramaia sinensis」，出現時間約在 1.6 億年前，據信是最古老的胎盤哺乳類。人類隸屬於靈長類，也是胎盤哺乳動物。

　　哺乳類動物具有許多其他脊椎動物所沒有的獨特特徵：哺乳動物的乳腺由汗腺衍生而來，雌性動物以母乳哺育幼仔，母乳是幼仔的主要營養來源（1758 年，林奈將哺乳動物命名為「mammal」，在拉丁文中意指「乳房」）。哺乳類動物生命階段中某些時間身體覆有毛髮，可以幫助哺乳動物抵抗寒冬。中耳由三塊骨頭構成，可以把聲波的震動轉換為神經脈衝。還有其他未必是哺乳類動物獨有的特徵，如哺乳動物是溫血動物、具有特化或分化的牙齒、巨大的腦部（尤其是新皮質，是哺乳類動物腦部發育最先進的區域）、具有橫膈膜（肌肉組成的隔膜，分隔心肺與腹腔），以及一顆效率極高的四腔室心臟。

1937 年的海報，鼓勵婦女哺乳。自古以來，哺乳是最常見的育兒方式，然而 1900 至 1960 年卻因為社會態度和配方奶粉的興起而逐漸式微。爾後，哺乳又開始興起，專家建議嬰兒出生後至少要吸吮六個月的母乳。

參照條目　靈長類動物（約西元前6500萬年）；胎盤（西元1651年）、古生物學（西元1796年）。

鳥類

查爾斯・達爾文（Charles Darwin，1809~1882 年）

　　世界各大洲共有約 1 萬種現存的鳥類，牠們都具有共同特徵：有羽毛、有翅膀、具雙足、是溫血動物以及會產卵。然而和其他脊椎動物相比時，鳥類最具有鑑別性的特徵就是多數鳥類具備飛行能力。約 1.5 億年前，由始祖鳥或獸腳亞目（雙足恐龍）傳衍而來飛行能力賦予鳥類許多好處。飛行除了是鳥類主要的移動方式，還增進鳥類打獵、覓食、繁殖、躲避地面捕食者、前往更豐富的食場，以及遷徙的能力。

　　為了善用飛行能力，鳥類演化出許多特徵：鳥類的骨頭中空，非必要的骨骼已在演化過程中消失或衍生出其他功能；鳥類沒有膀胱和牙齒；為了適應對氧氣的大量需求，鳥類的呼吸系統也有所改變；但到目前為止，羽毛和翅膀才是鳥類最重大的適應演化，翅膀就是由前肢演變而來的構造。鳥類的翅膀、羽毛的面積和形狀，都是為了順應空氣力學而演化，以獲得更快的飛行速度、減少能量消耗，增加翱翔、滑翔和機動能力。羽毛除了增進鳥類的飛行能力，還提供絕緣效果，幫助鳥類抵擋寒冷和雨水、維持體溫，求偶時還可以用來吸引配偶。

　　鳥喙的大小和形狀是鳥類身上最明顯的特徵，1835 年查爾斯・達爾文停留在加拉巴哥群島上時注意到這個現象，對達爾文提出天擇說這樣的演化理論，起了關鍵性的效用。達爾文發現他觀察的鶯鳥，都因應特殊的食物類型演化出不同形狀的鳥喙。雖然鳥喙的主要功能是取食，不過也適合用來啄探、殺死獵物、操縱物體、理毛、餵食雛鳥，求偶季節也能派上用場。

高山兀鷲是一種猛禽，翼展寬度可達驚人的 2.7 公尺。和其他舊大陸禿鷲一樣，高山兀鷲主要以腐肉為食，但嗅覺靈敏程度比不上新世界禿鷲。

參照條目 爬蟲動物（約西元前3.2億年）；恐龍（約西元前2.3億年）；動物遷徙（約西元前320年）；達爾文及小獵犬號航海記（西元1831年）；達爾文的天擇說（西元1859年）。

種子植物

　　種子植物就是開花植物。1億2500萬年前，種子植物首次出現在地球上，2500萬年後，多虧了氣候變遷，種子植物得以快速分化，成為地球上最具有優勢，也最為人熟知的植物類群。有證據顯示，種子植物並不是從最原始的裸子植物（包括常綠針葉樹）演化而來，而是分開演化的結果。種子植物適應環境的能力比裸子植物好，可以生長在不同的土壤及不同的氣候條件下。相較於裸子植物，種子植物的生殖器官有效率得多。種子受到果實的保護，授粉則藉由昆蟲及其他動物的幫忙，光是風吹就能有效幫助種子傳播到其他地方。種子植物中有近四分之三都是真雙子葉植物，包含許多不同的開花食物，如康乃馨、玫瑰、菸草、豆類、馬鈴薯、穀類、楓木和懸鈴木。

　　植物界有九成是種類有25萬種的種子植物，種類數量僅次於昆蟲。種子植物大小、形狀、顏色、味道和葉序各有千秋，正是這些特徵促成植物和授粉者之間高度特化的互利共生關係，也是兩種不同物種之間共演化的經典例子。風媒植物就缺少花樣的色彩。

　　開花植物不只美觀，還是效率極高且別具特色的生殖系統，內含雄性或雌性的生殖構造，或者兼具雌雄兩性的生殖構造。配子由花朵中不同的器官產生，配子結合受精之後，在花朵內部發育成胚胎，藉此躲避變幻莫測的天氣。雄蕊的花粉內含精核，胚珠則由雌蕊形成。花粉會移到雌蕊上的接受面，從這裡開始發芽。接著精核通過花粉管往雌蕊的胚珠前進，使胚珠受精。胚胎的周圍會有厚實的組織開始發育，種子也發育成果實。果實就和花粉及種子一樣，不只可以透過風力傳播，也可以藉著動物傳播──無法被消化的種子通過動物的消化道，藉著動物排放糞便而被傳播到其他地點。

種子植物，也就是所謂的開花植物，種類超過25萬種。此圖是伊朗陶瓷花磚，年代可以追溯至19世紀前葉。

參照條目　陸生植物（約西元前4.5億年）；昆蟲（約西元前4億年）；種子的成功（約西元前3.5億年）；裸子植物（約西元前3億年）；生態交互作用（西元1859年）。

約西元前 **6500** 萬年

靈長類動物

　　350 多種靈長類動物的學名和分類地位，仍是科學界未能取得共識的議題，其中又以人類究竟該不該劃入大猿（great ape）類群最受爭議。簡單的傳統分類認為原猴（prosimian），也就是最原始的靈長類，包括狐猴、懶猴和眼鏡猴；至於類人猿（anthropoid, simian）包括猴子、猿（長臂猿、紅毛猩猩、大猩猩、黑猩猩、侏儒黑猩猩）和人類。生物學家雖然認為人類並非從猿類演化而來，但他們確實同意人類和猿類有共同祖先，並且在 500 至 800 萬年前開始分化。

　　我們早期的祖先究竟何時出現在地球的舞臺上？8500 至 8800 萬年前這段期間都有化石紀錄，不過一般認為人類的祖先大約在 6500 萬年前首次出現。直到 3500 至 5500 萬年前，狐猴和懶猴也開始演化。牠們有較大的眼睛和腦部，較小的口鼻部，身體的姿態也比較直立。地球上第一隻猴子大約出現在 3500 萬年前，經過 1000 萬至 1500 萬年之後，由舊大陸猴（Old World monkey）中分出猿類。

　　靈長類動物有許多源自於樹居生活習性的特徵，在不同種類之間各有差異，但這些特徵並不一定是靈長類獨有的特徵（在副熱帶地區，及美洲、亞洲和非洲的熱帶雨林，多數靈長類動物仍然過著樹居生活）。靈長類動物手腳適應了需要抓握的生活環境，並有特化的神經末梢提供更敏銳的觸覺；手掌、腳掌上有指頭，而非爪子，指頭上有扁平的指甲。猿類和一些猴子具有對生的拇指，以人類為例，拇指讓我們得以使用工具，好比用鍵盤打字。眼睛往前看，雙眼更靠近，因此產生立體視覺，判斷景深有助於在樹枝間擺盪。猴子和猿類以視覺作為最主要的感官，不像其他哺乳類動物以嗅覺為主。

　　靈長類動物最具鑑別性的特徵，就是具有高度社會性以及先進的認知技能（cognitive skill）。靈長類智力由低至高的排序是：新大陸猴＜舊大陸猴＜猿＜人類。相較於其他哺乳類動物，靈長類的發育速率比較慢，幼期和青春期都很長，也許是因為要利用這段時間向年長的個體學習。

山魈是最鮮艷的靈長類動物，隸屬於舊大陸猴，是狒狒的近親。山魈主要棲息西非的熱帶雨林和森林草原交雜區，圈養的山魈壽命可達 31 年。

 參照條目　哺乳類（約西元前2億年）；尼安德人（約西元前35萬年）；晚期智人（約西元前20萬年）。

亞馬遜雨林

　　亞馬遜雨林（又稱亞馬遜古陸）的生物多樣性，堪稱世界之冠：地球上有十分之一的物種棲息在這裡，有如全世界最大型的活體動植物展覽館，儘管仍有許多物種尚未被發現和描述，然目前亞馬遜雨林已經有超過 100 萬種昆蟲、4 萬種植物、2200 種魚類，以及 2000 種鳥類和哺乳類。全世界超過 20% 的氧氣由亞馬遜雨林製造，因此也獲得「地球之肺」的稱號。

　　亞馬遜河長 6400 公里，是全世界第二長的河流，自安地斯山脈發源，流向通往大西洋的河口。亞馬遜河及其 1100 條支流滙集於亞馬遜古陸這片滙水盆地，幅員擴及九個國家，其中有六成面積位於巴西境內。這片流域盆地面積是世界之冠，佔地 7000 平方公里。雨林存在已有 5500 萬年，多雨高濕和高溫是雨林存在的關鍵因素。

　　自 1960 年代起，亞馬遜地區獨一無二的生物多樣性開始受到森林除伐的威脅，直到 21 世紀初，森林伐除的速度才開始減緩，有人認為雨林因此失去五分之一的面積。在這裡，亞馬遜雨林之所以遭受伐除，源自於人類對上等硬木及牧場、農場建材的需求。

　　環境學家發出警告：倘若亞馬遜雨林就此消失，對已知及尚未發現的動植物物種將會造成深遠的影響，包括雨林原住民世代沿襲傳用，至今經過確切評估的潛在藥用植物。再者，雨林有如巨大的二氧化碳沉降槽，如果二氧化碳持續累積，將會導致氣候變遷，尤其是全球暖化。

箭毒蛙是中美洲及南美洲的原生物種，亞馬遜雨林也是牠的原始棲地。多數箭毒蛙會透過皮膚分泌有毒的生物鹼，是用來抵禦捕食者的化學武器。美洲原住民會用箭毒蛙的毒液，塗抹在吹箭的箭端。

參照條目　陸生植物（約西元前4.5億年）；昆蟲（約西元前4億年）；種子的成功（約西元前3.5億年）；裸子植物（約西元前3億年）；種子植物（約西元前1.25億年）；藥用植物（約西元前6萬年）；全球暖化（西元1896年）；綠色革命（西元1945年）。

尼安德人

菲利普—夏爾·施梅林（**Philippe-Charles Schmerling**，1790~1836 年）

受到博物館的重建模型、書上圖畫和電影的影響，長久以來我們都以為尼安德人是彎著腰身、口齒不清的野蠻人，頭髮遮住他們和人猿近似的特徵。然而，近年來逐漸累積的證據顯示，他們其實是獨立行走、用語言溝通、會使用工具、會埋葬死人遺體，並且腦容量與我們相當，甚至比我們還大的人種，臉上的毛髮不比現代人多。2013 年，有 12 萬年歷史的尼安德人化石出土。線索指出，這具遺骸生前患有纖維性發育不良症，這是一種現代人也會罹患的癌症。如今博物館內的尼安德人重建模型，外型更接近現代歐洲人，只不過有較大的頭顱、較低的前額、沒有下巴、骨架壯碩，雙手和雙臂也較為強壯。

1829 年，菲利普—夏爾·施梅林在一處山洞裡發現史上第一具尼安德人孩童的化石遺骸，地點相當於現今的比利時境內，然而這具化石遺骸直到 1936 年才完成鑑定。1856 年，第一具人型化石出現在德國尼安德山丘出土，也是尼安德人的名稱由來，此後在西歐、近東和西伯利亞地區，陸續有許多化石遺骸出土。尼安德人生活在 60 萬至 35 萬年前，人口數量臻至巔峰時，歐洲約有 7 萬尼安德人。接著，在 3 萬至 4 萬 5000 年前尼安德人滅絕，致使尼安德人滅絕的原因至今仍眾說紛紜，而我們對尼安德人的了解，或者我們自以為對他們的了解，仍充斥著各種莫衷一是的說法。

根據 DNA 的分析結果，擁有共同祖先的尼安德人和智人大約在 40 至 50 萬年前開始分化，尼安德人究竟是不是隸屬於智人之下的亞種（subspecies），至今仍是科學界爭論不休的議題（另一方則認為尼安德人是獨立的人種）。有好幾千年的時間，尼安德人和現代人居住在相同的地理區域，應和現代人間產生混種繁殖。尼安德人的基因和現代人的基因相似度高達99.7%，歐洲人和亞洲人的基因則有 1 至 4% 源自於尼安德人。

1899 年，德拉古廷·戈爾揚諾維奇—克蘭貝格爾（Dragutin Gorjanovic-Kramberger，1856~1936 年），這位來自克羅埃西亞的地質學家、古生物學家及考古學家，在克羅埃西亞北部小鎮克拉匹納（Krapina）發現超過 800 具尼安德人化石遺骸。這些化石遺骸以及圖中的雕像，都安置在克拉匹納的尼安德人博物館。

參照條目 靈長類動物（約西元前6500萬年）；晚期智人（約西元前20萬年）；化石紀錄與演化（西元1836年）；最古老的DNA和人類演化（西元2013年）。

晚期智人

愛德華‧拉爾泰（Édouard Lartet，1801~1871 年）

　　化石證據指出，大約在 15 萬至 20 萬年前有一群早期人類首次出現在衣索比亞，大約 5 萬年前，「出走非洲」的風氣盛行，這些人又重新出現在歐洲。然而，其他科學家則傾向「多地區理論」（multiple theory），認為現代人獨立起源於世界各個不同的角落。他們的身高、直立行走的姿態，和現今人類相比並無二致，然而他們的骨架比較粗大，眼脊——眼窩上緣外突的骨頭——也較不突出。簡言之，這群人和我們有著極為相似的外表，因而稱為晚期智人（Anatomically Modern Human, AMH）或早期現代人（Early Modern Human）。

　　如今專家學界正在爭議的論點在於：晚期智人究竟是先有現代人的外型（約 15 萬至 20 萬年前），然後才發展出現代人的行為——如現代語言、抽象思考，及使用符號的能力、製作更精巧的工具——還是外型與行為是同時發展出來的？目前看來最早出現在西歐的晚期智人就是克魯馬儂人（Cro-magnon）。過去 20 年，專家認為既然他們與現代人差異無幾，就不需有另外的指稱，應該直接稱他們為歐洲早期現代人（European Early Modern Humans）。1886 年，這群早期人類的化石遺骸首次出土。法國地質學家愛德華‧拉爾泰在一處洞穴裡發現這些化石遺骸，而今這個洞穴便以這位地質學家的姓名為名。根據陸續出土的化石遺骸，可推估這群早期人類居住在歐洲的時間約在 4 萬 5000 至 1 萬年前。

　　克魯馬儂人是過著游牧生活的狩獵採集者，會編織衣物，也會舉行複雜的儀式。出土的物品中包括小型的人和動物雕刻像，代表他們是最早期的人類藝術家。

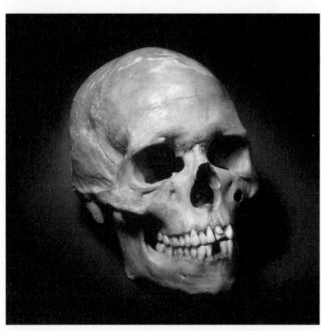

　　在西班牙和法國，專家發現舊石器時代的洞穴壁畫，又以法國的拉斯科洞最有名。1940 年，考古學家在其中發現超過 600 幅的彩色壁畫、動物素描和符號，時間可回溯至 1 萬 5000 年前。證據顯示，在克魯馬儂人滅絕之前，早期的尼安德人和他們共存至少有 1 萬年。至於尼安德人，則在 3 萬多年前從地球舞臺消失。

這個克魯馬儂人的顱骨，有 1 萬 3000 年歷史，據說是歐洲第一個晚期智人的遺骸，出土地點在瑞士西部諾夏特的比洪山洞。

參照條目　靈長類動物（約西元前6500萬年）；尼安德人（約西元前35萬年）；放射定年法（西元1907年）；露西（西元1974年）；最古老的DNA和人類演化（西元2013年）。

藥用植物

　　人類的祖先在新環境中尋找營養來源過程中會採集在地的植物樣本，毫無疑問，是從在地的動物及鳥類身上學來的行為。這種採集過程本身就是一種試誤學習：有些植物能止飢，有些植物會帶來意想不到的效用——結果有好有壞。藥草可能會令人產生可怕的幻覺、帶有嚴重的毒性，服用過量甚至會致人於死。也許吃幾片樹葉、幾顆莓果，或者樹根還比較安全。

　　話說回來，藥草也許能緩解採集者的飢餓、疼痛、發燒或便祕，也可能讓服用者昏昏欲睡，好補足應有的睡眠；敷用樹葉或果實的汁液，也許能緩和搔癢的紅疹。經驗隨著時間累積，早期人類發現只吃植物的葉、根、種子、莓果，或喝下植物的汁液可以產生需要的藥效，但伴隨輕微的副作用。這樣的經驗便繼續傳給下一代的治療者。

　　白柳的樹皮可以緩解疼痛，減輕發燒症狀；歐蓍草（yarrow）可以促進流汗，都是長久以來深植在歐洲和中國的植物藥用實例。這些資訊隨著沙尼達爾洞穴內編號四號的化石遺骸（Shanidar IV）一起出土，沙尼達爾洞穴位於伊朗，是一處尼安德人的埋葬地點，歷史可回溯至 6 萬年前左右。白樺茸（Birch polypore）是一種可以食用的蕈類，有緩瀉的效用，冰人奧茲（Ötzi the Iceman）身上就帶著它。冰人奧茲是一具有 5000 年歷史的冰封木乃伊，死亡的地點在西澳，1991 年被人發現。

　　世界衛生組織估計地球上有 75 至 80% 人類族群以植物為藥。藥用植物持續被人類用在順勢療法（homeopathic treatment）或者製成健康食品。19 世紀起，隨著分離、純化植物體內活性分子的技術越發成熟，因而衍生出能夠確知成分、純度和劑量化學品，取代植物在西方醫學的地位。儘管如此，現代醫學仍有許多非常重要的藥物是植物或植物衍生物，包括嗎啡（morphine）、可待因（codeine）、阿斯匹靈（aspirin，鎮痛）、阿托平（atropine，散瞳劑）、地谷新（digoxin，治療心臟衰竭）、奎寧（quinine，治療瘧疾）、古柯鹼（cocaine，局部麻醉）、華法林（warfarin，抗凝血劑）、秋水仙素（colchicine，治療痛風），及有抗癌效用的紫杉醇（Taxol）和長春鹼（vinblastine）。

1775 年，英國醫生威廉・威德靈（William Withering，1741~1799 年）受命分析施洛普郡一位老婦人用來治療腹水（心臟衰竭引發體內液體堆積）的祕方。威德靈鑑定毛地黃（Digitalis purpurea，如圖）是這帖藥方的活性成分，經過 10 年縝密的研究，他向世人介紹這種醫學界有史以來最重要的藥物。

參照條目　陸生植物（約西元前4.5億年）；裸子植物（約西元前3億年）；亞馬遜雨林（約西元前5500萬年）；尼安德人（約西元前35萬年）；晚期智人（約西元前20萬年）；農業（約西元前1萬年）；木乃伊（約西元前2600年）。

小麥：主食

　　小麥是最先被人類栽植且大量儲存的作物之一，把狩獵採集的遊牧民族變成農夫，也是建立城邦不可或缺的工具，巴比倫和亞述帝國於焉出現。小麥最先種植於中東地區的的肥沃月彎（Fertile Crescent）和亞洲西南方。根據考古證據，可追溯小麥的起源其實是野草，如野生的兩粒小麥（Triticum dicoccum, wild emmer），在西元前 1.1 萬年的伊拉克，這是人類會採集的食物；以及西元前 7800 至 7500 年生長在敘利亞的一粒小麥（Triticum monococcum, einkorn）。西元前 5000 多年，人類開始在埃及的尼羅河谷栽種小麥，《舊約聖經》裡的約瑟於西元前 1800 年就在此地看顧糧倉。

　　經由穀類植物的異花授粉（cross-pollination），產生小麥這樣的自然雜種（natural hybrid），農夫和育種者透過交叉雜交（cross hybridization）的方式，讓小麥的產量達到最大化。19 世紀期間，人類開始選育具有特定性徵的單一遺傳品系。隨著人類對孟德爾遺傳定律（Mendelian inheritance）越來越了解，兩種品系雜交後，將雜交種培育 10 代或更多世代，以獲得選育的特徵，並使特徵表現至最大化。20 世紀時已開始發展並種植如大粒、短稈、耐寒和抗蟲、真菌、細菌和病毒等特徵的雜交種。

　　近幾十年，人類以細菌作為基因轉殖的媒介，生產基因轉殖的小麥。如以基因改造作物（genetically modified crops, GMC）來達到提升產量、需氮量較少，並能提供更高營養價值的目的。2012 年，麵包小麥的基因體已完全解序，一共有 9 萬 6000 個基因，對於基因改造小麥的持續發展而言，這是相當重要的里程碑，讓人類可以把與特定特徵相關的基因，插入小麥染色體的特定基因座上。

　　稻米是亞洲人的主食，一如小麥是歐洲、北美和西亞地區的主食。小麥是全世界廣泛消費的穀類，全世界小麥的交易量超過其他所有作物的總和。

這位中國農夫肩負著大把小麥，就和幾千年前的祖先一樣。

參照條目 種子植物（約西元前1.25億年）；農業（約西元前1萬年）；稻米栽培（約西元前7000年）；孟德爾遺傳學（西元1866年）；基因改造作物（西元1982年）。

農業 |

　　從一小群人在陸地上採集莓果和其他可食用的植物，過著狩獵採集生活，演化至馴化植物，栽種作物的農業生活，這樣的轉變發生在不同時間和地點，發展程度也根據環境狀況而有所不同。根據考古證據，農業的起源可回溯到冰河時期末，約 1 萬 4500 至 1 萬 2000 年前。人類最早的農業成功和許多發展於河谷，時興種植稻米的偉大古文明帝國並存，每年一次的洪水不只提供水資源，同時也提供穩定的淤泥，如同作物天然的肥料。這些地方包括位於美索不達米亞平原上，介於底格里斯河與幼發拉底河之間的農業起源地——肥沃月彎、埃及的尼羅河流域、印度的印度河流域，及中國的黃河流域。

　　為解釋人類採行農業生活的原因及其結果，有許多不同的解釋說法。有些專家認為隨人口數增加，日漸沉重的食物需求不再是狩獵採集生活能夠解決的負擔；也有人認為，有了穩定的食物來源後，特定地區的人口數能夠顯著增加，因此食物不足未必是農業起源的原因。兩種說法都能援引證據的支持。在美洲，作物開始發展之後，村莊才開始興起；在歐洲，村莊城鎮的興起似乎比農業發展來得早，或是與農業同時興起。

　　農業能夠發展成功，靠的不僅是大自然大發慈悲，提供合宜的氣候條件，還得靠早期農夫懂得利用灌溉、輪作、肥料和馴化植物——持續選育能夠增加利用性的植物特徵——等方法。採集野外食物所用的簡單工具，例如犁，藉由動物拖拉可增加作物產量的工具取代。最早期的馴化作物包括中東地區的黑麥、小麥和無花果；中國的稻米和小米；印度河河谷的小麥和一些豆科植物；美洲的玉米、馬鈴薯、番茄、胡椒、南瓜和豆類；以及歐洲的小麥和大麥。

1867 年，美國農夫成立農業保護互助會，目的在促進組織健全並推廣農業。此圖是 1873 年發行的海報，名為「農人的禮物」，藉由悠閒的田園寫照來推廣農業發展。1870 年，美國有 70 至 80% 的人口從事農業；2008 年，美國農業人口數減少至 2 至 3%。

參照條目 小麥：主食（約西元前1.1萬年）；動物馴養（約西元前1萬年）；稻米栽培（約西元前7000年）；植物學（約西元前320年）；人工選殖（選拔育種）（西元1760年）；綠色革命（西元1945年）；基因改造作物（西元1982年）。

動物馴養

　　馴養動物是從那些在野外行社會生活，在圈養環境下也能繁殖的動物開始，因此人類能夠藉由遺傳選育的方式增加動物對人類有利的特徵。依據動物種類的不同，人類希望選育的特徵包括：溫馴且容易控制；能夠產生更多肉品、羊毛或毛皮；適合曳引農具、運輸、控制害蟲、幫助人類工作、陪伴或交易販賣。

　　人類最熟悉的馴養動物——狗（Canis lupus familiaris），是隸屬於灰狼（Canis lupis）之下的亞種，根據最古老的化石來判斷，可推測兩者大約在 3 萬 5000 年前開始分化。伊朗山洞中發現的距今約 1 萬 2000 年前的狗顎骨，可推測狗是第一種被人類馴養的動物。從埃及繪畫、亞述雕塑和羅馬鑲嵌畫中可以發現，即便在古代，被人類馴養的狗，體型大小和體態已經各不相同。史上第一隻狗被行狩獵採集生活的人類馴養，此後狗的工作範圍從幫忙打獵擴展到趕牧、保護牲畜、拖拉重物、軍警和輔助殘疾人士的助手、作為食物來源，以及提供忠心的陪伴。如今美國犬業俱樂部列出 175 種狗的品種，其中多數品種僅有幾百年的歷史。

　　大約在 1 萬年前，在亞洲西南方，綿羊和山羊也成為人類的馴養動物。活著時，牠們的糞便可作為作物的糞肥使用；死了之後，又可以作為食物、皮革和羊毛的穩定來源。長久以來，馴養馬（Equus ferus caballus）的起源和演化一直是研究人員心中的謎團。馴養馬的野外祖先現已滅絕，然而牠們首次出現在地球上，約是 16 萬年前的事。根據考古和基因證據，包括在古老的柏臺文化（Botai culture）地點附近發現的磨損馬齒。2012 年，研究人員做出結論，認為人類馴養馬的歷史可回溯到 6000 年前左右，地點在歐亞大草原西部（哈薩克）。馬被人類馴養之後，定期與野馬交配，是人類取得肉品和毛皮的來源，後來馬還成了人類戰場上、交通運輸，和運動場域不可或缺的角色。

狗是由狼演化而來的物種，也是第一種被人類馴養的動物，成為人類的工作夥伴和忠心隨從也有 1 萬 2000 年左右。現在狗之於人類的主要功能有陪伴、守衛、打獵、趕牧和工作。

參照條目 農業（約西元前1萬年）；人工選殖（選拔育種）（西元1760年）；化石紀錄與演化（西元1836年）；達爾文的天擇說（西元1859年）。

珊瑚礁 |

　　珊瑚礁是地球上多樣性最高的生態系之一，據估計，以珊瑚礁為家的生物就有 60 萬至 900 萬種，除了珊瑚，還有藻類、真菌、海綿、軟體動物、多種魚類和海鳥。簡單來說，珊瑚礁就是「海洋中的雨林」。

　　珊瑚是無脊椎動物，隸屬於刺胞動物門（Cnidaris），行固著生活，同屬這一門的還有海葵、水母還和水螅。珊瑚行群聚生活，每一個單獨個體稱為珊瑚蟲（polyp）。珊瑚蟲會從基部分泌碳酸鈣，作為整個群落的骨骼基礎。活的珊瑚群會持續分泌碳酸鈣，使整體結構越來越大。珊瑚完整覆蓋碳酸鈣結構體，並生活在其表面上。依據珊瑚的種類和藻類的顏色，使得珊瑚礁的大小和形狀各有異趣。

　　珊瑚要取食時，會伸出觸手捕捉小型魚類和浮游生物。此外，珊瑚和共生藻（zooxanthellae）之間還存在著共生關係。生存在珊瑚蟲體內的共生藻負責進行光合作用，為提供珊瑚能量和營養物質，藉以交換珊瑚蟲的保護，並獲得光合作用所需的光源。珊瑚礁生存在熱帶或亞熱帶地區，位於水淺而清澈的海域，如此陽光才能照射到珊瑚蟲。雖然自寒武紀和泥盆紀起，珊瑚礁已經存在幾億年，如今卻面臨巨大的滅絕危機。現存的珊瑚礁，存在的歷史多數不超過 1 萬年，當時冰河融化造成海平面上升，陸棚被淹沒的範圍相當廣泛。

　　珊瑚礁的生存正面臨許多生態上的威脅。自然界帶來的壓力，如颱風，通常只會維持一小段時間。人類為珊瑚礁帶來的各式威脅才是嚴重，如含有除草劑、殺蟲的肥料的農業逕流；工業逕流；人類下水道帶來的汙染和有毒廢水；毀滅性的捕魚方式；以及濫墾珊瑚礁的行為。根據估計，到了 2030 年，地球上有九成的珊瑚礁都將面臨滅絕威脅，除非我們現在就開始採取積極的作為，扭轉人類引發的氣候變遷、海溫上升導致珊瑚白化、海洋酸化，及海洋汙染的問題。

珊瑚礁中有一對小丑魚正躲在海葵的觸手當中。珊瑚體內的共生藻使珊瑚得以散發美麗的顏色。

參照條目 藻類（約西元前25億年）；真菌（約西元前14億年）；魚（約西元前5.3億年）；泥盆紀（西元前4.17億年）；亞馬遜雨林（約西元前5500萬年）；光合作用（西元1845年）；生態交互作用（西元1859年）；全球暖化（西元1896年）；重生行動（西元2013年）。

稻米栽培

稻米餵養亞洲。稻米是全世界最古老也最重要的經濟作物之一，是亞洲 33 億人口最大宗的熱量來源，佔了這些人熱量總攝取量的三成五到八成。雖然稻米很營養，但其營養成分尚不足以當作主食。全世界之所以有這麼多人吃米，一部分是因為稻米能夠生長在多樣化的環境裡，從氾濫平原到沙漠，除了南極洲以外，各大陸都有稻米的蹤影。

約在 1 萬 2000 至 1 萬 6000 年前，生活在潮濕熱帶、亞熱帶的史前人類開始收集稻穀來吃。自野草演化而來的野生稻，隸屬於禾本科（Poaceae）。根據基因證據，近來有報告指出，人類第一次栽培稻米大約發生在 8200 至 1 萬 3500 年前的中國，之後拓展至印度，再到西亞，西元前 300 年隨著亞歷山大大帝的軍隊，稻米栽培的範圍擴大至希臘。最常見的栽培稻米品種有梗稻（Oryza satliva japonica，又稱亞洲稻，是目前最常見的品種）及非洲栽培稻（Oryza glaberrima），兩者都是被人類馴化的品種，具有相同起源。

稻米的外層具有保護功能，可以保護稻粒——也就是稻的果實。稻的種子經過碾壓後可以除去稻殼，產生糙米。如果繼續碾壓，移除剩餘的稻殼和穀粒，最後剩下的就是白米。糙米營養價值較高，含有蛋白質、礦物質和維生素 B1；而白米主要成分為碳水化合物，完全不含維生素 B1。缺乏維生素 B1 會導致腳氣病（Beriberi），歷史上腳氣病曾是亞洲人族群的流行病，這是因為亞洲人偏好吃儲存期限較長的精白米，和貧窮沒有關係。穀類作物當中，稻米含有較少的鈉和脂肪，不含膽固醇，使之成為健康的食物選項。

稻是全世界最重要的作物，也是絕大部分亞洲人的熱量來源。雖然稻米多栽種在氾濫平原上——此圖是泰國氾濫平原，然而沙漠中也能種稻。

參照條目　小麥：主食（約西元前1.1萬年）；農業（約西元前1萬年）；植物學（約西元前320年）；維生素與腳氣病（西元1912年）；米中的白蛋白（西元2011年）。

木乃伊

希羅多德（Herodotus，西元前 484~425 年）

長久以來，科學家一直對研究木乃伊很有興趣，藉以深入了解古代文化，並學習屍體防腐專家的技術。這種熱忱也延伸到科學界之外，深入那些經典恐怖電影愛好者的心中，最著名的莫過於鮑里斯‧卡洛夫領銜主演的《木乃伊》（1932 年）。經由刻意保存，或是無意間自然保存下來的人類或動物的屍體，就稱為木乃伊。在正常狀況下，屍體在幾個月內就會分解到只剩下骨頭，炎熱潮濕的地區適合細菌作用，屍體分解的速度尤其快。使用化學物質移除屍體內的水分，或者當屍體處於極冷、濕度極低，或缺乏氧氣的環境中，會減緩屍體分解的速度。

古埃及人經常使用這些抑制屍體分解的手法，他們製作人為木乃伊（為死者的來世做準備）的技術非常先進，今日的科學家仍想方設法學習這項既是藝術又是科學的技術。證據顯示，最早期的人為木乃伊大約可回溯到西元前 2600 年，保存最好的木乃伊出現在新王國時代，時間是西元前 1570 至 1075 年。史上第一分描述木乃伊製作過程的文件來自希羅多德所著的《歷史》（The History）一書，根據他的描述，要製作木乃伊必須摘除亡者腦部和所有內臟，只留下古埃及人認為是意識和智力中心的心臟，並在體腔內塞滿香料。泡鹼（natron）是一種產自沙漠的鹽類，可以用來移除屍體的水分，加速脫水過程，阻止屍體分解；處理過的屍體要靜置 70 天，然後以亞麻布和帆布包裹，保護屍體。受到宗教信仰的影響，有些動物的屍體也會被製成木乃伊，包括神聖的公牛、貓、鳥和鱷魚。

世界各地的冰河、乾燥荒漠及無氧的泥炭沼澤，都可以發現自然保存的木乃伊。其中最有名、保存得最好的，或許就是 1991 年在義奧邊境阿爾卑斯山上發現的冰人奧茲（Ötzi the Iceman），生活在西元前 3300 年前，死時約 45 歲。當代最有名的木乃伊就屬弗拉迪米爾‧列寧和伊娃‧裴隆，兩人分別死於 1924 年及 1952 年。

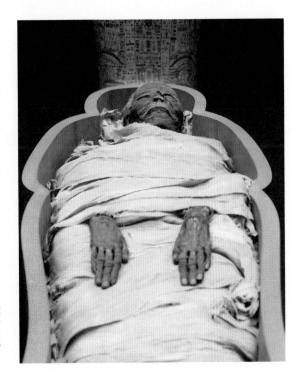

古埃及人以保存死者遺體來體現宗教信仰，唯有保存遺體才能讓死者在來世過著更好的生活，同時是彰顯財富地位的方式。精緻關建的墓與細緻的遺體處理手法，也象徵死者生前的財富地位。

動物導航

保羅・路透（**Paul Julius Reuter**，1816~1899 年）

　　大鰭鯨（Humpback whale）每年遷徙 2 萬 5000 公里，夏季時到極區海域覓食；冬季則前往熱帶及亞熱帶地區交配、產犢（calving）。這樣長距離遷徙的背後，隱含著動物內生的導航機制。而這樣的機制，在衍生自野鴿（Columba livia）的信鴿（homing piegon）身上，被研究得最為廣泛。

　　早在幾千年前，人們就已經知曉信鴿優異的導航能力。約在西元前 2350 年，阿卡德帝國（如今的伊拉克）的薩爾貢大帝（King Sargon）命所有使者都要帶上信鴿，遇到危險時這些信鴿會飛回薩爾貢大帝身邊。西元前八世紀，雅典人靠著信鴿傳遞奧運比賽的結果，此後信鴿成為戰時重要的信差。1815 年，信鴿帶回威靈頓公爵在滑鐵盧取得勝利的消息；一個世紀後，在二戰戰場上服役的信鴿還獲頒獎章。1850 年代，保羅・路透，也就是路透社的創始人，利用信鴿傳遞新聞消息，藉此比對手更快得到股價消長的資訊。

　　離開鴿舍並放飛之後，信鴿可以飛 1800 公里，還能找到回家的路。牠們如何從素未到訪的地方飛回家？這一點更是引起眾人的興趣。研究人員提出假設性的理論基礎，認為信鴿的導航本能建立在「地圖」和「指南針」模型之上。所謂的指南針模型，指的是一種導向機制，以太陽的位置為依據。

　　至於地圖模型——主要還是一種推測性的說法——可以使鴿子判斷自身與鴿舍兩者的相對位置。

而視覺線索，如好認的地標或獨特的地形，只有在鳥類（以及某些昆蟲）已經靠近家的時候，才能發揮作用。鳥類受到太陽、月亮和星辰的指引，就算陰天一樣能發揮導航能力，只是沒有平時那麼輕鬆罷了。信鴿也許能利用超低頻音當作導航指引，超低頻音頻率低於 20 赫茲，遠低於人耳能接收的頻率（大象也利用超低頻音來進行長距離傳訊）。科學界對信鴿的磁場感受能力更有興趣，信鴿藉著鳥喙或眼睛裡的磁鐵礦（magnetite，即磁石，是一種氧化鐵）偵測地球磁場，以此作為導航指引。

鮭魚成年後，先在開闊海洋裡悠游五年，接著會返回出生時的淡水河流產卵。據信，鮭魚利用靈敏的嗅覺以及嗅覺記憶作為導航指引。

參照條目　動物遷徙（約西元前330年）。

約西元前 400 年

體液學說

希波克拉底（**Hippocrates**，約西元前 460~370 年）
加倫（**Galen**，約西元 130~200 年）
阿威森那（**Avicenna**，西元 980~1037 年）

　　有兩千多年的時間，東西方的醫生都相信四種體液的平衡與否，關乎著一個人的身心健康。這樣觀念起源自古埃及和美索不達米亞平原，在西元前四世紀，由希波克拉底進行系統性的統整——成為體液學說（humorism）——並應用到醫療行為。人體健康源於這四種體液：血液、黏液、黑膽汁及黃膽汁保持平衡，過剩或缺少都會導致人體生病。

　　體液學說取代古代普遍認為疾病是由邪靈引起的觀念，流傳幾個世紀，受到加倫醫生的大力推動，成為希臘與羅馬的醫學基礎。加倫提出體液過多會造就人有不同的性情：血液過多人的熱情、黏液過多的人遲鈍、黑膽汁過多的人憂鬱、黃膽汁過多的人易怒。這樣的觀念自古代開始流傳好幾個世紀，傳至伊斯蘭、中國、印度和西方世界後，在各地產生在地性的觀念調整。著名的伊斯蘭醫生阿威森那撰寫《醫典》（*The Canon of Medicine*，1025 年），書中更擴大解釋體液失衡與性情變化和疾病的關係，並提出體液與人體最主要的器官：腦和心臟的關係。在伊莉莎白女王時代，人們相信體液是由身體產生的物質，會在人體內不斷循環，為了保持體液的平衡，必須調控飲食、運動、衣著，甚至是沐浴習慣，據說沐浴對男性的傷害比對女性來得大。

　　西歐地區訓練出來的醫生，從事所謂的「英雄式醫療」（heroic medicine），為求達到體液的平衡狀態，不惜採取相當激烈的方法，像是清腸、催吐和放血；一般咸認 1799 年喬治·華盛頓就是因為醫生替他放血達 3.7 公升，將近全身半數血量，所以加速死亡的腳步。較緩和的方法還包括：冷、熱、乾、濕療法。體液學說及其對醫療行為的影響持續到 19 世紀，直到人類對細胞病理學和生物性及細菌性的致病原因有進一步了解，現代醫學逐漸崛起，廣為世人接受。

在古代，一個人的性情憂鬱是因為體內黑色膽汁過多，古人相信行星可以調校體液的平衡。圖片是來自南荷蘭的彩繪玻璃（約 1530 年），名為「土星逐出僧侶體內的豬頭」，又名「驅逐憂愁」。

參照條目　科學方法（西元1620年）；細胞學說（西元1838年）；病菌說（西元1890年）。

亞里斯多德《動物誌》

亞里斯多德（**Aristotle**，西元前 384~322 年）
泰奧弗拉斯托斯（**Theophrastus**，西元前 372~287 年）
卡爾・林奈（**Carl Linnaeus**，1707~1778 年）
理查・歐文（**Richard Owen**，1804~1892 年）

　　亞里斯多德是史上最有影響力的人物之一，人類生活無處不有他的貢獻。不僅如此，他還開啟新的研究領域，讓後人持續研究兩千多年，人們敬他為準宗教（quasi-religion）的權威，在當時他所撰寫有關生物的文章，被認為是清楚明白，無可爭論的事實。西元前 384 年，亞里斯多德誕生於希臘北部的斯塔基拉，他的父親是馬其頓皇室家族的御醫。研讀醫學之後，亞里斯多德跟隨柏拉圖，後來成為亞歷山大大帝的導師。西元前 335 年，亞里斯多德在雅典建立呂克昂（Lyceum）學園，擔任園長直到西元前 323 年，後由他的弟子泰奧弗拉斯托斯，也就是後來的植物學之父，繼續接任園長。

　　生物學就是亞里斯多德創造的研究領域之一，亞里斯多德流傳至今的手稿，其中三分之一與生物主題相關。他所描述的事實，多數經過後人驗證，然而其中仍有錯誤之處，尤其是有關人體的部分。亞里斯多德推廣所謂的「科學方法」——在做出任何結論前，必先觀察和實驗。他留下超過 500 種動物的研究紀錄，其中對海洋無脊椎動物的精準描述令人驚訝不已。他檢視不同發育階段的受精卵，並提出後成論（epigenesis），認為器官發育有一定的順序。亞里斯多德清楚劃分同源（homologous）器官與同功（analogous）器官的分野，比理查・歐文還早兩千多年。

　　在亞里斯多德的鉅著，《動物誌》（*The History of Animals*）一書中，他首次依據動物生理上的異同，將動物分為有血動物（脊椎動物）及無血動物（無脊椎動物）。亞里斯多德比較不同動物的器官，並註記來自不同棲地的動物有何差異。他視所有生物共存在一條「存在巨鏈」（Great Chain of Being）上，根據動物出生時的體型大小及其天性，把這條巨鏈劃分為 11 層，人類位於最頂層，植物位於最底層，這樣劃分自然界階級的方式，一直沿用到 18 世紀，才由林奈進行改良。

有關人類的研究領域中，少有亞里斯多德未曾碰觸者。此圖為 1990 年發行的 5 元德克拉馬幣。直到 2002 年，德克拉馬幣一直是希臘的標準貨幣，後被歐元取代。

參照條目 植物學（約西元前 320 年）；科學方法（西元 1620 年）；林奈氏物種分類（西元 1735 年）；發生論（西元 1759 年）；同源和同功（西元 1843 年）；胚胎誘導（西元 1924 年）；譜系分類學（西元 1950 年）；生命分域說（西元 1990 年）。

動物遷徙

亞里斯多德（**Aristotle**，西元前 **384~322** 年）

　　自然界中最早引起古希臘人注意的現象之一，且在《聖經》也有記載者，莫過於鳥類周期性的遷徙。率先嘗試解釋這種現象的哲人包含亞里斯多德，他注意到鵜鶘、鵝、天鵝和鴿子，在冬天時會遷徙到較溫暖的地區。為了解釋這些鳥類季節性出沒的現象，亞里斯多德提出物種的變換理論（transmutation），即隨著季節變遷，某一種鳥會變成另一種鳥。例如，他認為夏天常見的紅尾鴝（redstart）和園林鶯（garden warbler），到了冬天會分別變成知更鳥（robin）和黑頭鶯（blackcap）。

　　如今我們已經知道所有的動物都會進行遷徙，隨著季節變遷，移動到有食物、水及遮蔽處的環境，也有動物是為了繁殖的目的而遷徙。帝王蝶（monarch butterfly）每年從加拿大南部跋涉 3219 公里，遷徙到墨西哥中部。鮭魚在淡水溪流裡產卵，孵化後的鮭魚，成年期間都在海洋裡出沒，生命即將結束前又會回到出生時的河流裡產卵。蝗蟲的遷徙更是一絕，在《聖經》及賽珍珠所著的《大地》，書中都曾詳述蝗蟲遷徙的景象：蝗蟲吃光田裡的作物，導致人類發生飢荒。當蝗蟲族群過大，胃口貪婪無厭（每天吃掉相當於自己體重的食物）的時候，族群中有些蝗蟲會遷徙到食物比較充足的地區。說到動物的遷徙行為，最常提到的例子是北美洲的鳥類會在非繁殖季離開繁殖地，在冬天來臨前往南飛。

　　動物遷徙的過程中，會利用各種導航指引的幫助，以便順利抵達目的地。這些動物也許利用可見的環境地標、太陽的方位、大氣氣味、超低頻音，以及磁場感受能力作為導航指引。據信，遷徙行為和基因有關，然而目前我們對這一部分的知識背景了解甚少。天擇確實傾向讓能夠遷徙的鳥類生存下來，這些鳥類具有更多中空的骨頭（可以減輕體重）、圓緣的翅膀，而且為了達到更好的飛行節能效率，牠們能夠改變心跳速率和體能消耗的方式。

蝗蟲就是會進行遷徙的蚱蜢。當族群擴張到食物不夠吃的時候，蝗蟲就會進行遷徙。在牠們停下來大吃特吃之前，可以飛行幾千公里，當牠們停下來之後，每天可以吃掉相當於自己體重的食物。

參照條目 動物導航（約西元前2350年）；達爾文的天擇說（西元1859年）；動物運動（西元1899年）。

植物學

亞里斯多德（**Aristotle**，西元前 384~322 年）
泰奧弗拉斯托斯（**Theophrastus**，西元前 372~287 年）

亞里斯多德的手稿，寫作方向為動物學；而泰奧弗拉斯托斯的寫作方向則為植物學。在泰奧弗拉斯托斯之前，人類對植物的興趣只限於食用及藥用的層面。泰奧弗拉斯托斯撰寫兩本有關植物的書，撰寫的時間大約是西元前 320 年，是史上第一次有人對植物形態做出科學性及系統性的研究，直到中世紀前，這兩本書是人們獲得植物知識的主要來源。約在 1450 年，經由尼古拉五世的指示，梵諦岡圖書館裡這兩本泰奧弗拉斯托斯的希臘文鉅著，被翻譯文拉丁文，並於 1483 年出版。

泰奧弗拉斯托斯出生於希臘列斯伏斯島（Lesbos），在雅典由亞里斯多德創立的逍遙學校（Peripatetic School）成為亞里斯多德的門徒，兩人並發展出亦師亦友的關係。西元前 322 年，亞里斯多德被迫離開雅典時，把手稿留給泰奧弗拉斯托斯，並指定泰奧弗拉斯托斯繼承呂克昂（Lyceum）學園園長職務。稱職的泰奧弗拉斯托斯一做就是 35 年，吸引眾多學子，學生人數一度超過 2000 人。

在呂克昂學園，泰奧弗拉斯托斯有一畝種了 2000 株植物的花園，據信這是史上第一座植物園。他專注在種植植物，種類約有 500 至 550 種，甚至收集大西洋岸至地中海岸的陸生植物（現在已知的植物種類超過 30 萬種）。亞歷山大大帝東征至亞洲所收集的植物標本和相關敘述，也讓泰奧弗拉斯托斯拓展個人觀察植物和收集植物標本的經驗，得以一窺希臘沒有的植物，如棉、胡椒、肉桂和香蕉。

泰奧弗拉斯托斯被尊稱為植物學之父，他撰寫的《植物探究》（*Enquiry into Plants*）著重植物的分

類和描述，並將植物分為開花植物（種子植物）與不開花植物（被子植物）。而《植物起源》（*The Causes of Plants*）一書則敘述植物生理、生長和栽種方式，也替未來的園藝學奠定基礎。這兩本書幾乎涵括植物學的各個層面：植物的描述和分類（包括樹、灌木、小灌木、草本植物），以及植物的分布、繁殖、發芽和栽培方式。此外，泰奧弗拉斯托斯還反覆觀察不同地區的各種植物，受環境影響而產生的變化，這已是生態學的基調。

大約 2500 年前，泰奧弗拉斯托斯建立史上第一座植物園，種植近 2000 株植物。

參照條目 小麥：主食（約西元前1.1萬年）；農業（約西元前1萬年）；稻米栽培（約西元前7000年）；亞里斯多德《動物誌》（約西元前330年）。

普林尼《自然史》

亞里斯多德（**Aristotle**，西元前 384~322 年）
泰奧弗拉斯托斯（**Theophrastus**，西元前 372~287 年）
老普林尼（**Pliny the Elder**，23~79 年）
喬治路易斯・勒克萊爾，布豐伯爵（**Georges-Louis Leclerc, Comte de Buffon**，1707~1788 年）

　　當代的學院幾乎不見有關自然史的課程，然而全世界許多大城市都有自然史博物館，其創立時間大多可回溯至 19 世紀，在這段期間，科學研究變得更專化、更具實驗性，科學家不再是天資聰穎的業餘人士，而是經過專業訓練的研究人員。在 77 年，老普林尼出版《自然史》（*Natural History*）後，自然史這門學科的界定也變得更嚴謹。

　　老普林尼是一位羅馬律師、陸軍和海軍司令官，同時是一位博物學家，歷史人物中他對後世的影響，恐怕僅次於亞里斯多德。《自然史》共 37 冊，集結各界權威專家的著述，企圖囊括當時人類對自然界所有已知的資訊。普林尼整合亞里斯多德留下與動物有關的資料，以及泰奧弗拉斯托斯留下與植物有關的資料，此書還涉獵天文、地質、地理、礦物學和農業相關的內容。

　　老普林尼的鉅著廣泛蒐羅各種主題的資料，引用幾百篇出自專家之手的原始資料，同時和作者諮詢切磋，以系統的方式編排，按照內容編列索引，儼然是後世百科全書的原型。雖然書中不乏來自小說、民間奇談、魔幻軼事和迷信傳說的內容，但這本自然史不可撼動的地位依舊維持到 15 世紀末。1749 至 1778 年，法國博物學家布豐伯爵撰寫《自然通史》（*Histoire naturalle*），共 36 冊，其中對動物及礦物有更精準、範圍也更限縮的描述。

　　19 世紀期間，針對自然界的研究開始劃分領域，如包含物理及天文的自然哲學，和包含生物（動、植物）和地質科學的自然史。如今，針對「自然史」一詞並沒有明確的定義，然而普遍是指研究自然界動植物的學科，著重在觀察與描述，而非實驗。

老普林尼出生於義大利科莫，科莫主教座堂的正面就坐落著他的雕像。

骨骼系統

加倫（Galen，約 130~200 年）
安德雷亞斯·維薩里（Andreas Vesalius，1514~1564 年）

　　人類史上首次出現針對骨骼做出系統性描述的文字，出自加倫醫生之手（約 180 年），直到 16 世紀，這分描述都是解剖學上無可匹敵的基石。加倫醫生描述骨骼扮演保護人體、支撐人體的作用，並注意到骨骼是由中空的骨髓組成，且根據骨骼的顏色加以判斷，他認為骨骼的成分是精子。1543 年，安德雷亞斯·維薩里根據自己解剖人體所獲得的經驗，發表鉅著《人體的構造》（De Humani Corporis Fabrica），訂正許多加倫醫生對骨骼認知有誤之處。到了 18 世紀，科學界對人體的骨骼系統已有精準描述。

　　動物也具有外骨骼或內骨骼。外骨骼，通常又稱為外殼，可以保護動物體內柔軟的組織，不受被捕食者威脅，並為這些組織提供支撐力，同時作為運動肌肉的附著點。此外，外骨骼可能是感覺器官，作用與動物的覓食及排泄有關，能幫助陸生動物避免喪失體內水分。寒武紀（西元前 5.42 億年~4.88 億年）的海洋突然發生化學變化，使得多數具有外殼的生物應運而生。不同動物的外骨骼成分各不相同：昆蟲、甲殼類動物的外骨骼含有幾丁質，是一種類似纖維素的葡萄糖聚合物；軟體動物的外骨骼由碳酸鈣組成，使其外殼堅硬強壯；至於微小的矽藻，外骨骼所含的二氧化矽（silicon dioxide）會影響細胞的浮力平衡。當堅硬的外骨骼空間已不敷使用，在原本的外骨骼下方會開始形成新的外骨骼，待新的外骨骼生長完畢，動物會脫去舊殼（或蛻皮）。

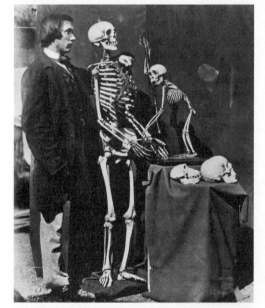

　　內骨骼比外骨骼堅硬，讓大型動物有足夠的生長空間。內骨骼提供支撐，最顯著的例子莫過於海綿和海星，少了內骨骼，這些動物無法保持固定形狀。內骨骼也有保護作用，能提供附著點讓運動肌附著。脊椎動物的骨骼系統由硬骨和軟骨組成，構成哺乳類動物內骨骼的硬骨可以儲存鈣，且其骨髓可以產生紅血球和白血球。就化學成分來看，硬骨的成分是氫氧基磷酸鈣（Calcium hydroxyapatite，提供骨骼硬度）和具有彈性的膠原蛋白。成人體內有 206 至 208 塊硬骨，新生兒的硬骨則介於 270 至 350 塊之間。

這張攝於西元 1857 年的照片，是查理斯·道奇森，亦即大名鼎鼎的路易斯·卡羅爾（Lewis Carroll，1832~1898 年）為英籍摯友雷吉諾·騷塞醫生（Reginald Southey，1835~1899 年），與人骨、猴骨留影紀念。

参照條目　昆蟲（約西元前4億年）；李奧納多的人體解剖圖（西元1489年）；維薩里《人體的構造》（西元1543年）；血球（西元1658年）。

肺循環

加倫（Galen，約 130~200 年）
伊本・納菲斯（Ibn al-Nafis，1213~1288 年）
麥可・塞爾維特（Michael Servetus，約 1511~1553 年）
瑞爾多・柯倫波（Realdo Colombo，1516~1559 年）
威廉・哈維（William Harvey，1578~1657 年）
馬切羅・馬爾比基（Marcello Malpighi，1628~1694 年）

希臘醫生加倫知道血液由血管運送，動脈血色鮮豔，靜脈血色暗沉，且各有不同功能。他認為血液從右心室流入左心室，並在此獲得空氣，再將空氣運送到全身，這個錯誤的觀念延續近千年。

1242 年，阿拉伯醫生伊本・納菲斯首次發現這個錯誤，並在他的著作《阿威森那醫典解剖學評註》（Commentary on the Anatomy of Canon of Avicenna）中加以訂正。他發現心室並沒有孔洞，彼此間也沒有直接連通。此外，他認為血液隨著肺動脈流入肺部，在肺部與空氣混合，再經由肺靜脈流入左邊心臟，由此運送到全身。他還推測肺動脈和肺靜脈具有孔洞，400 年後，義大利顯微學家馬切羅・馬爾比基首次看見微血管，證實了伊本的推測。

身兼神學家及醫生身分的西班牙人麥可・塞爾維特，是第一位準確描述肺循環的歐洲人，這段文字記載於他的理論著作《基督復興》（Restoration of Christianity，1553 年）。《基督復興》並非科學或醫學著作，因此沒有引起當代的注意，只有三本謄本留存於現世。據信，此書的最後一分謄本，隨著 1553 年在日內瓦被處以火刑的塞爾維特本人一同燒毀，下令者是約翰・加爾文（John Calvin），原因是塞爾維特散布異端邪說，不承認三位一體，也不接受嬰兒受洗。

義大利解剖學家瑞爾多・柯倫波（又名瑞爾德斯・柯倫波）是米開朗基羅的同事，在解剖學界貢獻許多重大發現，其中最重要者莫過於 1550 年代，他發現肺循環的存在。他認為缺氧血由心臟流往肺臟，在肺臟與空氣混合後再流回心臟。這項發現，對於在 1628 年著作《心血運動論》（De motu cordis）描述血液循環的威廉・哈維而言，具有極珍貴的價值。

1553 年，西班牙神學家、醫生麥可・塞爾維特被處以火刑，隨著他的著作一同消逝於熊熊烈火中，其中包括被認為是異端邪說的《基督復興》一書，此書記載早期對肺循環的精確描述。

參照
條目　維薩里《人體的構造》（西元1543年）；哈維《心血運動論》（西元1628年）；血球（西元1658年）。

李奧納多的人體解剖圖

加倫（Galen，約 130~200 年）
李奧納多・達文西（Leonardo da Vinci，1452~1519 年）

　　李奧納多達文西無疑是一位博學多聞的天才，同時是人體解剖學界的先驅。他留下的著作經過後人持續研究和考據，其正確程度已被多數現代顯影技術證實。從加倫醫生開始，過去一千多年來，科學界對人體解剖學的認識有一些進展，然而加倫並不像李奧納多，有機會接觸人類的大體。在李奧納多之前，對人體的描繪主要著重在外部特徵，至於人體內部的結構，除了文字敘述，並沒有任何細節描繪。

　　李奧納多出生於佛羅倫斯，也就在這個城市，他獲得接觸人類大體的機會。從 1489 年起，超過 20 年，他解剖 20 至 30 具人類大體，其中包括健康狀況良好、生病和畸形者。他準備一本人體解剖筆記本，上面除了詳載與人體各部位相關的精準測量數據，並有從多層視角進行觀察的繪圖。以人的手腳為例，達文西繪製的圖層就有 8 至 10 層，繪出各層之間的關係，以及動脈、肌肉、韌帶、神經和骨頭的分布。

　　為求完整表達人類的情緒特徵，他甚至細心研究並描繪人類臉部的不同表情，成果在他著名的畫作都能看到。他所繪製的人體解剖圖，子宮中的胎兒一圖備受讚揚，正確畫出胎兒以臍帶和母體連接的現象，然而和雌性生殖系統相關的繪圖卻有許多錯誤，據說他可能是以雌性動物的生殖系統為藍本，

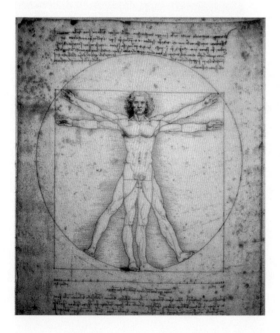

而非人類女性的生殖系統。然而繪圖和素描並不能使他感到滿足，他渴望進一步了解人體運作的機制。為此，他製作許多物理和機械模型，模擬人體結構的功能，好比心臟瓣膜如何開關，在他的繪圖中也畫出這些模型。

　　李奧納多預見自己的作品對醫療人員必定貢獻良多，打算把自己所繪和人體解剖相關的圖像，集結成專著出版，然而 1519 年他過世之際，這些作品埋沒在他的私人物品中，經過幾十年，這些作品幾經轉手，最後才在 17 世紀末出現於英國皇家珍藏品中，一直保留迄今。

《維特魯威人》（*The Vitruvian Man*，約 1490 年）是李奧納多依據西元一世紀的羅馬建築師維特魯威留下的學說而繪製的鋼筆素描，維特魯威相信完美的方圓構形可以勾勒出理想的人體比例。

參照條目　維薩里《人體的構造》（西元1543年）；胎盤（西元1651年）。

聽覺

貝倫加利奧・達・卡皮（**Berengario Da Carpi**，**1460~1530 年**）
穀力奧・卡薩瑞（**Giulio Casserio**，**1552~1616 年**）
亨利奇・林內（**Heinrich Rinne**，**1819~1868 年**）
赫曼・馮・亥姆霍茲（**Hermann von Helmholtz**，**1821~1894 年**）

　　16 世紀，一群著名的義大利解剖學家研究內耳，並鑑定內耳構造。貝倫加利奧・達・卡皮在其著作《評註》（*Commentaria*，1521 年）描述聽小骨（ossicle，即中耳骨）；穀力奧・卡薩瑞則是比較不同動物的聽骨構造。亨利奇・林內描述鼓膜與聽小骨之間的聲音傳遞過程，並利用音叉來分辨耳聾的原因（1855 年）；赫曼・馮・亥姆霍茲則研究聲音和音調的接收（1863 年）。

　　不同於嗅覺、味覺和視覺，聽覺的傳導只利用機械過程。物體振動時發出的聲響，通常藉由空氣或水來傳播。聲音以音波的方式傳遞，頻率是其特色（以每秒循環數，cycles/secons；或赫茲，Hz 來表示）。頻率就是音調，而振幅是音波的大小，也就是音量。

　　聽覺傳導的過程包含導引音波的方向、感覺空氣壓力的波動，並將空氣中的波動轉譯為大腦能夠解讀的訊號。外耳蒐集音波，並導引音波往鼓膜移動，鼓膜是外耳和中耳的分界處，音波進入耳道造成鼓膜振動。中耳共有三塊聽小骨，負責放大鼓膜接收到的空氣壓力，透過耳蝸（cochlea）開口推擠內耳的液體。

　　耳蝸把音波轉為傳送到腦部的電脈衝。耳蝸由三條比鄰的管道組成，形狀就像蝸牛外殼，彼此由襯有毛細胞的薄膜區分開來。當音波通過造成毛細胞彎曲，形成刺激，於是毛細胞產生傳送至腦部的電脈衝。耳蝸可以根據薄膜振動的位置，分辨音調和音量。高頻音波通常會造成耳蝸入口處的薄膜發生振動，反之，耳蝸盡頭處的薄膜若發生振動，通常代表接收到的是低頻音波。相較低頻音波（較柔和的聲音），振幅大（音量大）的音波會使耳蝸薄膜振動得更劇烈。

耳蝸位於內耳，是螺旋狀的腔室，內含傳遞聽覺不可或缺的神經末端。這樣的名稱起源於希臘文「kokhlias」，即蝸牛之意。令人聯想菜園常見的褐蝸牛（Helix aspersa，如圖）。

參照條目　味覺（西元1974年）；嗅覺（西元1991年）。

維薩里《人體的構造》

加倫（Galen，約 130~200 年）
詹・史蒂芬・馮・科卡（Jan Stephen van Carlcar，1499~1546 年）
安德雷亞斯・維薩里（Andreas Vesalius，1514~1564 年）

　　解剖學是習醫必修的基礎課程，是診斷疾病和治療疾病的重要關鍵，也是雕塑家和畫家不可或缺的知識。來自比利時的解剖學家德雷亞斯・維薩里，在 16 世紀的醫學教育中心帕多瓦大學擔任教授（University of Padua）。當時的醫學院以加倫 1500 年前留下的經典手稿作為解剖學教材，並由講師指導理髮師實地操作解剖。維薩里打破這項傳統，他親自動手解剖屍體，讓學生圍繞著解剖桌觀看。然而維薩里從實地解剖中獲得的知識，未必總是與加倫的手稿相符。

　　加倫是所有醫學學者心中最尊敬的人物，也是帕加馬王國（Pergamon）專門醫治格鬥士的醫生，因此大量接觸人體。然而古羅馬時代嚴禁解剖人類遺體，所以加倫手繪的解剖構造圖是以巴巴里獼猴（Barbary ape）為主題，他認為與人類的相似度夠高。

　　1543 年，時年 28 歲的維薩里發表第一版《人體的構造》，書中內容包含人體所有結構，也是第一本詳細繪出人類內臟的鉅著。這本由 200 片木刻印版組成的教科書內容精確詳實，校正許多加倫手稿有誤之處。身為完美主義者的維薩里堅持，這本書必須兼備藝術美感。此書的最後一版是經過眾人努力，包括解剖人員、繪圖家，以及義大利文藝復興時期畫家提香（Titian）的弟子詹・史蒂芬・馮・科卡貢獻的木刻功力。

　　在維薩里想像中，這本書的讀者不只是醫生和解剖學家，也可以是藝術家。雖然一開始背負挑戰加倫的罪名，但這本書後來還是成就維薩里的聲名和財富，直至今日仍是醫學及科學史上最負盛名的一本書。原書的 500 本副本，其中 130 本流傳至今。1564 年，維薩里前往耶路薩冷朝聖，返航時在希臘札金索斯島（Zakynthos）附近的伊奧尼亞海域（Ionian Sea）遭遇船難，溺水身亡。

維薩里《人體的構造》一書的卷頭插畫，這本書是人類解剖史上第一本精確詳實的教科書。

參照條目 骨骼系統（約西元180年）；李奧納多的人體解剖圖（西元1489年）。

西元 **1611** 年

菸草

約翰・羅爾夫（John Rolfe，1585~1622 年）
詹姆斯・邦沙克（James Bonsack，1859~1924 年）

　　早在歐洲人發現新大陸之前，美洲原住民早已種植菸草，舉行宗教儀式時也會吸食菸草，並以菸草為藥治療許多疾病。墨西哥種植菸草的時間可回溯至西元前 16 至 14 世紀。1518 年，西班牙人引進菸草至歐洲，直到 1611 年，約翰・羅爾夫這位早期的英國殖民者，才首度成功在維吉尼亞殖民地種出菸草，作為經濟作物輸出。20 世紀之前，菸草主要以咀嚼、嗅食或以塞入菸斗或香菸中吸食。1883 年，工人每分鐘可以製作四支手捲菸，同年，詹姆斯・邦沙克發明自動捲菸機，每分鐘可產出 200 支香菸，造成香菸價格下跌。接下來幾十年，美國製菸工業開始蓬勃發展。

　　菸草的來源是茄科（Solanaceae）菸草屬（Nicotiana）植物的葉片，與其親緣關係相近的植物有馬鈴薯、番茄、蛋茄、甜椒和矮牽牛。菸葉採收之後要先乾燥、烘製、熟成，再加入其他菸草植物的菸葉，製造出獨特的風味，最後進行包裝。1900 年，美國每人平均的吸菸數是 54 支，及至 1963 年，這個數字已攀升至 4345 支。1964 年，美國醫事總處（Surgeon General）發表聲明指出吸菸會危害人體。

　　吸菸會對人體器官帶來危害，有明確的證據指出，吸菸會增加罹患心血管疾病（心臟病、中風）、肺部疾病（肺氣腫、慢性支氣管炎）及各種類型的癌症。世界衛生組織已確認，吸菸是全世界排名第一的可預防死因（preventable death）。

　　多數吸菸者明知山有虎，卻向虎山行。為什麼？因為他們已經對尼古丁上癮，這是一種集中在菸草葉片中自然存在的活性物質。1970 年代，世界主要的菸草商布朗暨威廉森公司（Brown & Williamson）培育出 Y-1 品種的菸草，是菸草和黃花菸草（N. rustica）的雜交種，使菸葉中的尼古丁含量倍增，從 3.2 至 3.5％提升至 6.5％。1991 至 1999 年，Y-1 品種依然是該公司的菸葉來源。

菸葉收割之後要先乾燥（烘製），等待熟成後才能釋放獨特的風味。烘製菸草有多種方式，時程從數天到數周不一。「烤菸葉」費時大約一周，可產生高量的尼古丁。

參照條目 藥用植物（約西元前6萬年）；小麥：主食（約西元前1.1萬年）；農業（約西元前1萬年）；稻米栽培（約西元前7000年）；人工選殖（選拔育種）（西元1760年）；基因改造作物（西元1982年）。

新陳代謝

桑托里奧・桑克托里奧斯（Santorio Sanctorius，1561~1636 年）
漢斯・克雷伯斯（Hans Krebs，1900~1981 年）

　　桑托里奧・桑克托里奧斯這位義大利生理學家、醫生，同時是醫用體溫計（medical thermometer）的發明人，花 30 年時間密切注意自己從事各種活動，包括吃、喝、斷食、排泄、睡眠和性交，前後的體重變化。1641 年，他出版《醫學統計方法》（*Ars de static medicina*），書中描述史上第一個對照實驗（controlled experiment），並將量化的觀念導入醫學界。桑克托里奧斯注意到，他排出的糞便及尿液總重不及他所攝入的食物，他認為這是因為人體有「無感發汗」（insensible perspirtion）的機制，因此開始研究新陳代謝。

　　累積與分解。所有生物最基礎的共通點，就是必須消耗能量來進行各種活動。新陳代謝一詞源自希臘文，有「改變」或「瓦解」之意，代表生物體內有用來產生能量或消耗能量的活動。同化反應（anabolic reaction）利用能量進行生物合成作用，形成較大的有機分子，例如負責生長和分化的細胞。相反的，異化反應（catabolic reaction）則分解這些大分子以產生能量。代謝途徑中的化學反應會依序發生，將某一種化學物質變成另一種化學物質，而這些反應受到酵素的催化。代謝途徑包括碳水化合物、脂肪、蛋白質及核酸的代謝，從微生物到人類，各種不同生物體內代謝途徑的化學物質都很相似。

　　漢斯・克雷伯斯在 1930 年代進行的研究，奠定我們如今對代謝途徑的了解基礎。出生於德國的克雷伯斯是醫生，也是生化學家，他發現尿素循環（urea cycle），生物透過這樣的機制，將體內形成的氨轉變為毒性較低的尿素。納粹禁止他這位猶太人在德國行醫，他只好移居英國，也在那兒找到一生最重要的發現：1937 年，他確認檸檬酸循環（citric acid cycle，亦稱克氏循環）的存在，這是所有需氧生物體內利用碳水化合物、蛋白質和脂肪來產生能量的一系列化學反應。為表揚他的成就，1953 年，克雷伯斯獲頒諾貝爾生醫獎。

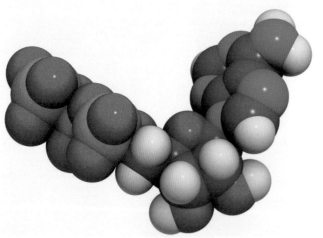

三磷酸腺甘酸（Adenosine triphosphate, ATP）有如分子界的貨幣單位。負責轉移細胞內的能量，同時是多數生物體內新陳代謝反應最主要的能量來源。此圖為三磷酸腺甘酸 3D 圖像。

參照條目　植物防禦草食動物（約西元前4億年）；酵素（西元1878年）；先天性代謝異常（西元1923年）。

科學方法

亞里斯多德（**Aristotle**，西元前 384~322 年）
法蘭西斯・培根（**Francis Bacon**，1561~1626 年）
伽利略（**Galileo Galilei**，1564~1642 年）
克洛德・貝爾納德（**Claude Bernard**，1813~1878 年）
路易斯・巴斯德（**Louis Pasteur**，1822~1895 年）

科學方法的構思和精密修訂與時俱進，立足於許多早期著名學者打下的根基。亞里斯多德推廣邏輯推理（logic deduction），是一種「由上而下」的科學方法：先建立理論或假說，接著進行驗證；法蘭西斯・培根，現代科學方法之父，於 1620 年寫下《新工具論》（*Novum Organum Scientiarum*）一書，提倡歸納推理（inductive resoning）才是科學推理的根基，是一種「由下而上」的方法，藉由觀察，從而衍生理論或假說；伽利略重視實驗多於形而上的解釋。到了 19 世紀中期，路易斯・巴斯德優雅的使用科學方法，設計實驗推翻自然發生論（spontaneous generation）。

1865 年，克洛德・貝爾納德，史上最偉大的科學家之一，以個人的想法和實驗為基礎，撰寫《實驗醫學概論》（*An Introduction to the Study of Experimental Medicine*）。在這本經典鉅著裡，貝爾納德檢視科學家帶來新知識的重要性，接著仔細分析一個好的科學理論應該具備那些要素，觀察比盡信歷史權威和史料更重要，以及邏輯推理、歸納推理和因果關係的重要性。

非科學家常以帶有貶抑的眼光看待理論，例如演化論，他們認為理論是未經證實的想法，或者僅是經由猜測或推論得出的結果。相反的，科學家眼裡的理論指的是對於一種解釋方法、一種模型或一種通則，經過反覆驗證，可以用來解釋或預測自然界的事件。科學方法包含許多具有順序的步驟，是用來研究某種現象或者獲取新知識的方法。利用這些具有順序的步驟來發展或驗證科學家經由觀察，客觀評估實驗結果後建立的假說，進而接受或放棄假說，或藉此修正假說。相較於假說，理論的範圍更寬廣，通用性更高，有來自各種假說的實驗證據加以支持，並且可以反覆驗證。

1620 年，法蘭西斯・培根發表《新工具論》，提倡科學方法應立基於歸納推理之上，累積資料從而建立通則，意在改良亞里斯多德提出由通則推演特定事實的邏輯推理方法。

參照條目 推翻自然發生論（西元1668年）；達爾文的天擇說（西元1859年）。

哈維《心血運動論》

加倫（Galen，約 130~200 年）
威廉・哈維（William Harvey，1578~1657 年）
馬切羅・馬爾比基（Marcello Malpighi，1628~1694 年）

　　1628 年，威廉・哈維發表一篇被認為是異端邪說的論文《心血運動論》（*De motu cordis et sanguinis*）。他認為心臟供給血液動力，使血液往單一方向流動，流經動脈和靜脈組成的封閉系統，接著再返回心臟。哈維並非憑空妄想，而是根據他以各種活體動物、動物屍體及人體為材料，進行解剖或生理實驗時所獲得的經驗提出論點。因為一個關鍵發現，使他提出這樣的論點：他注意到靜脈血管都有瓣膜，使血液只能往單一方向流動，流往心臟。

　　早在 1615 年，哈維已於《魯姆尼論壇》（*Lumleian Lecture*）首次公開發表心血運動論，然而何故使他遲遲不敢廣泛發表這有充分實驗證據支持的理論，以至於推遲 13 年？因為他的理論挑戰 1400 多年前加倫醫生對血液的描述，當時所有權威科學家和醫生都信奉加倫留下的手稿，視之為醫界的教條。加倫認為血液是由我們吃下的食物所形成，而且自肝臟流出，藉由肉眼不可見的孔洞，流經左右心室，然後被身體器官吸收，作為養分供應。人體造血與耗血的速率相當。哈維根據自己的資料和分析，確定這在數學上是不可能的事。

　　哈維是詹姆士一世及其子查理一世的御醫，十分受人尊敬，這兩位國王鼓勵他研究，也支持他的成果。然而哈維發表長達 70 頁的心血運動論後，不只挑戰醫界權威加倫，也挑起爭端和仇恨，在歐洲大陸尤其如此，時間長達 20 餘年。哈維的理論中有一處最重要的失落環節，他並沒有解釋血液如何從動脈流到靜脈。另外，他推測有微血管的存在，這一點在 1661 年由馬切羅・馬爾比基加以證實。

　　如今，心血運動論讓我們對心臟及循環系統能有了解基礎，也使生物史及醫學史上最重要的發表之一。哈維獲得現代生理學之父的尊稱，也是史上第一位以實驗方法和定量方法驗證觀察現象的科學家。

此圖為威廉・哈維的雕刻鎸版，在他行醫的過程中曾檢查四名被控為巫婆的女子，儘管承受社會輿論要他在這些女子身上找出可疑胎記，好為她們定罪名的壓力，哈維的證詞仍讓她們獲得無罪開釋。

參照條目　肺循環（西元1242年）；李奧納多的人體解剖圖（西元1489年）；科學方法（西元1620年）。

笛卡爾《機械哲學》

威廉・哈維（**William Harvey，1578~1657 年**）
勒內・笛卡兒（**René Descartes，1596~1650 年**）

　　雖然勒內・笛卡兒最為後世熟知的是他對哲學和數學的貢獻，不過他對於生物界的思考模式也帶來巨大衝擊。身為現代哲學先驅，笛卡兒認為真相存在於個體，而非教會，並留下廣為人知的名言：「我思，故我在」。依循著家族傳統，他接受律師教育（然而他從未執業），彼時仍是年輕學子的他，已經對數學展現濃烈熱情。他創造笛卡兒坐標系統（Cartesian coordinate system），利用一組數字便能表達特定一點在空間中的位置。他也創立了解析幾何（analytical geometry），串聯代數和幾何學，成為艾薩克・牛頓和哥特佛萊德・萊布尼茲在 1660 年代發展微積分（Calculus）的基礎。

　　1628 年，威廉・哈維利用機械類比（mechanical analogy）的方式描述血液循環，據說這樣的方式正是笛卡兒《機械哲學》的靈感起源。機械哲學牽涉數學和機械學，影響笛卡兒對生物學的看法，也主導 19、20 世紀的哲學研究。1637 年，笛卡兒發表《方法論》（*Discourse on the Method*），以機械、數學、物質和運動的原理，為人類以外的自然界萬物找出解釋。只有那些能夠度量的東西才實際存在，例如大小、形狀、方位、歷時和長度，其餘一切，包括感覺，都是主觀意識，只存在於個體的心智之外，沒有實體的存在。整個宇宙只是一部機器，個體亦然，只是由各種零件、排列和運動組合，呈現行走、進食、呼吸等其他功能。

　　雖然笛卡兒認知生物與無生物的存在，他依然視動物為機器，因為動物不像人一樣具有靈魂，因此有聰明才智、意願和意識。動物無法使用語言，也無法思考。他認定位於腦部中央的松果腺（pineal gland）是就靈魂所在之處，藉由神經控制人體。

除了人類的心智，笛卡兒試圖以機械法則解釋自然界萬物，包括動物在內，他認為動物就像機器人或複雜的機器。

參照條目　哈維《心血運動論》（西元1628年）；近日節律（西元1729年）；下視丘：腦垂體軸（西元1968年）。

胎盤

亞里斯多德（Aristotle，西元前 384~322 年）
加倫（Galen，約 130~200 年）
李奧納多·達文西（Leonardo da Vinci，1452~1519 年）
威廉·哈維（William Harvey，1578~1657 年）

　　從古至今的專家學者，對胎盤這般謎樣構造的重要性和功能感到好奇。在埃及，有一件雕塑作品展現胎盤崇高的地位，連接臍帶的胎盤象徵法老王的「靈魂」，或是法老王的「祕密助手」。在當時，一個王國的興衰與否，端視統治者的健康狀況和靈魂的保存狀況而定。《舊約聖經》指出，胎盤是「生命之束」及「外在的靈魂」。胎盤（詞源起於希臘，意指「扁平的蛋糕」），也引起兩位古代偉大學者，亞里斯多德和加倫的興趣。約在西元前 340 年，亞里斯多德開始檢視環繞胎兒周遭的薄膜，並為之命名，但因為這層構造在不同物種間各有差異，而且他的研究對象是動物，致使他做出一些流傳千年的錯誤結論。

　　到了 1510 年左右，李奧納多·達文西將繪畫長才發揮在人體解剖學，胎兒也是他描繪的對象之一，描繪主題包含子宮及其血管構造、胎膜和臍帶。他認為胎兒的血管並未與母體連通，自古至 18 世紀，這個問題一直是爭議不斷的話題。1628 年，威廉·哈維發表《心血運動論》，才奠定現代對循環系統及心臟的了解基礎。

　　1651 年，哈維研究觸角延伸到胎兒的循環及其與母體之間的關係。他提出一個非常基本的問題：胎兒在母親子宮內生存、呼吸達數月，為什麼胎兒出生後若遭遇無法呼吸的狀況，便會快速死亡？既然母體和胎兒有兩套各自獨立的循環系統，他推測胎兒所需的營養和空氣來自羊膜囊內的液體。如今我們知道小孩出生前，胚胎、胎兒（胚胎九周大後稱胎兒）及母體間營養、呼吸氣體和廢棄物的運輸，全由胎盤循環負責。

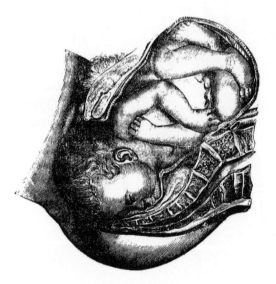

保羅·拉巴爾特（Paul Labarthe）醫生於 1885 年為《一般醫學字典》（*Usual Medicine Dictionary*）所雕刻的版畫，主題是即將分娩的胎兒。

參照條目　李奧納多的人體解剖圖（西元1489年）；哈維《心血運動論》（西元1628年）；卵巢及雌性生殖（西元1900年）；黃體酮（西元1929年）。

淋巴系統

托馬斯・巴托林（**Thomas Bartholin**，1616~1680 年）
老奧洛夫・盧貝克（**Olauf Rudbeck the Elder**，1630~1702 年）

　　北歐人發現淋巴系統。雖然淋巴系統究竟由誰發現，一直以來爭議不斷，然而可以肯定的是兩位候選人都來自北歐，也都系出學術名門。托馬斯・巴托林任教於哥本哈根大學，和父親兩人都是解剖學家。當他接獲兄弟的通知，表示人類已經找到狗的胸管（thoracic duct），巴托林著手在一位罪犯遺體中尋找人類的胸管，當時巴托林手邊有兩具罪犯遺體，是國王賞賜給他，以便進行他的研究。1652 年，他公開宣布已經找到人類的淋巴系統，並且表示，人類的淋巴是一獨特且獨立的系統。

　　巴托林率先搶下發現人類淋巴的頭銜，此舉隨即遭到老奧洛夫・盧貝克挑戰。盧貝克非常享受身兼科學家和醫生的職業生涯，1652 年，他在瑞典克里斯蒂娜女王（Queen Christina of Sweden）的宮廷宣布自己發現人類的淋巴系統，但是到了隔年卻還寫不出相關報告，這一拖當然讓巴托林搶得先機（電影迷一定記得 1933 年，葛麗泰・嘉寶在同名電影裡飾演克里斯蒂娜女王）。

　　盧貝克同時是一位歷史語言學家，有些人認為他的想像力實在豐富。自 1679 年起，直至 1702 年他過世為止，他撰寫 3000 頁，共分為四卷的鉅著《亞特蘭提斯》（*Atlantica*）。他認為西元前 300 年，柏拉圖口中傳奇的亞特蘭提斯島就是瑞典，瑞典語就是所謂的「原初語言」（Adamic language），是拉丁語和希伯來語的起源。他的理論遭受批評，甚至北歐同鄉都嘲笑他，當時瑞典是歐洲霸權之一。

　　淋巴系統是由器官、淋巴結、淋巴管共同組成的網絡。負責產生淋巴，移除組織中的淋巴，並將淋巴送回血液。胸管即是人體最主要的淋巴管，負責收集下肢淋巴，並導引其流動方向。淋巴是一種混濁的白色液體，內含淋巴球，是人體免疫系統的主要成分；另外還含有淋巴和脂肪組成的乳糜（chyle）。淋巴系統幫助人體抵禦病菌感染，防止腫瘤細胞散播開來，同時還負責收集並移除細胞周邊的組織間液。

這幅油畫的主角是克里斯蒂娜女王（1626~1689 年），出自荷蘭畫家亞伯拉罕・烏契（Abraham Wuchters，1610~1682 年）之手。複雜又充滿故事性的克里斯蒂娜在 1633 年登基，是哲學家笛卡兒的好友，拒絕婚姻，1654 年退位，轉而投向天主教的懷抱，餘生多在羅馬度過。

參照條目 先天性免疫（西元1882年）；後天性免疫（西元1897年）。

血球

安東尼・馮・雷文霍克（Antonie van Leeuwenhoek，1632~1723 年）
詹・史旺莫登（Jan Swammerdam，1637~1680 年）
加伯利歐・安德羅（Gabriel Andral，1797~1876 年）
阿爾弗雷德・鄧恩（Alfred Donné，1801~1878 年）
保爾・艾爾利希（Paul Ehrlich，1854~1915 年）

　　古人的生活中，血扮演重要的角色。與宗教信仰、神話、健康脫不了關係，同時是勇氣和獻祭的象徵。許多文化至今仍相信血象徵著家族關係、部落關係，是一種與生俱來的親緣連結。對古希臘人而言，血是生活必需的養分、生命的本質、靈魂的象徵，一個人一旦少了血，將邁入無法挽回的死亡幽谷。除了不朽的神和惡魔，祂們沒有血，卻依然活著。希臘人甚少舉行血祭，不若盎格魯—撒克遜人（Agnlo-Saxons）和諾斯人（Norsemen），他們認為能力可以隨著血轉移。

　　在歷史上其他時段，及世界上其他文化，血的重要性依然存在。猶太和伊斯蘭經典都禁止血祭，而基督教徒視紅酒為基督的血。在東亞某些文化，流鼻血代表性衝動，而日本人則依據血型來分別個人特質。哥德小說家伯蘭・史杜克（Abraham "Bram" Stoker）可能受到新世界吸血蝙蝠的啟發，以這種專門只吸血的蝙蝠為原型，在 1897 年創造出德古拉公爵這個角色。

　　科學家一直在研究血液如何運送營養物質和氧氣到細胞中，又如何攜帶細胞的廢棄物離開，讓廢棄物最終排出體外。1658 年荷蘭生物學家，詹・史旺莫登，首次在顯微鏡下見到紅血球。1695 年，安東尼・馮・雷文霍克繪出血球的大小和形狀。到了 1840 年左右，法國醫學教授加伯利歐・安德羅對白血球加以描述，他同時是血液化學及科學血液學界的先驅，整合臨床醫學和分析醫學。九年後，法國醫生阿爾弗雷德・鄧恩首次觀察到血小板，最後，擁有廣泛科學成就的保爾・艾爾利希在 1894 年成功發展染色技術，應用在白血球分類計數上面。

伯蘭・史杜克之所以寫出《德古拉公爵》（Dracula，1897 年），一部分是受到吸血蝙蝠的啟發，小說場景設定在羅馬尼亞外西凡尼亞，此圖的場景於 2007 年被人發現。

參照條目　雷文霍克的顯微世界（西元1674年）；血紅素和血青素（西元1866年）；血型（西元1901年）、血液凝結（西元1905年）。

推翻自然發生論

亞里斯多德（Aristotle，西元前 384~322 年）
法蘭西斯科‧雷迪（Francesco Redi，西元前 1626~1697 年）
拉扎羅‧斯帕拉捷（Lazzaro Spallanzani，1729~1799 年）
路易斯‧巴斯德（Louis Pasteur，1822~1895 年）

　　兩千多年前，亞里斯多德在著作《動物誌》裡提到，某些生物源自於類似的生物，而其他生物，例如昆蟲，則是從腐壞的土壤或植物堆裡自然產生的生物。每到春天，這些古人觀察尼羅河氾濫過後留下的泥濘，以及白天不會出現的青蛙。從莎士比亞筆下的劇作《安東尼與克莉奧佩特拉》（Antony and Cleopatra），我們知道尼羅河的泥濘會生出鱷魚和蛇。這種從無生物生出生物的觀念，正是亞里斯多德所謂的「自然發生論」，一直到 17 世紀，自然發生論都有著不可撼動的地位。畢竟，我們經常看見腐肉出現蛆的現象。

　　1668 年，義大利醫生，同時是詩人的法蘭西斯科‧雷迪設計一項實驗，目的在質疑自然發生論的真實性，了解腐肉是不是真的會生蛆。雷迪在三個廣口瓶裡放入肉，一放就是好幾天。其中一瓶瓶蓋打開，有蒼蠅飛來產卵；另一瓶瓶口密封，瓶中沒有發現蒼蠅或蛆。第三個廣口瓶的瓶口以紗布覆蓋，防止蒼蠅進入瓶中汙染肉塊，但還是可以在紗布上產卵，進而孵化成蛆。

　　一個世紀後，拉扎羅‧斯帕拉捷，這位義大利籍的神父和生物學家在密封的容器內煮沸肉湯，並讓空氣逸出。他並沒有觀察到任何生物出現，因此空氣究竟是不是自然發生論不可或缺的要素，仍是個懸而未決的問題。

　　1859 年，法國科學院出資設立比賽，廣邀科學家設計實驗，以證明或推翻自然發生論。獲獎的路易斯‧巴斯德把煮沸過的肉倒入瓶口向下彎曲的細頸玻璃瓶中，空氣仍可以自由進入玻璃瓶，但空氣中的微生物則無法進入。之後，玻璃瓶裡煮沸過的肉湯仍維持原樣，據信從此之後，自然發生論就被放逐於歷史洪流中。

巴斯德是法國微生物學家、化學家，在病原菌引起的疾病、疫苗、發酵和滅菌等方面，有許多重大發現。

參照條目　生命的起源（約西元前40億年）；亞里斯多德《動物誌》（約西元前330年）；細胞學說（西元1838年）；病菌說（西元1890元）；米勒—尤列實驗（西元1953年）。

磷循環

海寧・布蘭德（Hennig Brand，約 1630~1692 年）
卡爾・威廉・席勒（Carl Wilhelm Scheele，1742~1786 年）
喬漢・戈特利布・甘恩（Johan Gottlieb Gahn，1745~1818 年）

　　古代世界所不知的元素裡，磷是第一個被發現的。1669 年，德國的煉金術士海寧・布蘭德正在找尋可以把基金屬（例如鉛），變成金或銀的魔法石。他利用水煮，濃縮尿液，得到閃爍淡綠色光芒的固態磷。一百多年後，身兼瑞典化學家和冶金學家的喬漢・戈特利布・甘恩，從骨骼中的磷酸鈣萃取出磷，直至 1840 年代，這都是人類獲取磷的主要方式。與此同時，另一位瑞典人，身為藥師的卡爾・威廉・席勒，發現可以大量產磷的方法，從而使瑞典成為世上最主要的火柴生產國。

　　磷是生物生存不可或缺的元素：DNA、核糖核酸（RNA），和負責體內能量轉移的三磷酸腺甘酸（ATP）都少不了磷。磷和脂肪結合後形成磷脂類，是構成細胞膜的主要成分。而磷酸鈣可替骨骼和牙齒增加強度。

　　生物圈中所有可循環的元素，就屬磷最稀少。地球上大部分的磷以磷酸鹽（磷＋氧）的方式存在於岩石和沉積層中，又因風化作用和採礦導致磷釋放到海中。海中的磷如果太少，會導致藻類減緩生長，甚至停止生長；反之，如果磷過剩則會引起藻類過度生長。

　　20 世紀中期開始，人類在居家清潔劑或肥料裡加入磷，大大衝擊自然界的磷循環平衡。含磷的逕流注入湖泊溪流中，可能造成藻類蓬勃生長，短時間內就形成密度過高的族群。藻類死亡之後被細菌分解，這個過程會消耗大量水中溶氧，導致魚類和其他水生生物缺氧而死。汙水處理廠排出的廢水，也是導致水中磷含量增加的原因。自1970 年代起，美國已經禁止家用清潔劑添加磷。

「搖動搖籃的手也能撼動軸心國」，這張攝於 1942 年的照片，主角是一位正在製作炸彈模具的女性，一戰及二戰期間使用許多含有白磷的燃燒性武器。

參照條目　原核生物（約西元前39億年）；藻類（約西元前25年）；陸生植物（約西元前4.5億年）；珊瑚礁（約西元前8000年）；去氧核糖核酸（DNA）（西元1869年）；生物圈（西元1875年）；能量平衡（西元1960年）。

麥角中毒症與巫婆

路易斯・圖拉斯內（**Louis-René Tulasne**，**1815~1885 年**）

　　1692 年 1 月 20 日，三位遭人指控是巫婆的青少女，被帶往殖民時期位於麻薩諸塞州的塞冷（Salem）接受審判。因為他們發出瘋也似的尖叫、身體抽搐、神情恍惚，當地醫生據此判定她們是女巫。這些孩子被定罪，兩個被吊死，另一個被毒死。到了當年年末，共有 20 人被控是女巫而遭到處死。女巫審判並不是塞冷地區的專利，根據報導，自 1450 至 1750 年，在歐洲因女巫罪名遭到審判且判處死刑的人數就有 4 至 6 萬人，最後一起燒死女巫的事件，發生在 1793 年，地點在波蘭。這段期間，在歐洲和北美洲，怪力亂神的影響滲入人們的生活，是疾病和不幸的肇因。

　　有許多學者研究這三名青少女的症狀，多數人認為真正元凶是麥角中毒症，是發生在裸麥和其他穀類作物上的疾病，由黑麥角菌（Claviceps purpurea）這種真菌所引起。當黑麥角菌的孢子感染穀類作物以後，會開始形成菌核。真菌感染植物的過程，猶如植物受精時花粉粒接觸植物子房一樣。早春時間氣候寒冷而潮濕，裸麥和看來有如穀粒的麥角被農人一起收割、碾磨。裸麥是窮人的主食。人類和其他哺乳類動物都會發生麥角中毒症，草食性的牛受害尤其嚴重。

　　法國的氣候條件相當適合麥角生長，因此麥角中毒症在法國相當普遍，944 年，南法地區有 4 萬人因麥角中毒症而喪命。麥角中毒症最主要的症狀抽搐和產生組織壞疽。因流往四肢末端的血流受到壓縮，使病人產生劇痛、壞疽，面臨截肢命運。1670 年，法國醫生杜雷判定麥角中毒症並非傳染性疾病，病人是因為吃了含有麥角的裸麥而中毒。1853 年，法國真菌學家路易斯・圖拉斯內建立麥角的生活史。從麥角中萃取出來的生物鹼具有醫療用途，可治療偏頭痛，並具有誘發子宮收縮的功能，還能控制產婦分娩後的出血量。

這幅《魔宴》（*Witches Sabbath*，1798 年）是西班牙藝術家，法蘭西斯科・戈耶（Francisco Goya，1746~1828 年）的作品，以山羊象徵魔鬼。

參照條目 真菌（約西元前 1.4 億年）；藥用植物（約西元前 6 萬年）；農業（約西元前 1 萬年）。

雷文霍克的顯微世界

安東尼・馮・雷文霍克（Antonie van Leeuwenhoek，1632~1723 年）
羅伯特・虎克（Robert Hooke，1635~1703 年）

　　1674 年，荷蘭科學家安東尼・馮・雷文霍克發現一個人類從來不知的世界，有無數生物居住其中。同年還發現他稱之為「微動物」（animalcules）和「微獸」（beasties）的單細胞生物。雖然身為史上最有名的生物學家之一，也可謂是微生物學的奠基者，雷文霍克只受過中等教育，也只會使用他的母語荷蘭語書寫，從沒有出過書，也沒有發表過科學論文。

　　雷文霍克出生於德夫特（Delft），終其一生也都只待在德夫特，與荷蘭著名畫家約翰尼斯・維梅爾（Johannes Vermeer）同年代。他是一位布商，但畢生最大的熱情都發揮在研磨鏡片這項嗜好。據說他讀過英國博物學家羅伯特・虎克在 1665 年出版《顯微圖譜》（Micrographie）之後，便一頭鑽進顯微鏡的世界，虎克在書中大力推廣顯微鏡的使用，他也是史上第一位以顯微鏡觀察軟木塞的科學家，並稱軟木塞中的腔室為「細胞」。

　　從 1673 年開始，時年 40 歲的雷文霍克在接下來的 50 年，一直到他生命結束的那天，都持續和位於倫敦的皇家學會通訊，以非正式的荷蘭文描述他在顯微鏡下的觀察結果，包括原生動物（1674 年）、細菌（1676 年），以及微血管、肌肉纖維、植物子房和各種動物的精子。他能夠獲得這些鉅細靡遺的

觀察結果，全都拜他研究鏡片的高超技術所賜，使放大倍率能夠達到 275 倍，並且有清晰又明亮的成像，在這之前的早期顯微鏡放大倍率大約只有 20 至 30 倍。雷文霍克一生研磨 400 至 500 片鏡片，大約製作 25 架顯微鏡，然而為了避免高超技術外流，他的作品並不輕易示人。

　　亞述和羅馬時代，人類就已經會利用鏡片來放大物體的成像。大約在 1590 年，史上出現第一架鏡片枚數超過一片的複式顯微鏡，成了虎克和後世生物學家使用直至 20 世紀的必要研究工具。現代的顯微鏡放大倍數可達 1000 至 2000 倍，電子顯微鏡的放大倍率甚至高達 200 萬倍。

1982 年由南非川斯凱地區發行的郵票，印著雷文霍克的肖像，他是史上首位發現單細胞生物並加以描述的科學家。

參照
條目　精子（西元1677年）；細胞核（西元1831年）；細胞學說（西元1838年）；電子顯微鏡（西元1931年）。

精子

安東尼・馮・雷文霍克（Antonie van Leeuwenhoek，1632~1723 年）
拉扎羅・斯帕拉捷（Lazzaro Spallanzani，1729~1799 年）
奧斯卡・赫特維希（Oscar Hertwig，1849~1922 年）

　　17 至 18 世紀，「生殖」是哲學界與宗教界最感興趣的科學問題，尤其是人類的生殖。有些人認為卵子是動物生命的種子，有人認為精液才是。精液使卵受精這件事情一向被認為是虛無飄渺，有各種不同的描述方式：有心靈層次的形容、幻想式的形容，甚或氣味的形容，就是沒有實質的描述。1677 年，荷蘭顯微學家安東尼・馮・雷文霍克檢視各種生物的精液，也包括他自己的——他宣稱他並非以自慰的方式取得自己的精液，而是透過夫妻房事——他發現精液中含有許多精子，但當時他並未聯想到精子與受精之間的關係。但在 1863 年，他做出結論認為「人並非起源自卵，而是來自男性精液裡的微動物」，且卵子中有一部分物質會轉移到精子中。

　　義大利神父、生物學家拉扎羅・斯帕拉捷接受這樣的先成論（preformation theory），並認為所有的生物都是上帝造的，從各物種的第一個雌性個體體內孕育而生。卵內出現新的個體，受到精液的影響而繼續生長。1768 年，斯帕拉捷成為史上第一位認為精液和卵兩者的固體物質，對生殖而言同等重要的學者。

　　到了 1870 年代，人類對於受精過程有兩種看法：其一認為精子和卵接觸後，藉由振動刺激卵的發育；另一則認為精子會穿透卵壁進入卵中，將其所攜帶的化學物質與卵黃混合。1876 年，德國胚胎學家奧斯卡・赫特維希以卵色透明，卵黃分隔明顯，也沒有卵膜的海膽為材料，開始研究上述問題。他在顯微鏡下看見精子進入卵中，與卵的細胞核融合。此外，赫特維希還發現只有一個精子能夠進入卵中使卵受精，且一旦精子進入卵中，卵的外圍會開始形成隔膜，阻擋其他精子進入。

18 世紀中期，斯帕拉捷認為人類起源於史上第一位女性（夏娃），並在精液的影響下繼續生長。此圖是比利時雕塑家亞伯特・迪凡薩斯（Albert Desenfans，1845~1938 年）於 1913 年創作的作品《夏娃與蛇》，坐落於布魯塞爾約薩法特公園。

參照條目 雷文霍克的顯微世界（西元1674年）；發生論（西元1759年）；胚層說（西元1828年）；減數分裂（西元1876年）。

瘴癘致病論

紀凡尼‧馬力亞‧朗西西（Giovanni Maria Lancisi，1654~1720 年）
威廉‧法爾（William Farr，1807~1883 年）
約翰‧史諾（John Snow，1813~1858 年）
佛蘿倫絲‧南丁格爾（Florence Nightingale，1820~1910 年）
羅伯‧柯霍（Robert Koch，1843~1910 年）

　　雖然古希臘文獻裡曾提到瘴癘致病的現象，但瘴癘會傳染疾病的說法則起源於中世紀，一直流傳至 19 世紀末，並廣為歐洲、印度和中國等地區接受。瘴癘致病論認為，蒸氣、霧氣或有機質分解產生的毒氣（即瘴癘），進入人體後會引起霍亂、黑死病（淋巴腺鼠疫）、傷寒、結核病和瘧疾（瘧疾原文意指「不好的空氣」）。歐洲黑死病爆發期間，檢查病患的醫生必須戴上護目鏡、著保護衣，照著充滿香水味的長喙狀呼吸管，來抵抗病人身上壞疽散發出的腐臭味。黑死病氾濫期間，城市的汙水被抽乾，運送到遠處傾倒，沼澤也須排乾，以消除沖天惡臭。

　　1717 年，義大利流行病學家、教宗御醫紀凡尼‧馬力亞‧朗西西在他的著作《沼澤有毒臭氣》（*On the Noxious Effluvia of Marshes*）提到蚊子和瘧疾的關係，並清楚描述瘴癘致病論。1850 年代初期，倫敦泰晤士河邊沒有排水設施、骯髒且臭氣沖天的貧民區爆發大規模霍亂。受過醫學訓練的威廉‧法爾，擔任倫敦 1851 年人口普查的助理專員，認為有毒氣體就是霍亂的傳染源。身為社會改革家，同時奠定現代護理基礎的佛蘿倫絲‧南丁格爾也支持他的看法，並進一步推動醫院的公共衛生和氣味改善工作。相反的，兼任醫生和流行病學家的約翰‧史諾，雖然並不知道霍亂的傳染源為何，仍拒絕相信瘴癘致病論。1854 年，倫敦蘇活區爆發大規模霍亂，根據自己接觸過大量病人的經驗，他確信受汙染的水源才是霍亂的真正起因。

　　1882 年，德國醫生羅伯‧柯霍重新檢視霍亂弧菌，並提出病菌說（1890 年）之後，瘴癘致病論的支持聲浪才逐漸消逝。雖然瘴癘致病論已不復存在，其出現仍使大眾更注意公共衛生，促進衛生設施的建立，並排乾沼澤和溼地，藉以控制瘧疾。

Habit des Medecins, et autres personnes qui visitent les Pestiferes, Il est de marroquin de levant, le masque a les yeux de cristal, et un long nez rempli de parfum

這幅畫出自尚—傑奎斯‧曼傑特（Jean-Jacques Manget，1652~1742 年）之手，這位來自日內瓦的醫生作家，畫出醫生檢查鼠疫病人時的裝備。

參照條目　病菌說（西元1890年）；內毒素（西元1892年）；瘧原蟲（西元1898年）。

近日節律

尚—傑奎斯・多特斯・迪梅倫（**Jean-Jacques d'Ortous de Mairan**，**1678~1771 年**）
傑根・亞秀夫（**Jürgen Aschoff**，**1913~1998 年**）
柯林・皮騰卓伊（**Colin Pittendrigh**，**1918~1996 年**）

　　1729 年，法國科學家尚—傑奎斯・多特斯・迪梅倫發現 24 小時內，含羞草葉片的開展和閉合會跟從規律的周期，即便把植株移到全暗的環境也一樣。這是史上第一次關於近日節律（簡稱 CR）的描述。這種以近 24 小時為區間的光暗周期變化稱為「circardian」（近 24 小時周期）。近日節律支配動物體內周期性的生理改變，即便沒有環境誘因依然可以維持這樣的節律。生物體內與體外環境的同化（synchroization），是生物維持健康和生存的重要關鍵。

　　近日節律並非植物的專利。1950 年代，柯林・皮騰卓伊研究果蠅的近日節律；傑根・亞秀夫研究人類的近日節律，同時真菌、動物和藍綠藻的近日節律，也成為科學界的研究主題。近日節律對所有動物的睡—醒周期（sleep-wake cycle）和取食模式都有重要影響，基因活性、腦波活動、荷爾蒙製造和釋放，以及細胞再生也會因為近日節律而產生細微變化。近日節律一旦受到干擾，會對生物的健康產生負面影響，例如為時差所困的人會產生疲勞、方向感混亂和失眠。

　　哺乳類動物體內負責控制近日節律的主要時鐘，位於下視丘內的視上交叉核（SCN）。光線經由視上交叉核處理過後，從視網膜傳送到松果腺。松果腺負責控制褪黑激素（melatonin）的製造與分泌，在晚上達到高峰，白天則逐漸衰減。松果腺配合生物的生理時鐘運作。近日節律的分子基礎，是一種與生物時鐘和諧運作的內在時鐘，基因根據內在時鐘調整活性，其蛋白質產物的數量也依此變化，進而調控生物體的各項生物功能。

　　在缺少光線、溫度，或濕度變化的環境誘因的情形下，植物就和動物一樣，依然會呈現近日的生理變化，如光合作用、葉片運動、花朵綻放、發芽、生長和酵素活性，都會產生周期性的改變。一如前述，近日節律的基礎建立於基因活性的變化之上。

1729 年，法國科學家注意到含羞草的葉片在 24 小時的周期內，存在著規律地開閉現象，是史上首次有人觀察到生物的近日節律。

參照條目　再生（西元1744年）；向光性（西元1880年）；人類發現的第一種荷爾蒙：胰泌素（西元1902年）；甲狀腺與變態（西元1912年）；胰島素（西元1921年）、快速動眼睡眠（西元1953年）；下視丘：腦垂體軸（西元1968年）。

血壓

威廉‧哈維（William Harvey，1578~1657 年）
史蒂芬‧赫爾斯（Stephen Hales，1677~1761 年）

　　任職牧師的史蒂芬‧赫爾斯在 50 歲那年，獲得生平第一個科學發現，從而成為當代英國科學界的先驅。他認為自己最重要的作為，就是設計船隻及監獄的通風系統，並發現植物的精子。

　　在研究植物藤蔓枝液如何流動的過程中，赫爾斯必須阻擋植物汁液的流動，同時又不能使植物受傷。他在植物傷口周遭包紮一片薄囊，意外發現植物流出的枝液導致薄囊膨脹。根據威廉‧哈維的觀察結果，他將相同的方法運用在測量血壓。17 世紀初，哈維是研究心臟的先驅，根據他的觀察，若將動脈紮起來阻斷血流繼續流動，那麼這段受阻動脈內的血液會產生博動，受規律的壓力影響。

　　從植物到馬。赫爾斯第一個實驗對象是馬。他把一匹四腳朝天的活馬綁在穀倉門上，將一根黃銅管插入馬的股動脈，再以具有彈性的鵝氣管連接黃銅管和 2.7 公尺高的玻璃管。當他紮緊纏繞股動脈的束帶時，玻璃管中的血液液面超過 2.4 公尺。他接著研究與維持血壓恆定及影響血壓變化的變因，例如心輸出量（cardiac output），及心臟輸出的血液量；周圍阻力（peripheral resistance），即血液流經最細微血管的能力。赫爾斯製作馬心的蠟模，藉此得到馬心的體積，乘上心跳速率後獲得心輸出量。再注射不同物質到已取出的馬心中——像白蘭地或生理鹽水——藉以評估血液的周圍阻力，並測量馬心的輸出速率，並發現這些差異反應在微血管的直徑上。1733 年，他出版《血液靜力學》（*Haemastaticks*），記載他觀察的結果。植物是赫爾斯最主要的興趣所在，他將自己在動物上觀察到的現象應用在植物研究。他最重要的發現是在動植物界找到相似的現象，植物汁液就如同動物血液。

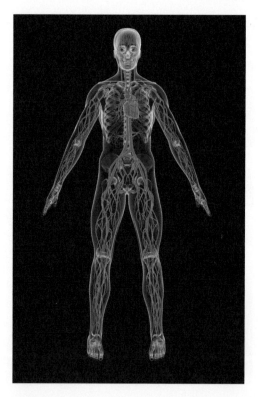

此圖為人類的心臟血管系統，包括心臟、動脈和靜脈。

參照
條目　哈維《心血運動論》（西元1628年）。

西元 1735 年

林奈氏物種分類

亞里斯多德（**Aristole**，西元前 384~322 年）
泰奧弗拉斯托斯（**Theophrastus**，西元前 372~287 年）
卡爾·林奈（**Carl Linnaeus**，1707~1778 年）
查爾斯·達爾文（**Charles Darwin**，1809~1882 年）

Mountain lion、puma、panther 和 catamont 有什麼共通處？在美國，這些只是美洲山獅（Felis concolor）眾多俗名中的其中四個。我們經常以俗名來指稱自然界中的植物和鳥類，不過俗名可能造成誤解。好比 Crayfish（螯蝦）、starfish（海星）、silverfish（衣魚）和 jellyfish（水母）是四種沒有親緣關係的生物，而且都不是魚。

物種的分類可回溯至古代。亞里斯多德據動物的生殖方式加以分類，泰奧弗拉斯托斯則以植物的使用方式和栽培方式作為分類依據。既是植物學家又是醫生的瑞典人卡爾·林奈在第一版《自然分類》（*systema naturae*）中提出一種全新的分類學方法（是一種為動植物命名及分類的科學方法）。首先，他以拉丁文為動植物命名，利用二名法（屬名及種名）的原則，使每種生物都有其獨特的學名，這個命名系統一直沿用至今。以犬屬（Canis）為例，其中的成員如狗、狼、郊狼和豺狼，每一種都有獨特的種名（Species name）。再者，林奈發展一套多階層的分類系統，較高層的分類階級會包含其下低階層分類階級中的所有物種。具有親緣關係的屬（genus）可組成科（family），例如犬屬和和狐屬（Vulpes）皆包含於犬科（Canidae）之內。根據林奈發展的分類方法，位階最高的階層是界（kingdom），界可分為植物界與動物界。

當時普遍流行的《聖經》認為，世上動植物的模樣和造物主造物時無異，於是林奈根據物種的外型特徵來判斷其分類歸屬，並推測物種間的親緣關係。一個世紀後，達爾文提出說服力十足的證據認為兩種疏遠的動物或植物，可能有共同祖先；已滅絕的物種可能是現存物種的祖先。如今科學界的分類系統建基於譜系分類學（phylogenectic systematics）之上，涵蓋現存物種與已滅絕物種之間的關係。

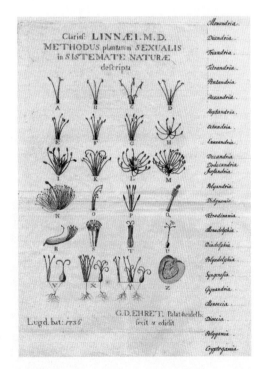

1736 年，以植物繪圖聞名的德國植物學家格奧爾格·狄奧尼修斯·埃雷特（Georg Dionysius Ehret，1708~1770 年）畫出林奈提出 24 綱植物性別系統。

參照條目 亞里斯多德《動物誌》（約西元前330年）；植物學（約西元前320年）；達爾文的天擇說（西元1859年）；胚胎重演律（西元1866年）；譜系分類學（西元1950年）；生命分域說（西元1990年）；原生生物的分類（西元2005年）。

腦脊髓液

希波克拉底（Hippocrates，約西元前 460~370 年）
加倫（Galen，約 130~200 年）
伊曼紐斯・史威登堡（Emanuel Swendenborg，1688~1772 年）
多曼尼哥・寇圖伊諾（Domenico Cotugno，1736~1822 年）

　　希波克拉底是史上第一位發現人腦周圍有液體的人，這些液體被加倫醫生稱為「腦室廢液」（excremental liquid）。接下來 1600 多年，科學界對腦脊髓液（cerebrospinal fluid, CSF）沒有其他評論，幾乎忘了它的存在。

　　科學界對腦脊髓液的興趣，直到 18 世紀中期才因伊曼紐斯・史威登堡這位瑞典科學家、煉金術士、神學家及神祕主義者而重新燃起。完成學業及歐洲旅行後，史威登堡在 1715 年回到瑞典，接下來花 20 年研究科學和工程學，還描述如何打造一臺飛行機器。如他自己所言，他並非是一位實驗科學家，反倒對重新發現「既有事實」，分析其中緣由較有興趣。他還對神經系統，特別是腦，尤其感興趣。在他從 1741 至 1744 年留下的手稿中，史威登堡認為腦脊髓液是一種酒精性液體，是一種非常珍貴的液體，由第四腦室頂端流至延髓和脊髓，這分文件在 1887 年經人翻譯後發表。53 歲時，史威登堡在受到感召，將餘生精力全部投注在神學研究，他最為人熟知的作品是探討來世的《天堂與地獄》（*Heaven and Hell*，1758 年）

　　多曼尼哥・寇圖伊諾是一位義大利醫生，也在那不勒斯大學擔任解剖學教授，他切除人類屍體的頭顱，並讓無首屍體成直立姿態，藉此觀察腦脊髓液的流動，並發表史上第一篇有關腦脊髓液循環的文獻，為了紀念他的貢獻，腦脊髓液又稱為「寇圖伊諾之液」（Liquor Contunni）。位於腦中央的脈絡叢（choroid plexus）負責產生腦脊髓液，脈絡叢也是腦脊髓液的循環起點，提供養分給腦和脊髓，並帶走新陳代謝後的廢物。腦脊髓液還有緩衝的功能，當腦部受到猛烈撞擊時，可以吸收震動，保護腦部，避免顱骨壓迫腦部。然而這樣的避震功能無法在車禍事件，或運動傷害中發揮足夠的保護效果。腦脊髓液還可替顱骨中的腦部，提供浮力與支撐。

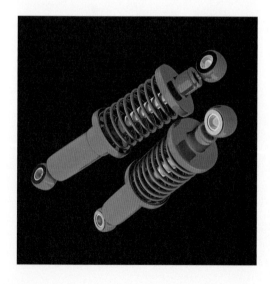

避震是腦脊髓液的主要功能，當腦部受到猛烈撞擊時，可以吸收震動，保護腦部。

再生

亞里斯多德（Aristole，西元前 384~322 年）
安東尼・馮・雷文霍克（Antonie van Leeuwenhoek，1632~1723 年）
亞伯拉罕・錢伯利（Abraham Trembley，1710~1784 年）
查理士・波內（Charles Bonnet，1720~1793 年）

　　有關再生的眾多故事，可以回溯至希臘神話。宙斯為了懲罰偷火的普羅米修斯，把他綁在岩石上，每天都有老鷹來啄食他的肝臟，肝臟會再生，普羅米修斯因而要忍受日復一日的劇烈痛苦。此外，海克力斯 12 項任務中的第 2 項，就是殺死九頭蛇，九頭蛇每被砍落一顆頭，就會再生出兩顆頭。古希臘科學家，包括亞里斯多德在內，也曾留下有關再生的文字，只不過少了戲劇色彩，他們說的是蜥蜴尾的再生能力。

　　直到 18 世紀，生物學家開始大量探索自然界，對萬物進行分類。瑞士自然學家亞伯拉罕・錢伯利可能是史上第一位以活體生物為材料，進行觀察和紀錄的實驗科學家。在荷蘭貴族世家擔任孩童導師期間，錢伯利在淡水池塘裡發現水螅（chlorohydra viridissima），好奇的他發現各個水螅的觸手數目不一。他把水螅一切為二，這兩段水螅殘體又能生長成兩個完整的水螅，把水螅切幾段，就能重新長出幾個水螅。用這個方法造出七頭水螅之後，他依據希臘神話，替這隻水螅命名為海德拉（hydra）。他進行的其他實驗還包括把兩隻水螅黏合在一起，會癒合成一隻新水螅。1744 年，他出版的著作中包含這些實驗的詳盡紀錄其及結果。一開始，錢伯利認為水螅是植物，然而看過水螅的運動後，使他重新思考這樣的判定。初次發現水螅時，錢伯利並沒有意識到這些就是 1702 至 1703 年，被安東尼・馮・雷文霍克稱為「微動物」的生物。

　　儘管錢伯利的發現受到許多科學團體的讚賞，然而並未受到科學界一致的接受。被切斷的水螅能夠再生成新的完整個體，與當時學界普遍接受的先成論（preformation theory）相悖，先成論認為胚胎依據預先存在的構造發育而來。早期對此抱持懷疑態度的人還包括錢伯利的表親，瑞士自然學家查理士・波內。然而 1745 年，波內在蠕蟲身上看見相似的再生現象，懷疑的態度從而轉變。

海德拉是希臘神話裡的動物，擁有驚人的再生能力。這幅繪於 1475 年的《海力克斯與海德拉》，出自義大利畫家與雕塑家安托尼歐・德爾・波雷優羅（Antonio del Pollaiolo，約 1429~1498 年）之手。

參照條目　雷文霍克的顯微世界（西元1674年）；細胞學說（西元1838年）；胚胎誘導（西元1924年）。

發生論

亞里斯多德（**Aristole**，西元前 **384~322** 年）
威廉・哈維（**William Harvey**，**1578~1657** 年）
卡斯柏・沃爾夫（**Casper Friedrich Wolff**，**1733~1794** 年）

　　從亞里斯多德時代到 18 世紀共兩千多年，胚胎發育，或稱發生，一直是備受爭議的話題。亞里斯多德提出兩種可能：先成論（prefromation）及後成論（epigenesis）。

　　先成論立基於《聖經》對造物主創物的解釋，認為自受精起，胚胎就已經具有完整的器官，這些器官不是位於母親的卵中，就是位於父親的精液中，只因為體積太小無法為肉眼所見，隨著胚胎發育，器官體積逐漸增大。到了 17 世紀，先成論更加發揚光大，認為所有的動植物都是從各物種最原始親本（例如亞當和夏娃）體內的先成胚胎發育而來，因此世上沒有任何新形成的生物。自 1675 年起，直至 18 世紀末，先成論一直是廣為世人接受的理論。

　　然而亞里斯多德傾向接受後成論：所有個體都是從卵中未分化的物質發育而來，逐漸分化、生長，而男性的精液為胚胎提供形體或靈魂，導引整個胚胎發育的過程。雖然威廉・哈維也是後成論的支持者，然而後成論在 17 世紀並未引起太多迴響。

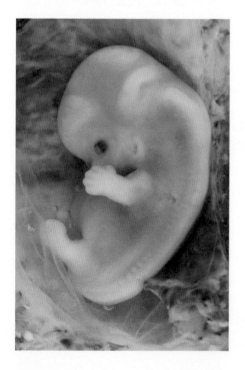

　　德國生理學家暨胚胎學家卡斯柏・沃爾夫振興了後成論，成為後成論的忠實支持者。透過顯微鏡研究雞的胚胎，他並未發現任何先成器官逐漸變大的證據，而是看見雞胚胎的持續生長與發育。1759 年，沃爾夫在博士論文《發生論》（*Theoria Generationis*）中提到，胚胎發生之初，個體的器官並不存在，而是經過一連串的步驟，從一團未分化的物質中逐步形成。為了鞏固自己的理論，他還拿出一條植物的細根，儘管根是已經分化的組織，但少了葉片和其他根的細根一樣能長成一株新的植物。沃爾夫積極支持後成論、排斥先成論的作為，只讓自己的理論更受爭議，他個人的學術生涯也因此受阻。後人證實他的發現，1828 年發表的胚層說也以援引他的理論作為基礎。

此圖是九周大的子宮外孕人類胚胎（排卵後第七周），產科醫生計算懷孕期是從產婦最後一次月經周期的第一天算起，大約比排卵早兩周。

參照條目 精子（西元1677年）；胚層說（西元1828年）；胚胎誘導（西元1924年）。

人工選殖（選拔育種）

阿布．萊伊漢．比魯尼（**Abu Rayhan Biruni**，**973~1048** 年）
羅伯特．貝克韋爾（**Robert Bakewell**，**1725~1795** 年）
查爾斯．達爾文（**Charles Darwin**，**1809~1882** 年）

　　達爾文以選殖來說明天擇說的理論基礎，還特別引用選殖專家羅伯特．貝克韋爾的開創性研究成果。達爾文注意到許多家畜或植物都是人類刻意挑選繁殖後的產物，具有對人類有利的特殊特徵。

　　選殖（selecting breeding）是達爾文發明的詞彙。11 世紀，從波斯博學家阿布．萊伊漢．比魯尼的記敘中可以發現：生活在兩千多年前的羅馬人早已著手進行這樣的工作。然而，拜英國農業革命的領導者貝克韋爾之力，選殖才奠定科學基礎。貝克韋爾是佃農之子，早年就在歐洲大陸到處遷徙，學習農業技術。1760 年，貝克韋爾的父親去世，由他接管農場，利用創新的繁殖、灌溉、水淹等技術，將草地轉變為肥沃的牧場。接著，他將注意力轉移到家畜身上，透過選殖的方法，孕育出新賴斯特綿羊（New Leichester sheep lineage）品種。這種綿羊體型大，體態健壯，且有亮澤的昂貴羊毛可以輸出到北美洲和澳洲。如今，貝克韋爾令後人欽佩不已的並非是他孕育出的品種，而是他的選殖功夫。

　　用來進行選殖工作的個體必須具備人類喜好的特徵，透過雜交產生所有選殖特徵的後代。植物的選殖特徵通常是產量高、生長速率快、抗病、耐惡劣氣候。以雞而言，選殖特徵可能包含雞蛋的品質、大小，雞肉的品質，以及後代的存活率。水產養殖，包括魚類和貝類，選殖也發揮最大潛力，選殖特徵包括提高生長率和存活率、肉的品質、抗病，至於貝類，選殖特徵還包括殼的大小和顏色。

一頭帶著鼻環、受人牽引參加蘇格蘭農業博覽會的公牛，也許又將為自己贏得另一緞藍帶。

參照條目 小麥：主食（約西元前1.1萬年）；農業（約西元前1萬年）；動物馴養（約西元前1萬年）；稻米栽培（約西元前7000年）；達爾文的天擇說（西元1859年）、孟德爾遺傳學（西元1866年）；基因改造作物（西元1982年）。

動物電

路易吉・賈凡尼（**Luigi Galvani**，1737~1798 年）
亞歷山德羅・伏特（**Alessandro Volta**，1745~1827 年）
喬凡尼・阿迪尼（**Giovanni Aldini**，1762~1834 年）

　　1786 年，路易吉・賈凡尼進行實驗之際，看到一隻死青蛙的腿劇烈收縮，不難想像他在當下受到的衝擊。過去 10 年，賈凡尼一直利用電流研究青蛙的生理反應，這種收縮的景象他見多了。然而這天，實驗桌上有一條之前實驗結束後留下，已解剖過的青蛙腿，他的助手以金屬解剖刀觸碰青蛙腿上外露的神經，發現這條青蛙腿一樣產生劇烈收縮。後續實驗過程中，賈凡尼發現，當兩種不同金屬和神經或肌肉接觸時會產生電流，導致肌肉收縮。

　　賈凡尼是一位義大利醫生、解剖學家和生理學家，畢業於波隆那大學醫學院，也是該校的榮譽校友。根據實驗結果，他推論神經和肌肉中有電液體，作用就像電流，因此稱之為「動物電」。他假設電場由腦產生，跟隨血液從神經流動到肌肉，使肌肉收縮。義大利物理學教授亞歷山德羅・伏特原本對賈凡尼發現的動物電充滿興趣，但後來他的態度轉為懷疑，進而完全反對賈凡尼的說法。任教於帕維亞大學的伏特接受賈凡尼的實驗結果，但不接受所謂動物電的說法。他認為是因為兩種不同金屬互相接觸而產生電流，他以賈凡尼之名為這種金屬電命名，稱之為「Galvanism」。

　　這兩人影響未來的科學發展，甚至是文學發展。賈凡尼的實驗室最早的電生理（生物電）實驗，研究活體生物細胞的電性，而伏特的研究則導致伏特電池的誕生。通電（galvanize）和電流單位伏特（volt）都以他們的名字命名，以資紀念。喬凡尼・阿迪尼是賈凡尼的外甥，是他的忠實支持者，也是一位物理學教授。阿迪尼繼續賈凡尼的實驗，在 1803 年公開發表一項廣為世人接受的實驗：透過電流刺激罪犯死屍的肢體。雖然紀錄顯示瑪麗・雪萊和這些實驗的關聯，然而據信她創作《科學怪人》（*Frankenstein*，1818 年）的靈感，正是來自阿迪尼試著讓死人復活的企圖。

《科學怪人》1831 年版的插畫，繪出法蘭肯斯坦博士一手打造的怪物，受到強大的電流刺激而復活。

參照條目　神經系統訊息傳遞（西元1791年）；動作電位（西元1939年）。

氣體交換

安東尼—勞倫特・拉瓦錫（**Antoine-Laurent Lavoisier**，1743~1794 年）

1789 年，身為化學家的法國貴族，安東尼—勞倫特・拉瓦錫證實氧氣和二氧化碳之於呼吸的重要性。但是在 1794 年，這位替現代化學奠定基礎的先驅，並未能因此成就躲過被送上斷頭臺的命運。直到 20 世紀，人們才知道在碳水化合物、脂肪等富含能量的化合物代謝過程中、在細胞呼吸的化學反應中，氣體扮演什麼角色。

所有生物，從單細胞的細菌到哺乳類動物，呼吸過程都牽涉氣體交換：呼吸面（respiratory surface）上的反向氣體交換、內臟和外界的氣體交換。呼吸包含吸入氧氣和呼出二氧化碳，二氧化碳是新陳代謝的終產物（end product）。呼吸面上的氣體交換藉著擴散作用來完成，氣體從濃度高的地方往濃度低的地方移動。呼吸面氣體交換過程隨物種而有些微差異，然而基本原理是相似的。

以細菌這樣的單細胞生物為例，氣體可以直接穿越它們的細胞膜；至於蚯蚓和兩棲動物則是透過皮膚進行氣體交換；昆蟲的體表有氣孔，氣孔連接氣管；魚類必須吸收水中的溶氧，當魚類游動時，水流入口腔和鰓，有非常寬闊的呼吸表面可供氣體擴散，且這些部位密布封閉的微血管。氧氣只能從單一方向進入魚鰓，含有二氧化碳的血液與氧氣成反方向流動，藉此排出體外；哺乳類動物的氧氣和二氧化碳都藉由血液運送，經微血管進出血液，肺泡是氣體交換的場所，所有肺泡呼吸面，加總面積相當於一座網球場。

相反的，植物行光合作用時，植物攝入二氧化碳，釋出氧氣。植物行呼吸作用時，攝入氧氣，排出二氧化碳。氣體藉著擴散作用通過葉片下方的氣孔，進入葉肉組織，葉肉是葉片內的呼吸面。

金魚透過鰓進行氧氣與二氧化碳的交換。

參照條目 魚（約西元前5.3億年）；兩棲動物（約西元前3.6億年）；新陳代謝（西元1614年）；光合作用（西元1845年）；酵素（西元1878年）；粒線體與細胞呼吸（西元1925年）；能量平衡（西元1960年）。

神經系統訊息傳遞

路易吉・賈凡尼（**Luigi Galvani**，1737~1798 年）
朱利亞斯・伯恩斯坦（**Julius Bernstein**，1839~1917 年）

世界上最早出現的動物生活在海底，過濾海水為食，就如海綿一樣。這樣的生活方式牠們不需感受，也不需回應環境的變化，因此就算是最基本的神經系統，也沒有存在的必要。隨時間推移，類似水母的動物逐漸演化出擴散的神經網絡，可以感受觸覺、偵測化學物質，然而做出反應時則以整個身體為單位，沒有更明確的空間區別。

到了約 5.5 億年前，據說一種被稱為「urbilaterian」的假想動物出現在地球上。這是一種兩側對稱的生物，感覺構造和神經組織集中在身體前端，與神經幹連結，和身體遠端部位進行訊息溝通。據信，urbilaterian 是脊椎動物、蠕蟲和昆蟲的共同祖先，然而至今還沒有找到這種生物的化石。接下來幾億年，生物的神經系統繼續演化，能夠調控身體功能，並且能夠依據外在或體內環境的變化做出反應。

古希臘人知道腦可以影響肌肉，也相信神經訊息是經由動物的靈魂來傳遞。到了 18 世紀中期，因為學界開始注意到動物電的現象。1791 年，義大利醫生、物理學家路易吉・賈凡尼從青蛙實驗中確知神經中有電流可以刺激肌肉收縮。1902 年，德國生理學家朱利亞斯・伯恩斯坦認為神經細胞（神經元）中之所以會產生電流，是因為細胞內外具有電壓差，導致帶電粒子分布不均。

神經元學說（neuron doctrine）指出，每一個神經元都是獨立的單位，以突觸（synapse）與鄰近的神經元及肌肉分隔。電脈衝負責長距離的訊息傳遞，而短距離的訊息傳遞則由神經傳導物質（neurotransmitter）沿突觸傳遞。電脈衝會刺激神經傳導物質產生，傳遞訊息至神經或肌肉。

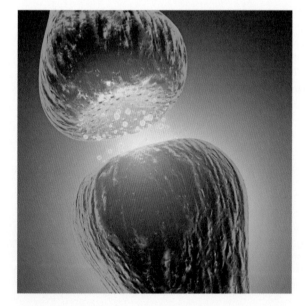

此圖顯示，神經傳導物質在兩個神經元的突觸間傳遞訊息。

參照條目　延腦：生命中樞（約西元前5.3億年）；動物電（西元1786年）；神經元學說（西元1891年）；神經傳導物質（西元1920年）；動作電位（西元1939年）。

古生物學

色諾芬尼（Xenophanes，約西元前 570~478 年）
沈括（Shen Kuo，1031~1095 年）
喬治·居維葉（Georges Cuvier，1769~1832 年）
查爾斯·萊爾（Charles Lyell，1797~1875 年）
查爾斯·達爾文（Charles Darwin，1809~1882 年）

考古學是研究化石的一門學科，化石就是岩石中保存的古生物印痕。恐龍的存在、挪亞大水和其他地球上曾發生的毀滅性事件，以及達爾文的演化論，都由化石來支持其存在的事實。古希臘哲學家色諾芬尼在陸地上發現貝類化石，根據自己的研究經驗，他認為這些陸地曾經位於海平面之下。沈括，這位 11 世紀的中國自然學家，根據石化的竹子提出氣候變遷的理論。

18 世紀時，掀起一股收集化石並加以分類的熱潮，到了 18 世紀末，法國自然學家、動物學家喬治·居維葉認定化石就是過去生物留下的遺跡，而所謂的化石紀錄就是化石在地層中的位置。居維葉發現位於較古老地層中化石和現在生物的形態相似度越低，而且有些物種已經消失或滅絕，又誕生新的物種。1796 年，在史上最早期的考古學文獻中，居維葉比較現存生物和化石生物的骨骼，斷定非洲象和印度象是不同物種，乳齒象（mastodon）和其他象的相似程度更低。他根據化石所發現的地層位置，認為大型爬蟲類比哺乳類更早出現在地球上。

居維葉積極反對當時尚未完成的達爾文演化論，佐以《聖經》中大洪水的故事，他認為一次毀滅性的事件就使地球上所有物種全部滅亡，現存的物種是後來新誕生於地球上的物種。蘇格蘭人查爾斯·萊爾原是一位律師，後來成為地質學家，在他極具影響力的著作，共三卷的《地質學原理》（*Principles of Geology*，1830~1833 年出版）挑戰居維葉提出的觀念，提出廣受大眾好評的均變說（uniformitarianism）觀點，他認為地球上的變動是自然發生、細微且持續的過程。均變論對達爾文造成很大的影響，他隨小獵犬號航期的五年期間，收集各種化石，讀過查爾斯·萊爾的大作之後，他認為演化論就是生物界的均變說，物種世世代代都會發生改變，只是改變的速度太慢，以致難以察覺。

此圖是灰鯖鯊（mako shark）的牙齒化石，發現地點在美國維吉尼亞州，威斯特摩蘭州立公園（Westmoreland State Park）波多馬克河（Potomac River）旁的中新世峭壁上。中新世距今約 2300 萬至 500 萬年。

參照條目　爬蟲動物（約西元前3.2億年）；哺乳類（約西元前2億年）；達爾文及小獵犬號航海記（西元1831年）；化石紀錄與演化（西元1836年）；達爾文的天擇說（西元1859年）。

人口成長與食物供給

威廉・高德溫（**William Godwin**，1756~1836 年）
湯瑪斯・馬爾薩斯（**Thomas Malthus**，1766~1834 年）
查爾斯・達爾文（**Charles Darwin**，1809~1882 年）
阿爾弗雷德・華萊士（**Alfred Russel Wallace**，1823~1913 年）

18 世紀中期後，英國改革家威廉・高德溫和他的同僚樂見未來人類社會生活有無限的改善空間，隨著人口成長，工人數量增加，國家變得更富有、更繁榮，所有人的生活品質都會因此提升。然而，此時有人發出刺耳的反對意見，預見人口無限膨脹帶來的可怕後果。1798 年，有一篇論文預測人口膨脹的狀況，尤其是社經地位較低的人口大量增加，到了 19 世紀中期，食物供給量將不堪負荷。

《人口論》（*An Essay on the Principle of Population*）的作者是當時 23 歲的英國政經學家、人口學家湯瑪斯・馬爾薩斯，他深深著迷於人口學的各個領域（甚至到了癡迷的地步），包括出生、死亡、幾歲結婚、幾歲生子。當食物供給以算術級數增加（1、2、3、4、5），人口膨脹卻以幾何級數增加（2、4、8、16、32），如果不控制人口增加的速率，很快就會導致貧窮和飢荒。他提倡以「預防性抑制」（preventive check）來減低出生率，做法包括晚婚、生育控制、節育，如果預防性抑制成效不彰，還有「積極性抑制」

（positive check），如疾病、戰爭、天災和飢荒，可以增加死亡率。《人口論》第六版，也是最後一版，出版於 1826 年，其受歡迎程度可見一斑。幸好，馬爾薩斯的預測從未真的實現，因為他們沒有預料會出現農業革命。

馬爾薩斯的論文分別影響查爾斯・達爾文以及阿爾弗雷德・華萊士，20 多年後，兩人各自提出有關天擇的演化理論。達爾文在其自傳中提到，他把馬爾薩斯觀點，從人口轉移到自然界。他認為所有的生物都會遇到過度生殖的問題，面對充滿挑戰的生存環境，有些個體具有特定特徵，因而獲得生存、生殖上的優勢，並且能將這項特徵傳給後代。

這幅畫繪出發生於 1876~1878 年的大飢荒。1877年，《倫敦畫報》刊載這幅畫的原標題為「印度飢荒：邦加羅爾人民等待救濟」。

參照條目 達爾文的天擇說（西元1859年）；影響族群成長的因子（西元1935年）；綠色革命（西元1945年）。

拉馬克的遺傳學說

艾瑞斯瑪・達爾文（Erasmus Darwin，1731~1802 年）
尚—巴蒂斯・拉馬克（Jean-Baptiste Lamark，1744~1829 年）

　　從古希臘時代到西元早年，有關演化的觀點經常受到公開討論，然而這樣的對話到了中世紀戛然而止，取而代之的觀念來自於《聖經》，認為自然界所有生物從創世紀後就沒有再改變。18 世紀，隨著發現的化石越來越多，許多卓越的自然學家開始懷疑，生命形態真的從創世紀後就未曾改變嗎？或者生命形態會逐漸演化？

　　說到特徵可以遺傳的理論，免不了要提到尚—巴蒂斯・拉馬克。然而首次提出這種觀點的其實是古希臘人，再藉著 18 世紀的知識菁英艾瑞斯瑪・達爾文，也就是達爾文的祖父所著的兩卷《動物法則》（*Zoonomia*），加以發揚光大，這本書推論地球的年齡有幾百萬年，與 1654 年愛爾蘭籍的伍歇爾主教（Bishop Ussher）的計算相悖，他認為創世紀發生於西元前 4004 年。

　　拉馬克是法國士兵，也是備受讚揚的植物學家，是當時最重要的無脊椎動物專家（無脊椎動物一詞正是由他發明），他最著名的著作《動物哲學》（*Philosophie Zoologique*，1809 年）提到生物並非自一連串的災難中重生，而是逐漸改變。他提出的理論認為當環境改變，生物必須跟著改變才能生存。如果生物體某個構造使用次數較以往更頻繁，在這個生物的一生中，該構造就會變大，強度也會增加，並且會把這樣的特徵遺傳給後代。以長頸鹿為例，如果長頸鹿為了吃到高處的葉子而伸長脖子，脖子的長度就會增加，後代會遺傳到祖先的長脖子，且後代的脖子長度也會繼續增加，代代相傳，於是長頸鹿的脖子越來越長。同樣的，他認為涉禽之所以演化出這麼長的腳，是為了能夠讓身體不要接觸水面。反之，少用的身體構造就會逐漸縮小，最終消失，所以蛇沒有腳。

　　早在拉馬克過世之前，他的理論就受到宗教界和科學界的挑戰及排斥。他過世時雙眼失明，身無分文，似乎沒有人記得他。近年表觀遺傳學逐漸興起，著眼於與基因無關的遺傳機制，使得科學界重新檢視拉馬克的遺傳理論。

拉馬克以長頸鹿為例子，解釋物種的外觀特徵可以遺傳給下一代的理論。他相信長頸鹿的脖子之所以這麼長，是因為牠們的祖先為了吃到樹頂的樹葉而導致脖子的長度增加。

參照
條目　古生物學（西元1796年）；化石紀錄與演化（西元1836年）；達爾文的天擇說（西元1859年）；遺傳生殖質說（西元1883年）；表觀遺傳學（西元2012年）。

胚層說

卡爾‧馮‧貝爾（Karl Ernst von Baer，1792~1876 年）
克里斯欽‧亨利奇‧潘德（Christian Heinrich Pander，1794~1865 年）
羅伯特‧雷馬克（Robert Remark，1815~1865 年）
漢斯‧斯佩曼（Hans Spemann，1869~1941 年）

　　卡斯柏‧沃爾夫提出證據支持胚胎後成論（epigenetic theory），意即卵子受精後，個體從卵中一團尚未分化的物質逐漸分化、成長。當時的科學界普遍反對沃爾夫的理論（1759 年）。然而，在接下來百年間，後人重新檢視後成論，並且藉後成論奠定胚層說的基礎。

　　1815 年，出生於愛沙尼亞的卡爾‧馮‧貝爾前往福茲堡大學，介紹胚胎學的新領域。他的解剖學教授鼓勵他繼續研究雞胚胎的發育，但因為無法支應購買雞蛋或是顧人照看孵育箱的費用，他只好轉而向將雞胚胎區分為三個區域，且經濟較富裕的好友克里斯欽‧亨利奇‧潘德求助。

　　1828 年，馮‧貝爾拓展潘德的研究，顯示所有脊椎動物的胚胎都有三個成同心圓排列的胚層。1842 年，波蘭裔德國胚胎學家羅伯特‧雷馬克提出顯微鏡下的證據，證實胚層的存在，並替這些胚層命名，其名稱沿用至今。外胚層（ectoderm）發育成皮膚和神經；中胚層（mesoderm）衍生出血管、心臟、腎臟、生殖腺、骨骼和結締組織（connective tissue）。後續科學界更證實所有兩側對稱脊椎動物都具有三胚層，輻射對稱的生物（水螅和海葵）具有二胚層，而海綿則僅有一個胚層。

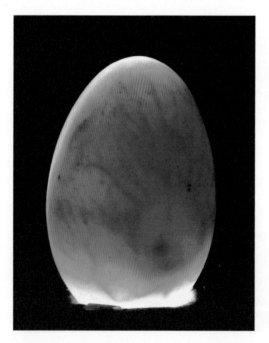

　　馮‧貝爾還提出其他胚胎學的原則：胚胎發育出現會出現大部分動物共同的特徵，而少部分動物特有的特徵則在胚胎發育後期才會出現。所有脊椎動物的胚胎都會先發育出皮膚，而後在分化成魚和爬蟲類動物的鱗片、鳥的羽毛，及哺乳類動物的毛髮。1924 年，漢斯‧斯佩曼以胚胎誘導實驗，解釋細胞群如何分化成特定的組織和器官。

一周大的雞卵透過照光檢查，可以看出正在發育的胚胎和血管。所謂照光檢查就是在暗室裡把雞蛋放在燈光上檢查。

參照條目 發生論（西元1759年）；胚胎誘導（西元1924年）；誘導性多功能幹細胞（西元2006年）。

西元 **1831** 年

細胞核

安東尼·馮·雷文霍克（**Antonie van Leeuwenhoek**，**1632~1723** 年）
弗朗茲·鮑爾（**Franz Bauer**，**1758~1840** 年）
羅伯特·布朗（**Robert Brown**，**1773~1858** 年）
馬賽亞斯·許來登（**Matthias Schleiden**，**1804~1881** 年）
奧斯卡·赫特維格（**Oscar Hertwig**，**1849~1922** 年）
亞伯特·愛因斯坦（**Albert Einstein**，**1879~1955** 年）

1670 年代，荷蘭顯微學家安東尼·馮·雷文霍克率先發現一個對科學界而言全新的世界，內容包括肌肉纖維、細菌、精細胞和鮭魚紅血球的細胞核。到了 1802 年，才由奧地利顯微學家、植物藝術家弗朗茲·鮑爾發現另一種細胞核。然而，這項成就通常歸功於蘇格蘭植物學家羅伯特·布朗，在他研究蘭花的表皮時，發現一個不透明的斑點，在花粉形成初期，也看見這個不透明斑點，他稱之為「細胞核」。1831 年，布朗和倫敦林奈學會的同事開會時提到這件事，並在兩年後發表他的發現。布朗和鮑爾都認為這個細胞核是單子葉植物（包含蘭花在內）細胞才有的獨特構造。1838 年，德國植物學家馬賽亞斯·許來登（細胞學說的共同創立者），首次發現細胞核與細胞分裂之間的關係，1877 年由奧斯卡·赫特維格證實細胞核在卵受精過程中扮演的角色。

遺傳物質的攜帶者。細胞核是細胞內最大的胞器，內含染色體和 DNA，負責調控細胞的新陳代謝、細胞分裂、基因表現及蛋白質合成。雙層構造的核膜圍繞在核的周圍，使細胞核與細胞其他部位分隔開來，核膜連接著具有粗糙顆粒的內質網（endoplasmic reticulum），蛋白質就在這裡形成。

1831 年，布朗發現細胞核當時，他已經是一位具備聲望地位的植物學家。在他的研究生涯早期，1801 至 1805 年，他在澳洲收集 3400 種植物標本，對其中 1200 種進行描述與發表。1827 年，他指出液體或氣體介質中有許多微小的花粉粒子（後來發現還有其他粒子）持續不斷的隨機移動，彼此碰撞，這正是所謂的「布朗運動」（Brownian motion）。亞伯特·愛因斯坦在 1905 年解釋，這是因為水中看不見分子撞擊可見的花粉粒子所致。

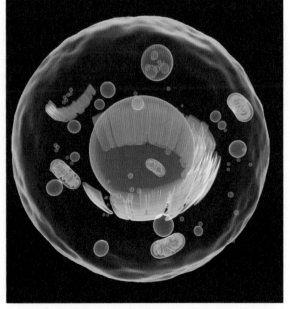

動物細胞內部的立體圖，細胞中央大而圓的胞器就是細胞核。

參照條目　新陳代謝（西元1614年）；血球（西元1658年）；雷文霍克的顯微世界（西元1674年）；精子（西元1677年）；細胞學說（西元1838年）；去氧核糖核酸（DNA）（西元1869年）；染色體上的基因（西元1910年）；DNA攜帶遺傳資訊（西元1944年）；核糖體（西元1955年）；細胞周期檢查點（西元1970年）。

達爾文及小獵犬號航海記

查爾斯·達爾文（**Charles Darwin**，**1809~1882** 年）

　　1859 年之前，沒有人想到查爾斯·達爾文會是史上最重要的生物學家之一，也沒人想到他的《物種起源》會成為科學史上最重要的著作。他的父親是社經地位極高的物理學家，他的母親是威治伍德陶器公司創立者約書亞·威治伍德（Josiah Wedgwood）之女。查爾斯的祖父艾瑞斯瑪·達爾文，是 18 世紀著名的知識分子。他在醫學院念書的日子，或是在劍橋讀學士學位的日子都沒什麼好提，達爾文最常做的事就是探索自然和打獵。

　　羅伯特·費茲羅伊船長正為尋找一位紳士級的乘客，在英國皇家海軍小獵犬號為期 5 年的環球航程中，擔任生物標本的紀錄員和收藏員，同時還得對繪製南美洲海岸線懷抱熱忱。時年 22 歲的達爾文因為對大自然充滿熱忱，獲選為擔任這分無給職工作的人選，更重要的原因是他的社會地位足以匹配長他四歲的船長。1831 年，達爾文踏上航程，當時的他和多數歐洲人一樣，相信世界是造物主創造出來的，且世上萬物從創世紀後就再也沒有變動過。

　　沒暈船的時候，達爾文勤奮的觀察、收集動物、海洋無脊椎動物、昆蟲標本，以及已滅絕動物的化石，在智利時，還經歷一場地震。達爾文的航程中最值得紀念的一段時間就是待在加拉巴哥群島的那五周，加拉巴哥群島是距離厄瓜多西岸約 1000 公里的 10 座火山島。他在加拉巴哥群島收集的眾多標本中，包括 4 隻在不同島嶼收集的小嘲鶇（mocking），他注意到每一隻小嘲鶇都不大一樣；另外他還帶 14 隻鷽鳥回到英國，每一隻的鳥喙大小和形狀都不同。1835 年，達爾文返回英國，已經是名符其實的自然學家，而他發表的演說、論文和廣受歡迎的著作《研究之旅》（*Journal of Researches*），後更名為《小獵犬號航海記》（*The Voyage of the Beagle*）更讓他的聲望扶搖直上。

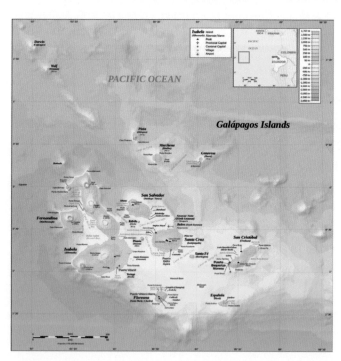

加拉巴哥群島的地形圖和海深圖。加拉巴哥群島坐落在厄瓜多西方，達爾文在這裡找到 14 隻鳥喙大小和形狀各不相同的鷽鳥，這樣的觀察成為他後來發展天擇說（1859 年）的重要基石。

參照條目　化石紀錄和演化（西元1836年）；達爾文的天擇說（西元1859年）；大陸漂移（西元1912年）。

《解剖法》

羅伯特・諾克斯（**Robert Knox**，**1791~1862** 年）
威廉・布克（**William Burke**，**1792~1829** 年）

　　1828 年，威廉・布克和威廉・海爾猶如兩隻人人喊打的過街老鼠，然而他們對於後世的解剖學發展，有著不可磨滅的貢獻。1832 年之前，英國和蘇格蘭兩地的醫學院及解剖實驗室，都極度缺乏最主要的教材：解剖用的屍體。對解剖持反對意見的教會主張人死後進入天堂，必須要保留完整的屍體。1751 年，英國議會通過《謀殺法》，嚴格限制只有判處解剖死刑的謀殺犯，其大體才能夠合法解剖，醫學院也因此每年可分配到一具屍體作為解剖教學之用。然而，這樣的屍體供應量仍遠趕不上需求。

　　1810 年，解剖學會成立，學會成員皆為解剖學家、外科醫生和生理學家，幾乎全是上流社會的權貴人士。他們要求能夠接收因犯工廠裡的窮人無名屍，社會上充斥著窮人強烈的抗議聲浪，這樣要求因而被駁回。為了滿足對屍體的需求，解剖學家轉而向盜墓業者收購屍體，完全不過問屍體的來源。盜屍現象猖狂，死者下葬後，家人不得不派人看守墓園，以免成為盜墓人的目標。

　　布克和海爾想出一個更直接、更簡單的方法可以獲得屍體。他們在愛丁堡展開事業，一共謀殺 16 人，並把這些人的屍體全賣給聲望崇高的外科醫生、解剖學家羅伯特・諾克斯醫生，諾克斯是當時愛丁堡最受歡迎的私人解剖講師。遭逮捕後，海爾得到機會可以轉為「汙點證人」，於是背叛同伴，獲得不起訴處分。布克則被送上絞刑臺，死後屍體被公開解剖，他的骨骼標本目前仍陳列在愛丁堡大學的解剖博物館。布克在自白時發誓，諾克斯並不知道屍體的來源，因此諾克斯也得不起訴處分，而他在愛丁堡風靡一時的事業也就此中斷。這些謀殺醜聞導致英國議會在 1832 年通過《解剖法》，使醫生、教授解剖學的教師和醫學院學生都能藉著經由合法途徑獲得捐贈，或由官方分發屍體。

這幅畫出盜屍行動的畫，懸掛在蘇格蘭佩尼庫克老皇冠旅店的牆上。據說是布克和海爾經常造訪的旅店。

參照條目　李奧納多的人體解剖圖（西元1489年）；維薩里《人體的構造》（西元1543年）。

人類消化系統

威廉・博蒙特（**William Beaumont**，**1785~1853** 年）
艾列西斯・聖馬丁（**Alexis St. Martin**，**1802~1880** 年）

1822 年，19 歲的法裔加拿大人艾列西斯・聖馬丁受雇於美國毛皮公司（American Fur Company），以獨木舟運送毛皮，意外被填裝鳥彈的步槍以近距離射中腹部，由駐紮在麥基諾島（Mackinac Island）的美軍外科醫生威廉・博蒙特負責治療。1812 年戰爭期間，為了爭奪五大湖的控制權，麥基諾島發生過多起戰役。

博蒙特治療病人的傷口，但對於病人能否活過 36 小時實在無法感到樂觀。聖馬丁確實活下來，不過胃部接了瘻管，粗細相當於成人的食指，這樣的傷口無法自行癒合。博蒙特經過兩年完整的實習（在當時十分常見）後獲得醫生執照，他發現可以藉著聖馬丁的瘻管觀察、研究人類胃部的消化過程，是千載難逢，史無前例的機會。

聖馬丁的意外過後幾年，他開始研究人類的消化系統。典型的實驗做法是用繩子綁著一片食物，垂入瘻管放進胃裡，接著開始觀察食物的消化過程。受試者的胃酸已被移除，博蒙特因此推論人類的消化系統是靠著化學反應（而非機械過程）將食物分解成營養物質。1833 年，博蒙特發表一本 280 頁的著作《胃液的實驗與觀察以及消化作用生理學》（*Experiments and Observations on the Gastric Juice and the Physiology of Digestion*），詳細記載他在聖馬丁身上進行 240 次實驗的結果。

這對醫生和病人的組合最後一次碰頭是 1833 年。1853 年，博蒙特在離開病家中後不慎在冰上滑倒，

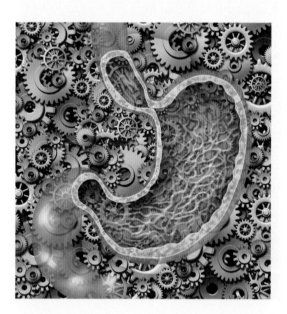

造成頭部嚴重受創，傷重不治，時年 67 歲。出乎意料，聖馬丁在那場意外後還活 58 年，儘管晚年他酗酒，但還是比他的醫生多活十多年。博蒙特為什麼不肯動個簡單的手術縫合聖馬丁的瘻管？多年來一直是懸而未決的問題，也許這是為了方便他繼續進行有關消化的實驗吧。

人類胃部的剖面圖，以眾多齒輪象徵胃酸負責消化食物。

參照條目　酵素（西元1878年）；聯想學習（西元1897年）；人類發現的第一種荷爾蒙：胰泌素（西元1902年）。

化石紀錄與演化

喬治・居維葉（Georges Cuvier，1769~1832 年）
理查・歐文（Richard Owen，1804~1892 年）
查爾斯・達爾文（Charles Darwin，1809~1882 年）

　　19 世紀之前發現的動物骨骼化石形態各異，而且看來沒有明顯的過度形態（intermidiate transition）。當時普遍認為這是支持神造論（creationism）的證據，同時也支持地球上從未有動物滅亡的觀念。1796 年，喬治・居維葉研究哺乳類動物的骨骼化石遺骸後，他拒絕接受所謂的演化觀念。相反的，形態相近的動物骨骼化石遺骸正是達爾文之所以發展出演化論的關鍵。

　　居維葉是著名的法國自然學家、動物學家，結合古生物學知識背景和比較解剖學的專業，將哺乳類動物的化石遺骸與當時的哺乳類動物做比較。1796 年，居維葉發表兩篇文章，其中一篇比較現存大象與猛獁象的構造；另一篇比較巨樹懶（giant sloth）和在巴拉圭發現當時已滅絕的大懶獸（Megatherium）化石。據他的發現，佐以地球上各種不同的地質特徵，他認為地球上發生過幾次毀滅性的事件，造成許多動物滅絕，後來又發生多次神創。他是災變說（catastrophism）的忠實支持者，批評演化論毫不留情。

　　1830 年代初期，查爾斯・達爾文隨著小獵犬號航行，來到巴塔哥尼亞（Patagonia），發現乳齒象（mastodon）、大懶獸、馬，以及貌似犰狳的雕齒獸（Glyptodon）化石遺骸，及至 1836 年返回英國之後，達爾文帶著這些化石和他詳盡的紀錄前往拜訪解剖學家理查・歐文，斷定這些化石遺骸與當時南美洲的哺乳類動物有高度的親緣關係（歐文後來拒絕接受達爾文的天擇說）。達爾文在他的著作《物種起源》提到化石的重要性，並承認我們可能永遠找不到介於化石遺骸和現存動物之間「失落的環節」，或所謂的過度型生物，對他的結論而言，這一點無疑是最大的缺失，儘管如此，後世發現的證據仍支持他的演化論。2012 年，在英國地質調查局的一處角落，有人發現達爾文和同僚收集的 314 種化石玻片標本，它們消失 150 年後終於能夠重見天日。

1790 年代，科學界首次發現已滅絕的哺乳類動物化石，挑戰創世紀後動物就沒有改變過的觀念。此圖是菊石類動物的化石，是一種已滅絕的海洋無脊椎動物，分類地位隸屬於軟體動物，模樣有如緊密捲繞的公羊角。

參照條目　泥盆紀（約西元前4.17億年）；古生物學（西元1796年）；達爾文及小獵犬號航海記（西元1831年）；達爾文的天擇說（西元1859年）；放射定年法（西元1907年）；大陸漂移（西元1912年）；重生行動（西元2013年）。

氮循環與植物化學

尚—巴蒂斯・布森格（Jean-Baptiste Boussingault，1802~1887 年）
赫曼・黑利格爾（Hermann Hellriegel，1831~1895 年）
馬丁努斯・貝傑林克（Martinus Beijerinck，1851~1931 年）

1772 年，人類發現大氣含量有 78% 是氮，足足是氧氣的四倍，且發現氮是組成胺基酸、蛋白質和核酸的必要元素。透過許多生物互利共生的關係，動植物腐屍中的氮得以成為供植物利用的可溶性營養素，之後再轉化為氣態，重新回到大氣中。

法國農業化學家尚—巴蒂斯・布森格發現，氮在成為動植物能利用的營養素之前，必須先經過固氮作用。從 1834 至 1876 年，他在自己位於法國阿爾薩斯（Alsace）的農場建立史上第一座農業研究站，在田地上進行化學實驗。布森格也確立自然界的氮如何在動植物體與物理環境之間的移動方式，同時還研究相關的問題，例如施肥、輪作、植物和土壤的固氮作用，以及水中的氨，與硝化作用。

當時普遍認為植物可以直接吸收大氣中的氮，但在 1837 年，布森格針對這一點加以反駁，並證實大氣中的氮必須先以硝酸鹽的形式進入土壤中。接下來幾年，他發現不管動物或植物的生存都缺不了氮，且肉食性及草食性動物都必須從植物身上獲得氮。他在這方面的化學發現奠定我們對氮循環的了解基礎。

1888 年，德國農業化學家赫曼・黑利格爾和德國植物學家、微生物學家馬丁努斯・貝傑林克各自發現豆科植物利用大氣中的氮氣（N_2），再由土壤微生物將之轉換為氨（NH_3）、硝酸鹽（NO_3）和亞硝酸鹽（NO_2）。豆科植物，包括大豆、苜蓿、葛藤、豌豆、豆類和花生，體內有負責固氮的共生菌，如根瘤菌（Rhizobium），寄生在植物根系的根毛中，刺激植物根系形成根瘤，根瘤內的共生菌將氮氣轉變為硝酸鹽，成為供豆科植物生長所用的營養素。植物死亡後，被固定的氮從植物體中釋放出來，能夠為其他植物所用，也藉此使土壤變得肥沃。

二次大戰時期的海報，推廣農夫收割豆科植物，既可以當作食物來源，又能利用大氣中的氮來替土壤施肥。

參照條目　原核生物（約西元前39億年）；陸生植物（約西元前4.5億年）；農業（約西元前1萬年）；植物營養（西元1840年）；生態交互作用（西元1859年）。

西元 **1838** 年

細胞學說

安東尼・馮・雷文霍克（**Antonie van Leeuwenhoek**，**1632~1723** 年）
羅伯特・虎克（**Robert Hooke**，**1635~1703** 年）
馬賽亞斯・許來登（**Matthias Schleiden**，**1804~1881** 年）
西奧多・許旺（**Theodor Schwann**，**1810~1882** 年）
魯道夫・魏修（**Rudolf Virchow**，**1821~1902** 年）

　　細胞學說之於生物學的重要性，就如同原子說之於物理學和化學。例如原子是所有物質的基本單位，生命的基本單位就是細胞。兩者都是相關科學中最基礎的中心原則。細胞學說的基礎可回溯至1665 年，從羅伯特・虎克發現軟木塞的細胞說起。10 年後，安東尼・馮・雷文霍克利用自製放大倍率達 275 倍的顯微鏡看見活的單細胞生物。在與兩位德國好友：馬賽西斯・許來登和西奧多・許旺晚餐後來杯咖啡，一邊聊著彼此對細胞的研究發現，已經又過 160 多年。

　　1838 年，植物學家許來登認為植物體的每一部分都由細胞組成，隔年，動物學家許旺，在動物身上也做出相似的結論。他們提出的原始細胞學說包含三個基礎：所有生物都由細胞構成；細胞是所有生物結構和功能的基本單位；細胞由其他已存在的細胞衍生出來，最後一點是魯道夫・魏修在 1855 年加註。

　　根據這三個基本原則，後人繼續對細胞學說進行修正和擴充：細胞含有遺傳物質（DNA），細胞分裂時，遺傳物質可在細胞間傳遞。任何一個物種體內的細胞，基本上的結構組成都是相似的，且生物的能量流（新陳代謝和細胞化學反應）發生在細胞內。

　　和許來登不同，許旺及魏修繼續在科學和醫學界裡深入研究。許旺發現神經纖維外的鞘細胞（又稱為許旺細胞）、分離出負責分解蛋白質的胃蛋白酶（pepsin）、並創造「metabolism」（新陳代謝）這個名詞來描述活體組織中的化學變化。魏修則是現代病理學的先驅。他推廣顯微鏡的使用，並訂定驗屍的標準流程，還發現「社會醫學」（social medicine）這個領域，企圖了解社經因素如何影響健康和疾病。

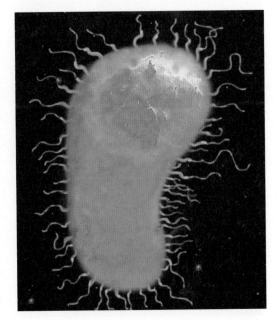

能夠在顯微鏡細檢視單細胞生物，此圖是革蘭氏陽性菌——芽孢桿菌，使得科學家能夠了解細胞的構造，了解生命最基本的單位。

參照條目　新陳代謝（西元1614年）；雷文霍克的顯微世界（西元1674年）；推翻自然發生論（西元1668年）；減數分裂（西元1876年）；酵素（西元1878年）；粒線體與細胞呼吸（西元1925年）；DNA攜帶遺傳資訊（西元1944年）。

植物營養

約翰‧伍德沃德（John Woodward，1665~1728 年）
尼古拉斯‧西奧多‧迪‧索蘇爾（Nicolas-Théodore de Saussure，1767~1845 年）
尤斯圖斯‧馮‧李比希（Justus von Liebig，1803~1873 年）
朱利亞斯‧馮‧薩克斯（Julius von Sachs，1832~1897 年）

　　1669 年，英國自然學家約翰‧伍德沃德做一個實驗：讓綠薄荷生長在潔淨程度各不相同的水質中，發現在含有花園真菌的公園廢水裡，綠薄荷生長得最好。伍德沃德做出結論：植物生長靠的不是水（至少亞里斯多德是這麼相信的），而是土壤中的「粒子」。1804 年，瑞士化學家、植物生理學家尼古拉斯‧西奧多‧迪‧索蘇爾試圖找出伍德沃德所說的「粒子」究竟為何，他發現植株生長除了需要水分，還需要吸收二氧化碳。幾十年後科學界之所以能夠了解光合作用，正是以索蘇爾的發現為基礎。

　　德國化學家尤斯圖斯‧馮‧李比希在土壤中加入不同礦物質後，觀察植物的生長，1840 年，他提出最小因子法則（常簡稱李比希法則），認為植物的生長並不會因為營養物質的總量增加而變得更好，反倒是受限於數量最稀少的營養元素。他發現植物生長需要空氣和水中提供的碳、氫、氧，以及土壤礦物質所含的磷、鉀和氮。

　　至於 19 世紀後葉，植物生理學上最重要的發現，莫過於德國植物學家朱利亞斯‧馮‧薩克斯在

1860 年左右的貢獻。他確認植物生長所需的六種相對大量的元素：氮、磷、鉀、鈣、鎂和硫，是植物結構生長發育不可或缺的因子。1923 年，科學界還鑑定出另外八種植物生長所必需的微量元素。

　　現在我們知道植物可以把無機元素當作營養來源，例如受侵蝕的岩石礦物質，以及分解中的有機質、動物或微生物的遺骸。有些礦物質是植物完成生活史不可或缺的元素，有些礦物質則是對植物生長有益，但並非植物生理功能所必要的元素。

這幅繪於 1849 年的《自田中歸來》出自德國藝術家弗瑞德里奇‧愛都華‧邁爾漢姆（Friedrich Eduard Meyerheim，1808~1879 年）之手。

參照
條目　磷循環（西元1669年）；氮循環和植物化學（西元把1837年）；光合作用（西元1845年）。

西元 1842 年

尿液的形成

威廉・鮑曼（William Bowman，1816~1892 年）
卡爾・路德維希（Carl Ludwig，1816~1895 年）

　　生物體內最關鍵的功能包含水分攝入與喪失之間的平衡，大部分是藉著尿液的體積和組成來達到平衡狀態，不同動物的尿液成分各不相同，也反映動物對水分的需求。棲息在淡水的動物排出經過高度稀釋的尿液，而海洋動物為了保存體內的水分，排出濃度極高的尿液。陸生動物的尿液根據棲地的不同而有所差異，但是通常為了保存體內的水分而排出很濃的尿液。

　　腎臟的功能是過濾血液。大部分哺乳類動物的血漿需經過腎元過濾，留下大部分的水分和有用的物質，保存在體內，繼續隨著血液流動。多餘的水分和新陳代謝後的廢物，包括尿素在內（胺基酸新陳代謝後的廢棄物），則留在尿液裡準備排出。兩棲動物和魚類體內不需要保存大量水分，因此排出大量高度稀釋的尿液，其中包含水溶性的尿素。相反的，多數鳥類、爬蟲類和陸生昆蟲，胺基酸新陳代謝後的終產物是水溶性的尿酸。鳥類和爬蟲類的尿液排出前，預先混合糞便和懸浮其中的白色尿酸。

　　英國醫生和組織學家威廉・鮑曼利用顯微鏡研究腎臟的結構。1842 年，他鑑定出位於腎元前端的構造：腎絲球囊（glomerular capsule，又稱鮑氏囊），視之為腎臟的功能單位。腎絲球囊是鮑曼尿液過濾學說的關鍵，也是今日我們能對腎臟功能有所了解的基礎。1844 年，卡爾・路德維希認為血壓迫使腎臟微血管中的血液進入腎元，除了蛋白質，血漿中的所有物質都會進入腎元，水分重新回到血流中，因此使尿液變得濃縮。路德維希可謂史上最偉大的生理學家之一，他認為生物體內的功能受到化學和物理定律的驅使，而不是受到特殊的生物定律影響，更跟神沒有關係。此外，他還認為腎臟是經過過濾的過程形成尿液，與生命力（vital force）無關，這一點和鮑曼所見相同。

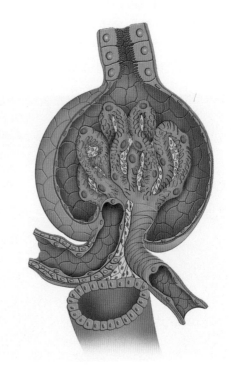

此圖為腎元的構造，腎元是腎臟最基本的結構和功能單位，過濾血液，將身體所需的物質送到血液中，剩下的物質則以尿液的形式排出。

參照
條目　新陳代謝（西元1614年）；血壓（西元1733年）；體內恆定（西元1854年）；淡水魚和海水魚的滲透壓調節（西元1930年）。

細胞凋亡（程序性細胞死亡）

卡爾・沃特（Carl Vogt，1817~1895 年）
華爾特・佛萊明（Walther Flemming，1843~1905 年）
悉尼・布雷內（Sydney Brenner，1927 年生）
約翰・柯爾（John Foxton Ross Kerr，1934 年生）
約翰・蘇爾斯頓（John E. Sulston，1942 年生）
羅伯特・霍維茲（H. Robert Horvitz，1947 年生）

常言「生死有命」，每一天人體的細胞，尤其是皮膚和血球，都不斷再生。細胞的總量必須保持恆定，因此需要有一個維持平衡的機制，負責移除多餘的細胞。這樣的機制就是程序性細胞死亡（簡稱 PCD），是一種有秩序，受到高度調控的過程，其功能在於維持正常的細胞分裂（有絲分裂）過程。在某些狀況下，移除體內老、病或受到有毒物質或輻射的傷害的細胞，對生物體而言是有利的，例如月經期間，子宮內膜壁會剝落。相反的，不適當的程序性細胞死亡會導致癌細胞擴散，或者胎兒出生時手指仍呈現黏合狀態。

程序性細胞死亡受到外界或細胞內的訊號刺激而啟動，此時細胞體積開始變小，細胞內的物質開始分解、濃縮。這些細胞凋亡體（apoptotic body）被封閉在膜內，避免它們傷害鄰近細胞，最後由吞噬細胞（phagocytic cell）會吞噬並摧毀細胞凋亡體。

在瑞士工作的德國生物學家卡爾・沃特，首次在 1842 年描述程序性細胞死亡的觀念，當時他正在研究蝌蚪的發育。1885 年，另一位生物學家華爾特・佛萊明，對程序性細胞死亡有更精準詳盡的描述。佛萊明因發現有絲分裂和染色體而聲名大噪，是科學史上、細胞生物學史上最重要的發現。1965

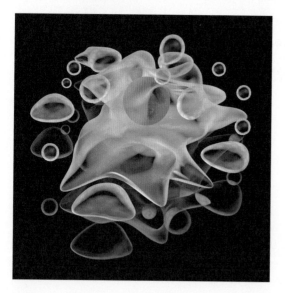

年，科學界對程序性細胞死亡的興趣再次復甦，澳洲病理學家約翰・柯爾首次描述程序性細胞死亡在超顯微鏡的下的特性，他認為這是生物體中的自然過程，和組織受傷所引起的細胞壞死（necrosis）有所不同。柯爾將程序性細胞死亡命名為細胞凋亡（apoptosis），於希臘文中指花瓣或樹葉萎凋之意。1970 年代，約翰・蘇爾斯頓、羅伯特・霍維茲和悉尼・布雷內在劍橋大學研究蛔蟲的基因序列，對細胞凋亡的了解躍進至分子層次，在 2002 年共同獲得諾貝爾獎。

細胞凋亡是身體的正常機制，意在去除多餘的細胞。這張立體圖顯示當細胞老、病或受傷時，會進行細胞凋亡過程，最後被身體排除。

參照條目　血球（西元1658年）；細胞學說（西元1838年）；體內恆定（西元1854年）；有絲分裂（西元1882年）；細胞周期檢查點（西元1970年）。

毒液

埃及豔后（Cleopatra，西元前 69~30 年）
夏爾・呂西安・波拿巴（Charles Lucien Bonaparte，1803~1857 年）

為了捕捉獵物、防禦或保護子代等目的，動物具備各種武器。再加上銳利的視覺、利爪、尖牙、頭角、堅硬的突起構造、網、扁平的足或鰭，有些脊椎動物和無脊椎動物面對捕食者時，還具備既可攻又可守的化學武器。這些化學武器就是毒液，接著叮、咬、尖刺或其他尖銳的構造，將有毒的物質直接注入對手的血液。具有毒液的脊椎動物中，最為人熟知，也被研究得最為透徹的就是蛇。史上第一個有關毒液的基因可能從蛇的近親——蜥蝪身上演化而來。

全世界有 3000 種蛇，其中約 600 種是有毒的。蛇利用毒液來保護自己，或使獵物死亡或癱瘓。毒腺位於頭部後方，藉管道連通中空的毒牙。除了有毒物質，毒液中還含有多數陸生動物都有的唾液、消化液。毒液成分可能多達 20 種以上，最主要的是神經毒素（neurotoxin）和血毒素（hemotoxin），有些毒液則混合多種毒素。1843 年，拿破崙的外甥夏爾・呂西安・波拿巴首次發現毒液的蛋白質特性。

眼鏡蛇和珊瑚蛇具備神經毒素，這種毒素可影響神經和肌肉，造成神經肌肉接合點（nerve-muscle）癱瘓，使獵物死於心臟衰竭或呼吸衰竭。雖然傳說埃及豔后選擇讓埃及眼鏡蛇咬傷自己來自殺，不過近來學者指出她其實是吃了有毒的食物而死。響尾蛇和其他凹紋頭毒蛇具備血毒素，血毒素阻止血液凝結，或是分解已凝結的血液，造成獵物大量失血而昏迷，可防止獵物逃跑。其他類型的血毒素可造成立即性的凝血，引發中風和心臟病。

從蛇毒液中萃取出來的化學物質可作為醫療用途，治療高血壓、中風和心臟病，根據評估還有緩解嚴重疼痛的效果，對黑色素瘤、糖尿病、阿茲海默症及帕金森氏症都有治療效果。

東部菱背響尾蛇（Eastern diamondback rattlesnake, Crotalus adamanteus）是北美洲最危險的蛇，人一旦被牠咬傷，致死率高達 10 至 30%。這種響尾蛇的毒液能夠分解蛋白質，同時具有血毒性，既能傷害組織又能破壞紅血球，造成受害者大量失血。

參照
條目　延腦：生命中樞（約西元前5.3億年）；神經系統訊息傳遞（西元1791年）；血液凝結（西元1905年）。

同源和同功

理查・歐文（Richard Owen，1804~1892 年）
查爾斯・達爾文（Charles Darwin，1809~1882 年）

　　人類的手臂、貓的四肢、蝙蝠的翅膀和海豹的鰭肢有任何共通之處嗎？這些構造的功能並沒有相似之處：舉物、行走、飛行和游泳，但經過謹慎分析，這些構造有基本的共通性。以上四種哺乳類動物的前肢，或稱五趾型四肢（pentadactyl）都有一根長骨連接兩塊較小的骨頭，較小的骨頭再連接小的骨頭，最後和五根左右的趾骨連接。昆蟲和鳥的翅膀呢？這兩者的翅膀具有相同功能，就是用來飛行，但結構上沒有任何相同之處。

　　1843 年，名聲遠播同時又備受爭議的英國生物學家、比較解剖學家理查・歐文想要知道：為什麼外型相似的結構可能有不同功能；而功能相似的結構，外型卻又差之千里？他指出，哺乳類動物的前肢是同源構造，彼此有相同的基本結構，但在不同物種身上有不同功能。相反的，昆蟲、蝙蝠和鳥類的翅膀有相似的功能，但各自有不同的演化路徑。歐文的想法經過查爾斯・達爾文加以修改，以融入他提出的演化論。同源構造的基本構造從共祖身上演化而來，隨著生物適應不同環境還演化出不同功能。相反的，同功構造間具有相似的性質，卻是從不同祖先身上各自演化而來，只是為了適應環境而產生類似功能，這個過程又稱為趨同演化（convergent evolution）。

　　在共祖已經不存在的狀況下，要解釋痕跡構造（vestigial structure）就顯得有些棘手。穴居蠑螈的盲眼、人類的闌尾和和鯨魚的腰帶（pelvic girdle），這些在現存生物身上沒有功能的構造，卻和物種祖先身上的功能構造是同源構造。

　　同源性既可發生在身體結構上，也可存在於分子層次。DNA 及 RNA 中的核苷酸序列組成遺傳密碼，決定蛋白質合成時的胺基酸序列，而所有生物，從細菌到人類，核苷酸的構造幾乎一模一樣。同樣的，許多生物體內也有共同基因。遺傳密碼的普遍性是另一項支持生物從共祖演化而來的證據。

鳥、蝙蝠和昆蟲的翅膀是同功構造，雖具有相似的功能，但由不同祖先身上演化而來的結構卻是迥然不同，只是為了適應共同的環境需求而衍生出相似功能。

參照
條目　鳥類（約西元前1.5億年）；亞里斯多德《動物誌》（約西元前330年）、化石紀錄與演化（西元1836年）；達爾文的天擇說（西元1859年）、譜系分類學（西元1950年）。

光合作用

詹‧英根豪斯（Jan Ingenhousz，1730~1799 年）
約瑟夫‧普利斯特利（Joseph Priestley，1733~1804 年）
尤利烏斯‧羅伯特‧梅耶（Julius Robert Mayer，1814~1878 年）

　　光合作用利用太陽的功能，將之轉換為生物程序所需的化學能，因此對生物有不言而喻的重要性。如果沒有光合作用，世界上將會缺乏食物或有機質，無氧的大氣也會使多數生物因此滅絕。光合作用的化學式可以總結如下：$6CO_2 + 12H_2O + 光 \rightarrow C_6H_{12}O_6 + 6O_2$

　　光合作用的過程中，環境中的二氧化碳（CO_2）進入植物葉片下方的氣孔，與來自植物根部的水分相遇，藉由維管束運送到葉片。位於葉綠體中的葉綠素吸收陽光後，光合作用就在葉綠體中發生。光合作用可分為兩個階段：光反應與暗反應。在光反應的階段，陽光轉變為化學能，以高能帶電分子三磷酸腺甘酸（ATP）和菸鹼醯胺腺嘌呤二核苷酸磷酸（NADPH）的形式儲存；暗反應時，二氧化碳、三磷酸腺甘酸，和菸鹼醯胺腺嘌呤二核苷酸磷酸，轉變為葡萄糖（$C_6H_{12}O_6$）儲存在植物葉片中，氧氣則經由氣孔釋放到大氣中。

　　1771 年可謂人類發現光合作用的起始年，英國牧師、科學家約瑟夫‧普利斯特利讓蠟燭在密閉容器內燃燒，直到容器內的空氣（後證實是氧氣）無法繼續供應蠟燭燃燒為止。接著，普利斯特利放一小段薄荷，發現幾天後，蠟燭又開始燃燒起來。1779 年，荷蘭醫生詹‧英根豪斯重覆普利斯特利的實驗，發現光和綠色植物的組織是氧氣供應的要件。1845 年，德國醫生、物理學家尤利烏斯‧羅伯特‧梅耶提出新觀念，認為太陽能以化學能的形式儲存在光合作用過程中產生的有機物質當中（梅耶也是第一位提出熱力學第一定律：能量守恆觀念的科學家）。

在有陽光的前提下，光合作用利用無機物產生有機食物，支撐著所有生物的生命。葉綠素是一種綠色色素，讓葉子呈現綠色，也是光合作用中的關鍵物質。

參照條目　藻類（約西元前25億年）；陸生植物（約西元前4.5億年）；新陳代謝（西元1614年）；植物營養（西元1840年）；向光性（西元1880年）；粒線體與細胞呼吸（西元1925年）。

旋光異構物

永斯・雅各布・伯齊流斯（Jöns Jakob Berzelius，1779~1848 年）
弗來德里奇・維勒（Friedrich Wöhler，1800~1882 年）
路易斯・巴斯德（Louis Pasteur，1822~1895 年）

　　19 世紀的化學家普遍接受一個概念：只有不同元素組成的化合物，才會具有不一樣的性質。直到 1828 年，德國化學家弗來德里奇・維勒合成出氰化銀（silver cyanide），和雷酸銀（silver fulminate）具有相同的組成，但化學性質卻完全不同，才推翻上述的觀念。兩年後，瑞典化學家永斯・雅各布・伯齊流斯發現尿素和氰化銨（ammonium cyanide）也是兩種性質不同但組成相同的化合物，他稱這種現象為「異構性」（isomerism）。

　　鏡像。1848 年，法國化學家、微生物學家路易斯・巴斯德觀察到：旋轉的偏光（polarized light）可以穿透含有天然酒石酸（tartaric acid）的溶液——酵母菌製酒產生的沉澱物，如果溶液中所含的酒石酸是由實驗室合成的，偏光便無法穿透。利用鑷子和顯微鏡，巴斯德發現，當旋轉的偏光分別穿透兩組含有實驗室合成的酒石酸晶體溶液時，光線會往相反方向旋轉。一組酒石酸使偏光往逆時鐘方向旋轉〔以 levo －、L －，或（－）示之〕，另一組使偏光往順時鐘方向旋轉〔以 dextro －、D －，或（＋）示之〕。這兩組旋光異構物（又稱鏡相異構物，enantiomer）就像我們的左右手一樣，彼此無法重疊。鏡相異構物具有相同的元素組成，但元素圍繞著中心碳原子排列的方式不同。當溶液中兩種異構物的數量相當時（此時溶液稱為消旋混合物，racemic mixture），彼此抵消，於是偏光便不會旋轉。巴斯德在科學界建立聲明的第一步，就是發現鏡相異構物。

　　鏡相異構物對生物體、對某些藥物的性質而言非常重要。建構蛋白質和酵素的基本單位——胺基酸，全都是左旋（L －）結構，右旋胺基酸在自然界中非常少見。生物只能使用左旋的氨基酸來建構蛋白質，而且只有左旋胺基酸具有生物活性。相反的，碳水化合物形成的醣類便是右旋結構。藥物的鏡相異構物具不同活性或毒性。左旋多巴（L － DOPA）對於治療巴金森氏症極有效果，但右旋多巴就沒有療效，而且具有毒性。甲基安非他命（methamphetamine）也有鏡相異構物，就刺激腦部的效用而言，右旋異構物是左旋異構物的 10 倍以上。

在偏光下看見的酒石酸微晶體結構。異構物因為立體結構不同，會使偏光往不同方向旋轉。在自然界，碳水化合物中的醣會使偏光由右往左旋轉，胺基酸則使偏光由左往右旋轉。

參照條目　酵素（西元1878年）；胺基酸序列和胰島素（西元1952年）。

睪固酮

阿諾・阿道夫・博薩德（**Arnold Adolph Berthold**，1803~1861 年）
查爾斯—愛德華・布朗—塞加爾（**Charles-Édouard Brown-Séquard**，1817~1894 年）

1849 年，德國生理學家阿諾・阿道夫・博薩德替公雞去勢，結果並不令人意外。他毫不懷疑早在西元前 2000 年，人類就會替雄性的農場動物去勢，好讓牠們更能心無旁騖的專心幹活。此外，害怕遭到暗殺的羅馬皇帝，例如 14 世紀的君士坦丁大帝，據說身邊的男侍全都是沒有威脅性的「太監」。

博薩德在德國哥廷根大學工作，他發現在青春期前就被去勢的公雞，進入成年期後不會展現任何公雞該有的生理特徵或行為表現。他也替成年公雞去勢，發現公雞之間的打鬥就此停止，且變得性慾低落，也不再鳴聲啼叫。接著，他把公雞睪丸放回公雞的腹腔裡，公雞又出現所有正常公雞該有的行為。根據這些實驗的結果，博薩德奠定自己在內分泌學領域的先驅地位，證實生殖腺和個體發展第二性徵之間的關係。

40 年後，查爾斯—愛德華・布朗—塞加爾接續博薩德的腳步。出生於模里西斯的布朗—塞加爾當時已是一位聲望極高的生理學家和神經學家，在倫敦、巴黎、劍橋和哈佛執教。他的研究領域聚焦在脊髓生理，並認為血液中含有一種物質，可以遠端的器官發揮影響效用（正是幾十年後發現的荷爾蒙）。

1889 年，布朗—塞加爾在當時世界上最權威的期刊《刺胳針》（*Lancet*）發表一篇文獻，指出他替自己注入來自狗和天竺鼠睪丸的液體萃取物之後，身心都有返老還童之感，頓時覺得年輕許多，根本不像 72 歲的老者。可惜，發生在布朗—塞加爾的身上，只不過是典型的安慰劑效應（placebo response），儘管他一再強調其真實性，但近年來科學界謹慎進行的對照實驗，也都無法使年長者感到活力回春。在倫敦時，羅伯特・路易斯・史蒂文森和布朗—塞加爾比鄰而居，據說布朗—塞加爾正是他寫出《化身博士》（*Dr. Jekyll and Mr. Hyde*）一書的靈感來源。

英國藝術家法蘭西斯・史密斯（Francis Smith，1722~1822 年）所畫的《凱斯勒・艾加，黑人宦官總管及塞拉格里歐第一總管》（*Kisler Aga, Chief of the Balck Enumchs and First Keeper of the Serraglio*），繪製時間在 1763 至 1779 年。宦官就是被去勢的男侍，體內睪固酮含量極低。古時候要馴服奴隸，降低其威脅性、提高其服從性，去勢是最常見的做法。

參照條目 卵巢和雌性生殖（西元1900年）；人類發現的第一種荷爾蒙：胰泌素（西元1902年）；黃體酮（西元1929年）。

三色色覺

約翰尼斯・克卜勒（Johannes Kepler，1571~1630 年）
湯瑪士・楊格（Thomas Young，1773~1829 年）
赫曼・馮・亥姆霍茲（Hermann von Helmholtz，1821~1894 年）
麥斯・舒爾策（Max Schultze，1825~1874 年）

　　動物對光的感測能力各有差異，扁蟲只具有簡單的感光胞器，僅能偵測光源的方向和強度；猛禽則是可以從 10 到 15 公里的高空中發現地面上的兔子。說道脊椎動物的視覺系統，水晶體對焦在一個物體上之後，會活化視網膜上的感光細胞。感光細胞將光的式樣轉換為大腦能接收的神經訊號，沿著視神經傳遞到位於腦部後方的視覺中樞（visual cortex），再進入其他腦部中樞進行資料處理。

　　17 世紀之前，人們已經了解眼睛的整體結構是如何，轉而對眼睛的功能感到好奇。1604 年，物理暨天文學家約翰尼斯・克卜勒確定視網膜才是負責接收光的構造，而非之前眾人普遍認為的角膜。將近兩個世紀後，英國博學者湯瑪士・楊格開始注意眼睛的構造。處於文藝復興時期的楊格，雖然是一位醫生及物理學家，卻對語言和音樂有極大的貢獻，也是史上第一批講解羅塞塔石碑的先哲。1793 年，他描述眼睛能夠聚焦於近物和遠物的能力，主要是靠肌肉收放使水晶體改變形狀。1802 年，楊格率先提出這樣的假說，及至 1850 年，著名的德國物理學家赫曼・馮・亥姆霍茲發展出三色色覺論（trichromatic color vision），認為視網膜裡分布著接收紅、綠、藍三色的構造。楊格—亥姆霍茲的理論，後來成為靈長類動物彩色視覺的理論基礎。

　　1830 年代，科學家在顯微鏡下發現，視網膜內有兩種形狀的細胞：桿狀和錐狀細胞。研究過夜行性鳥類和日行性鳥類的眼睛，並加以比較過後，顯微解剖學家麥斯・舒爾策發現錐狀細胞負責偵測顏色，而桿狀細胞對光非常敏感。不出所料，這兩種細胞的數量和比例在不同動物身上各不相同。1991 年，科學界發現第三種類型的感光細胞，主要功能是控制生物體的近日時鐘。

大雕鴞（Bubo virginianus）是美洲最常見的貓頭鷹。眼睛的大小幾乎和人眼不相上下，大雕鴞的視網膜上有許多桿狀細胞，因此擁有絕佳的夜視能力。貓頭鷹的眼睛並不會在眼窩裡轉動，不過猛禽的頭部可以轉動 270 度，往各個方向看都不是問題。

參照條目　近日節律（西元1729年）；大腦功能定位（西元1861年）。

體內恆定

克勞德‧貝赫德（**Claude Bernard**，**1803~1861 年**）
華特‧坎農（**Walter B. Cannon**，**1871~1945 年**）

　　舉世公認克勞德‧貝赫德是最偉大的生物學家之一，也是現代實驗生理學之父，是法國首位以國葬規格禮遇其身後事的科學家。他的眾多成就包括研究肝在醣的新陳代謝中所扮演的角色、胰臟分泌的消化液、非自主神經系統如何調節血壓，以及一氧化碳的毒性和箭毒（curare）。在他的經典著作《實驗醫學研究導論》（*Introduction to the Study of Experimental Medicine*，1865 年），他提到科學研究和科學家的責任。然而，他最偉大的貢獻是在 1854 年提出內環境（Milieu interieur）觀念，也就是後來所謂的體內恆定（homeostasis），是現代生物史上最具有一體性的原則。

　　貝赫德注意到動物其實居住在兩個環境裡：外在環境和內在環境。原始的生命形態從海洋中演化而來，海洋是相對較穩定的外在環境，然而隨著演化過程，這些生命形態移動到不穩定的陸生環境，氣溫、鹹淡水的比例和水中的酸鹼值都變化多端。為了生存，這些生物必須演化出一套適應的機制，以保持體內環境的穩定，才能面對充滿挑戰的環境。體內恆定讓生物體面對外界環境變動時，依然能保持體內環境恆定的能力。能夠做到這一點的生物和其後代存活下來，無法保持體內恆定的生物只能消失於地球上。

　　貝赫德的內環境觀念，直到 20 世紀初才受人重視。由提出「打或逃反應」（fight-or-flight）而成名的華特‧坎農在 1932 年於他的著作《身體的智慧》（*The Wisdom of the Body*）將內環境重新更名為體內恆定，並大力推廣這個觀念。在書中，坎農描述多種器官如何和諧運作維持體內恆定的狀態。如今我們知道神經和荷爾蒙系統在維持體內平衡或恆定上扮演要角。體內恆定的狀態包括體溫、血糖程度、血液酸鹼值、體液，以及當身體面對變化時，會呈反向回應的負回饋機制（negative feedback）。

這些野鵝起身飛翔的時候，心血管系統和醣類的新陳代謝都會發生劇烈改變。為了維持體內的平衡與恆定，內分泌系統和神經系統扮演重要角色。

參照條目　延腦：生命中樞（約西元前5.3億年）；新陳代謝（西元1614年）；血壓（西元1733年）；肝和葡萄糖代謝（西元1856年）；溫度接收（約西元1882年）；負回饋（西元 1885年）。

肝與葡萄糖代謝

克勞德·貝赫德（**Claude Bernard**，**1813~1878 年**）

1843 年，史上最偉大的生理學家克勞德·貝赫德發現：攝取甘蔗或澱粉之後，體內會形成葡萄糖，立刻就能被吸收。他把這項觀察結果放在一邊，直到 1848 年，他發現食用無糖飼料或斷食好幾天的動物血液樣本中，依然有葡萄糖的存在，使他不禁聯想到生物體是否會製造葡萄糖？肝靜脈血糖含量極高，同樣的，哺乳類、鳥類、爬蟲類和魚類含有葡萄糖的器官也都是肝臟，貝赫德據此推論血液中的葡萄糖來源就是肝臟。

1849 年某天早晨，貝赫德發現前一天做實驗留下來的動物肝臟忘了丟，藉著這個偶然的機會，他分析肝臟，發現其中的葡萄糖含量甚至比之前還高！對於肝臟並不只是單純的儲存葡萄糖，可能還會製造葡萄糖的揣想，這是貝赫德發現的第一個跡象。然而這挑戰當時兩個頗為盛行的生物學信念：第一、每個器官只負責一項生物功能，而肝臟的功能就是合成膽汁；第二、當時學界普遍認為能夠製造營養的是植物，不是動物。

貝赫德假設葡萄糖儲存在一種未知的葡萄糖起始分子裡，他稱之為肝醣（glycogen），然而他無法分離出肝醣，只好轉而應付科學界的其他挑戰，開始研究一氧化碳中毒的機制、箭毒如何癱瘓隨意肌、酒精發酵和自然發生論。1856 年，他繼續未解的肝醣疑雲，此時他在肝臟裡發現白色如澱粉般的物質，

這就是肝醣，也就是葡萄糖的基本構件。生物體有需要時，肝醣會分解為葡萄糖，保持血糖濃度恆定，也藉此完成葡萄糖的新陳代謝循環。如此，消化系統不只可以把複雜的分子分解為簡單的分子，還能利用簡單的分子打造出複雜的分子。

偉大的法國生理學家克勞德·貝赫德的肖像，年分不詳。

參照條目　新陳代謝（西元1614年）；人類消化系統（西元1833年）；胰島素（西元1921年）。

微生物發酵

路易斯・巴斯德（**Louis Pasteur**，**1822~1895 年**）
愛德華・布赫納（**Eduard Buchner**，**1860~1917 年**）

發酵製酒的歷史可大約回溯至 1 萬 2000 年前。紅酒、啤酒和麵包是歐洲人的基本飲食，而且都是由酵母菌製成，科學界早就注意到它。長久以來，人類知道酵母菌是發酵過程不可或缺的成分，然而人們一直以為所謂的發酵過程要不就是物質（如葡萄）的化學性質變得不穩定，要不就是一種物理過程罷了。

1837 和 1838 兩年，三位科學家各自得出相同的結論：酵母菌是一種活的生物。從 1857 年開始，在接下來的 20 年，路易斯・巴斯德針對生物的發酵進行一系列的研究，主要研究對象是細菌和酵母菌，以期能夠解決發酵過程中遇到的問題。最初始的實驗包括乳酸，最簡單的發酵類型。巴斯德觀察到：當乳糖發酵時，如果環境中有乳桿菌的存在，乳糖就會形成乳酸，牛奶放久會變酸，優格能有獨特的酸味，就是因為乳酸的關係。

1860 年代，總統拿破崙三世找來巴斯德研究法國的重大危機：紅酒發酸。巴斯德把發酵的紅酒加熱到攝氏 60 度，這個溫度可以殺死使酒發酸的微生物，但這個溫度還不夠高，無法改變酒的風味。這正是所謂的滅菌過程，後來也成功應用在啤酒、醋的製造（1893 年，美國首次把滅菌運用在牛奶的製造）。巴斯德對於發酵和微生物的興趣導致他發展病菌說（germ theory of disease）。

儘管巴斯德努力再三，依然無法解開酵母菌發酵的原理。1897 年，德國化學家愛德華・布赫納發現：發酵過程並不需要活體的酵母菌細胞，只要不含細胞的酵母菌萃取物就足夠完成發酵過程，他也因此獲頒 1907 年諾貝爾獎。這不含細胞的酵母菌萃取物就是酵素，拉丁文原意指「在酵母內」。

行狩獵採集生活的人類為了製造紅酒和啤酒，因而實行人類史上第一次發酵過程。到了 19 世紀中期，路易斯・巴斯德發現微生物在發酵過程中扮演的角色。此圖是現代使用的鋼鐵儲酒槽。

參照條目　雷文霍克的顯微世界（西元1674年）；酵素（西元1878年）；病菌說（西元1890年）。

達爾文的天擇說

查爾斯・萊爾（Charles Lyell，1797~1875 年）
湯瑪斯・馬爾薩斯（Thomas Malthus，1766~1834 年）
查爾斯・達爾文（Charles Darwin，1809~1882 年）
阿爾弗雷德・華萊士（Alfred Russel Wallace，1823~1913 年）

　　《物種起源》成書時間超過 20 年，集結查爾斯・達爾文許多不同觀察的結果，也只有他有這樣的天分能把這些心血結晶整合成冊。隨著小獵犬號航行期間（1831~1835 年），他拜讀查爾斯・萊爾所著的《地質學原理》，書中提到鑲嵌在岩層中的化石乃是幾百萬年生物留下的印痕，這些生物早已經不存在，和現今的生物也沒有任何相似之處。1838 年，達爾文讀了湯瑪斯・馬爾薩斯的《人口論》，馬爾薩斯認為人口增長的速率遠超過食物的供應量，如果不加以控制，可能會造成毀滅性的後果。達爾文也聯想到農夫挑選最優秀的家畜加以繁育（人工選殖）。另外，他在加拉巴哥群島找到的 14 隻鷽鳥外型都很相似，但喙的形狀和大小各有不同，是為了適應島上食物而發展出來的結果。

　　達爾文並非第一個提出演化概念的人，然而其他人未能提出具有連貫性的理論來解釋演化的起源。達爾文的演化論以天擇說為基礎，在自然界，物種間必須彼此競爭有限的資源，身上特徵最適應其生存環境的生物，最有機會存活下來進行繁殖，把這些特徵繼續傳衍給後代。源自於共祖的生物，經過世世代代的累世修飾（descents with modification），成了如今的模樣。

　　1840 年代，達爾文在一篇論文中初步描述天擇說的輪廓。他早已預料他的反神造理論必會遭遇強大的反彈聲浪，因此遲遲不敢對外公開，接下來 10 年，他繼續收集支持天擇說的證據。1858 年，達爾文聽說同為自然學家的阿爾弗雷德・華萊士已獨立發展出一套有關天擇的理論，竟和自己的理論極為相似，達爾文只得加緊完成《物種起源》的撰寫，在 1859 年公諸於世，是有史以來最經典，也最暢銷的科學著作。

1869 年，茱莉亞・瑪格麗特・卡麥（Julia Margaret Cameron，1815~1879 年）為達爾文拍攝人像照，這位女性攝影師以拍攝英國名流人士而著名。

參照條目 人工選殖（選拔育種）（西元1760年）；人口成長與食物供給（西元1798年）；達爾文及小獵犬號航海記（西元1831年）；化石紀錄與演化（西元1836年）；孟德爾遺傳學（西元1866年）；演化遺傳學（西元1937年）。

生態交互作用

查爾斯・達爾文（**Charles Darwin**，1809~1882 年）

　　生態學是一門檢驗物種與環境關係的學科，種間或種內的生物彼此共享著相同的生態系，想來並不令人意外。物種與環境間的交互關係可視為一座天平，在天平的一端，一種生物受惠必須犧牲其他物種；在天平的另一端，所有物種都能同蒙其惠。達爾文在其著作《物種起源》中提到，同種物體間的生存競爭最為強烈，因為彼此擁有相似的外表形態和棲位需求。

　　生態交互作用的種類？捕食（predation）和寄生（parasitism）就是只有一種物種受惠的交互關係，另一種生物必須付出代價。捕食象徵著最極端的生態交互作用，捕食者捕捉獵物，以另一種生物為食，就像貓頭鷹獵捕田鼠，或肉食性的豬籠草捕捉昆蟲為食。寄生關係不若捕食關係這般極端，寄生蟲因寄生在寄主身上而受惠，而寄主並未從中得到任何益處，例如條蟲寄生在脊椎動物的腸道裡。細胞內寄生生物，如原生動物和細菌，通常需要藉由媒介生物的幫助，才有辦法進入寄主體內，例如瘧蚊叮咬人類後，將瘧原蟲送進人類體內。

　　片利共生（commensalism）指一物種受惠，另一物種未蒙其害的物種交互關係。出沒在熱帶地區開放海域的短印魚（remora）與鯊魚共生，以鯊魚吃剩的食物為食；線尾蜥鰻（fierasfer）體型小，身形細長，以海參的泄殖腔為家，躲避捕食者。

　　互利共生（mutualism）是最公平的種間關係，置身其中的物種為其他物種提供資源或服務，彼此互蒙其利。地衣是一種體內具有共生真菌的綠藻，真菌從藻類身上獲得氧氣和碳水化合物，共生菌則是藻類水分、二氧化碳和礦物鹽的供應來源。

互利共生的兩種生物，蝦子清潔熱帶海鰻口腔中的寄生蟲，海鰻免除寄生蟲的騷擾，蝦子也獲得營養來源。

參照條目　藻類（約西元前25億年）；真菌（約西元前14億年）；氮循環和植物化學（西元1837年）、達爾文的天擇說（西元1859年）；瘧原蟲（西元1898年）。

入侵種

　　1859 年，為了滿足自己每周打獵的心願，一位澳洲移民者從英國進口 24 隻兔子，在自己的土地上野放這些兔子。這些兔子交配繁殖出來的後代生命力強韌、充滿活力，加上澳洲的氣候環境非常適於繁殖。到了 1920 年代，澳洲野兔的數量已突破 100 億大關，牠們繁殖能力之強，不言而喻。野兔數量暴增給當地生態帶來一場浩劫，牠們吃光家畜賴以為食的澳洲原生植物，造成表土流失，為了消滅這些野兔，澳洲人使用打獵、誘捕、毒殺等方法，並在 1907 年於西澳築一道長達 3200 公里的防兔圍籬，然而未見成效。之後利用生物性防治方法，例如引入細菌和成功率更高的黏液瘤病毒（myxoma virus），在野兔尚未產生抗性之前，已於某些地區成功消滅九成五以上的野兔族群。澳洲目前的野兔數量約有 2 億隻。

　　不速之客。 入侵種的例子比比皆是，絕對不只野兔一種，植物、動物或微生物都能進入新的非原生環境，威脅原生物種，使其數量下降或幾近滅絕。入侵種可能在無意間或人類刻意為之的狀況下進入新環境，對新環境的適應能力強，和其他物種相比，具有高度的競爭優勢，繁殖能力尤其驚人。如果新環境中缺乏天敵，入侵種的擴散將完全不受控制。玫瑰蝸牛（Euglandina rosea）原生於南美洲，1955 年，夏威夷政府為了控制另一種入侵種——非洲大蝸牛（Africa land snail）而引入玫瑰蝸牛，且不論防治成效不彰，還連帶使夏威夷原生的歐胡樹棲蝸牛（O'ahu tree snail）受害，淪為玫瑰蝸牛的盤中飧，瀕臨滅絕危境。肉食性的玫瑰蝸牛現在是夏威夷原生蝸牛的頭號威脅。

　　原生於巴爾幹半島和波蘭的斑紋貽貝（Zebra mussel）偶然遭人流放於加拿大水域，1988 年首次出現於北美聖克來爾湖（St. Clair Lake），這種高效率的濾食者吃光當地原生物種賴以為食的藻類和小型動物，干擾原生軟體動物的攝食，頑強的黏附在任何堅硬表面上，就連水管也不放過。

莫邪菊（Carpobrotus edulis）是南非的原生植物，然而這種肉質植物已經入侵地中海區域和加州、澳洲部分地區。

參照
條目　　生態交互作用（西元1859年）。

大腦功能定位

勒內・笛卡兒（René Descartes，1596~1650 年）
弗朗茲・約瑟夫・加爾（Franz Joseph Gall，1758~1828 年）
保羅・布洛卡（Paul Broca，1824~1880 年）
愛德華・希濟格（Eduard Hitzig，1838~1907 年）
古斯塔夫・費里希（Gustav Fritsch，1838~1927 年）
大衛・費里爾（David Ferrier，1843~1928 年）

　　腦部影響思考和情緒的觀念，可以回溯至古希臘時代。法國哲學家勒內・笛卡兒相信人的靈魂位於腦中央的松果腺，然而當時教會的傳統教導盛行於世：神創造人的心智，而心智並沒有實際的存在位置。到了 1790 年代末期，德國神經解剖學家弗朗茲・約瑟夫・加爾打破傳統，正式提出腦的質地並不均勻，不同部位負責不同的腦部活動。教會和科學家們同聲譴責加爾的觀點，教會認為這是違逆宗教的邪說，科學家認為加爾缺乏證據。加爾提出的觀點中，最為人熟記者就是：「從顱骨形狀可以看出一個人的個性，以及心智和道德官能的發展程度。」說更詳細一點，是 27 種官能。加爾的顱檢查術（cranioscopy）後來發展為顱相學（phrenology），在 19 世紀早期，這是一項被庸醫拿來大肆吹噓的偽科學。

　　法國醫生、解剖學家保羅・布洛卡首度證實腦分為許多區塊，各有特定的生理功能。1861 年，他解剖「田」這位病人的腦，他語言能力逐漸喪失，而且行動癱瘓（這位病人之所以稱為「田」乃是因為無論問他什麼問題，他都只回答「田」）。解剖結果顯示田的大腦皮層額葉有一處明顯的損傷，這個區塊主要負責人的語言能力。接下來，科學家還發現更具說服力的證據。

　　1860 年代，神經學家愛德華・希濟格在普魯士軍隊工作，他發現以電流刺激受傷士兵的顱骨會造成病人眼球的不自主運動。1870 年，他和解剖學家古斯塔夫・費里希進一步研究這個現象。他們發現以電流刺激大腦半球（cerebral hemisphere），或更精準的說法，以電流刺激運動皮層（motor cortex）會使狗身體的特定部位產生不自主的肌肉收縮。到了 1873 年，蘇格蘭神經學家大衛・費里爾利用電流刺激和對腦進行破壞性損傷的方法，建構出腦的分區功能定位圖，證實腦部皮層的特定部位對應生物體的特定運動功能。

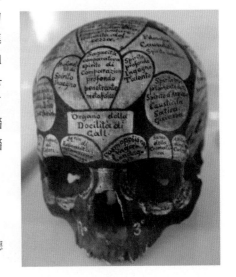

大約在 1812 年，身處於維也納的弗朗茲・約瑟夫・加爾提出觀點，認為從人的顱骨形狀可以看出一個人的個性，以及 27 種心智和道德官能的發展程度。

参照條目　笛卡爾《機械哲學》（西元1637年）；腦側化（西元1964年）。

生物擬態

費瑞茲‧穆勒（**Fritz Müller**，1821~1897 年）
亨利‧貝茨（**Henry Walter Bates**，1825~1892 年）

  自然界的把戲。1862 年，英國探險家、自然學家亨利‧貝茨結束在巴西亞馬遜雨林長達 10 年的探險旅程，檢視將近 100 種蝴蝶標本之後，他提出獨到的見解。在他帶回的蝴蝶標本中，特別引起他注意的是親緣關係疏遠，但外觀極為相似的兩科蝴蝶：一是袖蝶科（Heliconiadae），色彩鮮豔，對鳥類而言不可口的食物；另一科是粉蝶科（Pieridae），體色也很鮮豔，而且對捕食者而言是可口的食物。貝茨推測袖蝶科蝴蝶以鮮豔的體色對捕食者發出「我很難吃」的警告，讓那些曾經吃過虧的鳥類知所警惕。他同時還注意到有些可口的蝴蝶，外觀和那些不可口的蝴蝶極為相似。這就是所謂的「生物擬態」現象。

  自然界中還有其他包含擬態在內的演化適應。生物藉著模擬另一種模型生物的外觀，使其他生物誤認其為模型生物。就如無毒的游蛇可以模擬印度眼鏡蛇受威脅時擴張頸部的模樣，造成捕食者會誤以為游蛇是眼鏡蛇。據貝茨的觀察結果，其他植物和動物也有擬態的現象，有時動物和植物還會互相擬態。外觀擬態是最常見的擬態現象，然而擬態也包括聲音、氣味和行為的模擬在內。

  1878 年，德國動物學家費瑞茲‧穆勒注意到兩種親緣關係疏遠，且同樣不可口的蝴蝶具有相似的色彩圖案，且兩者都具備一定程度的防禦機制，顯然與貝茨提出的貝氏擬態（Batesian mimicry）不同。一旦捕食者學會避免取食其中一種色彩圖案的蝴蝶，必然會避免取食所有具有類似圖案的生物，這是所謂的穆氏擬態（Müller mimicry）。動物的警戒作用（aposematism）可以傳遞警告訊號（包括鮮豔的顏色、聲音、氣味或味道），提醒捕食者牠們具有第二種或更多種防禦機制，就像色彩鮮艷的箭毒蛙或臭鼬。捕食者採用攻擊性擬態（aggressive mimicry），可使自己不易被獵物發現；此外，還有類似的性間擬態（Inter-sexual mimicry），雄烏賊模擬雌烏賊的外型，以避免被其他雄烏賊發現，同時也能靠近雌烏賊。有些植物，包括蘭花在內，會模擬雌蜂和雌寄生蜂的外型來吸引雄蜂靠近，幫助花朵授粉。

羽衣袖蝶（Heliconius numata）的四種形態。右下兩種形態為有毒的紅帶袖蝶（H. melpomene），左下兩種形態則是外觀有如紅帶袖蝶，且同樣具有毒性的藝神袖蝶（H. erato）。紅帶袖蝶與藝神袖蝶間相似的警戒色，正可說明穆氏擬態。

參照條目　亞馬遜雨林（約西元前5500萬年）；動物體色（西元1890年）。

孟德爾遺傳學

查爾斯・達爾文（**Charles Darwin**，**1809~1882 年**）
格里哥・孟德爾（**Gregor Mendel**，**1822~1884 年**）

　　1859 年，查爾斯・達爾文出版《物種起源》，提出以突變和天擇為基礎的演化理論。然而達爾文本人或與他同年代的科學家，都無法解釋有利於生物的特徵究竟如何在世代之間傳衍。格里哥・孟德爾，一位默默無聞的奧古斯丁時期修道士，在高中教授體育，在布爾諾（位於現今捷克共和國內）修道院工作，他提供上述問題的答案，也奠定現代遺傳學的基礎。

　　孟德爾試圖從累代繁衍的植物雜交種中追尋植物特徵的遺傳痕跡，他之所以使用豌豆（Pisum staivum），是因為豌豆價廉，容易大量栽種，而且方便控制授粉。此外，豌豆還具有許多明顯的對比特徵，如顏色、種子和豆莢的形狀以及植株高度。孟德爾發現親本植物的特徵（例如植株的高或矮）會各自遺傳給子代。當子代接受來自親本植物的不同特徵，其中一個特徵會佔有優勢，並顯現出來，另一個特徵則呈現退化或隱藏（數十年後，科學家確認特徵遺傳是藉由基因傳遞來完成）。後來，孟德爾開始研究具有不同特徵的豌豆，並發現每一種特徵都是獨立遺傳給子代，不會影響其他特徵的遺傳。1866 年，孟德爾發表《植物雜交實驗》（*Experiments on Plant Hybrids*），詳細紀錄實驗結果。

　　孟德爾熟讀達爾文的《物種起源》，他手上的德文翻譯版寫滿密密麻麻的註解。我們並不清楚達爾文是否讀過《植物雜交實驗》，對孟德爾的著作是否熟悉，但我們知道達爾文對豌豆的變異和育種也很有興趣。孟德爾的文章內容主要以數學方式表現，可能吸引不了達爾文的注意。此外，雖然達爾文看得懂德文，孟德爾的文章對他來說還是太過艱深。如果達爾文讀過孟德爾的文章，一定能從中獲得洞見，推想天擇的生物特徵如何傳遞給下一代。可惜在 1900 年之前，達爾文和整個科學界都忽略孟德爾的文章

1905 年，英國數學家、遺傳學家瑞金諾・潘乃特（Reginald C. Punnett，1875~1967 年）發明方格法，可以用來預測植物或動物交配後，子代表型的比例（此圖以孟德爾的豌豆花色為例），生物學家藉此判斷後代具有某種特徵的機率。

拉馬克的遺傳學說（西元1809年）；達爾文的天擇說（西元1859年）；減數分裂（西元1876年）；重新發現遺傳學（西元1900年）；哈溫平衡（西元1908年）、染色體上的基因（西元1910年）；演化遺傳學（西元1937年）；雙股螺旋（西元1953年）。

參照條目

胚胎重演律

艾斯汀・塞立（**Antoine Étienne Serres**，1786~1868 年）
查爾斯・達爾文（**Charles Darwin**，1809~1882 年）
恩斯特・海克爾（**Ernst Haeckel**，1834~1919 年）

　　提到恩斯特・海克爾，免不了聯想到胚胎重演律（ontogeny recapitulates phylogeny, OPG）。海克爾來自德國，既是生物學家、自然學家，也是著名的插畫家，在耶拿大學（University of Jena）擔任比較解剖學教授 47 年。擔任教職期間，他發現數千種動植物，加以描述並為其命名，他所繪製的無脊椎動物插畫名聲響亮，同時是發育生物學界的先驅，研究生物如何從單細胞的合子生長、發育，演變為成人。

　　海克爾以 40 年前法國胚胎學家艾斯汀・塞立的理論為基礎，提出胚胎重演律。某種程度上，塞立認為高等動物的胚胎各發育階段的形態，會重演低等動物成年階段的形態。查爾斯・達爾文在《物種起源》也提到，胚胎發育對了解演化過程而言非常重要，海克爾也相當支持這樣的說法。

　　研究過幾種動物的胚胎之後，尤其是雞和人的胚胎，促使海克爾在 1866 年發表胚胎重演律——又稱重演說（recapitulation theory）、生源論（biogenetic law）——認為任何物種的胚胎發育都會重演該物種演化的過程。他畫出人類胚胎和雞胚胎在頸部發育過程中出現的裂縫和弓形構造，對照成魚的鰓裂和鰓弓，使他推測這三種生物具有共祖。同樣的，人類胚胎發育到後期也會出現類似尾巴的構造，只不過在出生前就會消失。

　　為了支持自己的理論，海克爾畫許多物種的胚胎，畫出胚胎發育的過程，形態的演變，以及彼此的相似性和多樣性。這些插畫的重點要指出：不同物種在胚胎發育早期都很相似。然而批評者認為海克爾的理論過度簡化、誇大其辭、錯誤百出。雖然構成海克爾胚胎重演律的元素並沒有錯，但胚胎重演律已然是個笑話，無法為現代胚胎學家所接受。儘管如此，我們讀過的生物教科書，有許多引用胚胎重演律，而這些書中以海克爾的胚胎插畫來作為支持演化論的證據，更是屢見不鮮。

恩斯特・海克爾在 1904 年出版《自然界的藝術形態》（*Art Forms of Nature*）所繪的海星發育過程，用以支持他的理論：物種的胚胎發育，都會重演該物種演化的過程。

參照條目 達爾文的天擇說（西元1859年）。

血紅素和血青素

費德里奇・胡菲爾德（Friedrich Ludwig Hünefeld，1799~1882 年）
菲利克斯・霍帕—塞勒（Felix Hoppe-Seyler，1825~1895 年）
西奧多・斯維德伯格（Theodor Svedberg，1884~1971 年）

　　血液運送養分和氧氣給細胞，並帶走細胞新陳代謝後產生的廢棄物，即二氧化碳。氧氣透過肺或鰓進入生物體內，釋放後的氧氣與產生能量的營養物質發生氧化反應。氧氣難溶於水或血液中，因此血液需要額外的物質來增加攜氧能力，呼吸色素（respiaratory pigment），即含有金屬的蛋白質——血紅素（hemoglobin）及血青素（hemocyanin）——正好能滿足這項需求，兩者分別為紅色和藍色。

　　幾乎所有脊椎動物，和多數無脊椎動物體內都含有血紅素，是紅血球的主要成分。血紅素是一種含鐵的蛋白質，在 1840 年由費德里奇・胡菲爾德發現。1866 年，菲利克斯・霍帕—塞勒這位現代生物化學的先驅，發現氧氣和紅血球的結合是可逆反應，且必須有血紅素的存在兩者才能結合。當脊椎動物的血液中氧氣量已達飽和，血液會呈現鮮紅色。哺乳類體內的氧氣和血紅素結合後，氧氣的溶解度會增加七倍。

　　而含銅的血青素則是多數軟體動物（例如蛞蝓、螺）和節肢動物（甲殼動物、鱟、蠍、蜈蚣，罕見於昆蟲）體內負責攜帶氧氣的物質。因為含銅，所以含氧的血青素呈現藍色，1927 年由瑞典化學家西奧多・斯維德伯格首度發現其存在。

　　血紅素和血青素具有相同的呼吸功能，差別僅在兩種於循環液體中各有不同的運輸方式。血紅素和紅血球的結合發生在血管裡，是密閉的循環系統，氧氣擴散進入微血管，再進入細胞周圍的組織間液。相反的，負責運輸氧氣的血青素並不會和血球結合，而是懸浮在血淋巴之中，血淋巴猶如開放式的循環系統，血球浸潤其中。有些昆蟲仍具有簡單的開放性循環系統，血淋巴內並不含負責攜氧的分子。。

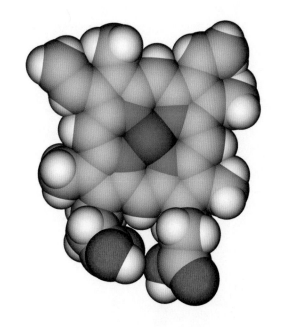

血基質是一種化學物質，由大型有機環形分子：紫質，環繞著一顆鐵離子而組成。此圖為血基質 B 的空間填充三維立體模型構造，是組成血紅素和肌紅素的重要元件。

參照
條目　節肢動物（約西元前5.7億年）、肺循環（西元1242年）、新陳代謝（西元1614年）、哈維《心血運動論》（西元1628年）、血球（西元1658年）、血型（西元1901年）、血液凝結（西元1905年）。

去氧核糖核酸（DNA）

弗雷德里希‧米歇爾（Friedrich Miescher，1844~1895 年）
艾布瑞契‧科塞爾（Albrecht Kossel，1853~1927 年）
費博斯‧李文（Phoebus Levene，1869~1940 年）
奧斯瓦‧埃弗里（Oswald T. Avery，1877~1955 年）
爾文‧查加夫（Erwin Chargoff，1905~2002 年）
法蘭西斯‧克里克（Francis Crick，1916~2004 年）
羅莎琳‧法蘭克林（Rosalind Franklin，1920~1958 年）
詹姆士‧華生（James D. Watson，1928 年生）

　　1869 年，DNA 開始出現於科學界，毫無疑問是所有化學家和生物學家最熟悉的分子。當時，在德國工作的瑞士物理學家、生物學家弗雷德里希‧米歇爾對細胞核的化學性質極感興趣，從當地醫院病人繃帶上遺留的膽汁，取得淋巴細胞進行研究。化學分析的結果無法找出米歇爾期待看見的蛋白質，他稱這種未知的新物質為核素（nuclein）。

　　19 世紀的最後 10 年，德國生化學家艾布瑞契‧科塞爾從細胞核中分離出米歇爾稱之為核素的物質，並且加以描述後重新命之為「核酸」，透過後續分析還發現其中共含五個有機基：腺嘌呤（adenine, A）、胞嘧啶（cyosine, C）、鳥嘌呤（guanine, G）、胸嘧啶（thymine, T）、尿嘧啶（uracil, U），科塞爾稱之為鹼基（necleobase），這項發現也讓他獲得 1910 年的諾貝爾獎。後來，科學界發現核酸其實有兩種：去氧核糖核酸（deoxyribonucleic acid）及核糖核酸（ribonucleic acid）。

　　費博斯‧李文在家鄉俄羅斯接受醫學訓練，然而受到宗教迫害的他只好於 1893 年前往美國，繼續行醫並研究生物化學。自結核症恢復之後，李文跟著科塞爾一起工作，經過數十年，到了 1930 年代中期，於洛克斐勒研究中心工作的李文正確指出核酸與糖（去氧核糖及核糖）、磷酸基相連在一起，他

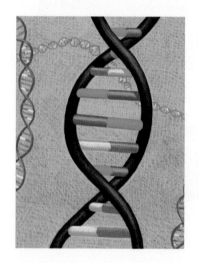

把這樣的結構稱為核苷酸（nucleotide），然而對於它們之間的鍵結方式，李文的描述卻是錯的。到了 1940 年代晚期，奧斯瓦‧埃弗里的研究讓科學界普遍接受 DNA 和遺傳有關的觀念，但 DNA 的化學結構仍是科學界的一大謎團。

　　奧地利生物學家爾文‧查加夫在 1930 年代離開納粹德國，前往哥倫比亞大學分析 DNA 鹼基的化學結構。1950 年，他發現每種生物體內的 DNA 數量不盡相同，但是 A、T 和 C、G 的數量幾乎一樣。1953 年，法蘭克林、華生和克里克發現 DNA 的雙股螺旋構造（double helix），解開 DNA 之謎的最後一章。

DNA 結構的簡單示意圖，兩條生物聚合物形成的長鏈彼此交纏，形成雙股螺旋的構造，藉由鹼基彼此連結。

參照條目　細胞核（西元1831年）；DNA攜帶遺傳資訊（西元1944年）；雙股螺旋（西元1953年）。

性擇

查爾斯・達爾文（Charles Darwin，1809~1882 年）

查爾斯・達爾文於 1859 年出版《物種起源》，提出演化是根據天擇而來的觀點。雖然書中僅以非常委婉的方式稍微帶過人類演化的部分，暗指這個問題未來再談，但這足以引起各方爭議。《物種起源》暗指人類是從較低等的生物演化而來，並直接挑戰《創世紀》的說法。12 年後，達爾文在其著作《人類的由來及性擇》（*The Descent of Man, and Selection in Relation to Sex*，1871 年），把演化論的觀點延伸到人類身上。

《人類的由來及性擇》有兩卷，共 900 頁。在第一卷中，達爾文試圖提出證據說明所有人類其實都是同種生物，並且自外形如猿的共祖演化而來，其他生物也是如此。1871 年尚未有任何人類化石出土，然而達爾文注意到人類和其他靈長類動物之間的共通點，他認為心智和情緒並非是人類獨有的特色，其他高等動物也具有不同程度的心智和情緒。

接下來，從演化論的觀點出發，為了全人類的共通性和平等性，達爾文嚴正拒絕接受當時有許多主流科學家擁護，認為人種由不同支系演化而來，各自獨立，且有些人種較為低下的人種多元論（polygenesis）。達爾文支持一元發生論（monogenesis），即所有人類都來自共同起源，而膚色、髮型等人種之間的差異，其實非常細微，整體來看，各人種間的親緣關係非常相近。

在《物種起源》，達爾文首次簡短提到性擇的理論基礎，在《人類的由來及性擇》也廣泛解釋性擇與人類及動物的關係。既然生存是天擇的驅動力，那麼生殖則是性擇的驅動力。達爾文想像兩種生殖困境：一是同性個體必須競爭異性個體；一是必須想辦法吸引異性個體，雄性個通常要爭取雌性個體的注意，而雌性個體具有伴侶的選擇權。

1871 年刊登在諷刺雜誌《大黃蜂》（*The Hornet*），暗指查爾斯・達爾文式人猿的圖片。

參照 條目 靈長類動物（約西元前6500萬年）；晚期智人（約西元前20萬年）；達爾文的天擇說（西元1859年）；親代投資與性擇（西元1972年）；最古老的DNA和人類演化（西元2013年）。

共演化

查爾斯・達爾文（Charles Darwin，1809~1882 年）
荷曼・繆勒（Hermann Müller，1829~1883 年）

在同時具有其他物種的環境中，物種能否生存，端看其是否能在這樣的環境中繁盛。以捕食者—獵物的關係為例，捕食者若演化出能夠增加殺戮能力的特徵，就會成為天擇青睞的對象。為了對抗捕食者的優勢，獵物必須演化出能夠不被捕食者發現和能夠成功脫逃的特徵，有時還得用上物理或化學的防禦機制。如此，演化策略可謂「進化軍備競賽」（Evolutionary arms race）。

根據天擇說的理論基礎，如果捕食者的攻擊能力增加，獵物就必須演化出對應的防禦機制，才能確保物種的生存。植物和昆蟲之間就有許多類似的例子。植物可能使用化學防禦的方式嚇退植食性昆蟲，如此可能使昆蟲演化出新陳代謝的新能力，中和植物化學物質的毒性，而繼續刺激植物發展更有效的化學趨避物質。

然而經典的共演化例子中，有些則是起源於植物和授粉昆蟲（例如蜜蜂），或開花植物與蝙蝠、昆蟲等授粉者之間彼此互利的特殊關係。需要蛾幫助授粉的植物和蛾之間的共演化關係非常密切，致使植物演化出相當於蛾口喙長度的花粉管。檢視過馬達加斯加蘭的大小和形態之後，達爾文推測只有口喙長度 28 公分的蛾才有辦法幫助這種植物授粉。約 40 年後，那時達爾文也已過世幾十年，這種蛾才被人發現。

共演化指的是關係物種間發生互相回應的演化改變。達爾文曾在《物種起源》書中簡短提到這個現象，後在《人類的由來及性擇》（1871 年）提出更廣泛的解釋。在《人類的由來及性擇》一書，達爾文引用德國生物學家荷曼・繆勒的著作。繆勒是研究共演化現象的先驅，研究主題是蜜蜂和花的演化，其研究結果都記載於 1873 年首次出版的《植物授粉》（*The Fertilization of Flowers*），10 年後被翻譯為英文版再度發行。

需要蛾幫助授粉的植物和蛾（如圖的長喙天蛾）之間的共演化關係非常密切，致使植物演化出相當於蛾口喙長度的花粉管。

 參照
條目　植物防禦草食動物（約西元前4億年）；種子植物（約西元前1.25億年）；達爾文的天擇說（西元1859年）；生態交互作用（西元1859年）；性擇（西元1871年）。

先天與後天

約翰‧洛克（John Locke，1632~1704 年）
法蘭西斯‧高爾頓（Francis Galton，1822~1911 年）

　　人體有些特性由基因決定，例如眼球顏色、血型、完美音準和回憶聽過音符的能力。然而在人體特性的發展過程中，先天和後天究竟有多少影響力，是自古希臘時代就爭議至今的話題。17 世紀哲學家約翰‧洛克認為人出生時心靈就像一塊白板，沒有任何心理內容，人的任何特質，例如個性、社交行為、情緒行為以及智力，都是受環境影響而形成的。如今，我們對先天與後天的了解，都要拜法蘭西斯‧高爾頓在 1874 年大力推廣之賜，他認為絕大部分的智力是透過遺傳而來，並提倡利用優生學來改善人類族群的基因庫。

　　先天與後天之間究竟有沒有中間地帶？在我們考慮這個問題之前，必須先問問自己對先天與後天的了解。所謂「先天」指的是遺傳組成造成的影響，最主要影響我們的生理特性；所謂「後天」，在過去僅指環境造成的影響，如今廣泛包括家族、同儕和社經地位對一個人造成的影響。如果環境對人的特性或行為不會造成影響，那麼同卵雙胞胎即便是分開養育的，也應該在各方面都如出一轍，然而事實並非如此。性向，究竟是先天遺傳得來的特質，或後天從環境中學來的行為，是近來沸沸揚揚的熱門爭議。

　　許多常見的疾病，例如糖尿病、心臟病、癌症、酒精中毒、精神分裂症、躁鬱症都和遺傳有關，然而飲食、運動和抽菸也會對這些病症產生正面或負面的影響。表觀遺傳學正是研究這兩種因子交互作用的學科：環境如何影響基因表現？人類基因體計畫（Human Genome Project）最主要的目的就是找出和人類疾病相關的基因，並判斷環境因素對於這些疾病的發生有多大影響。

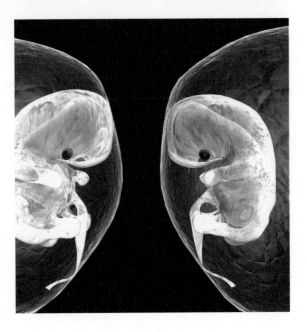

遺傳因素、非遺傳因素及環境因素對人類特性的影響程度究竟有多大，始終是爭議不斷的話題。針對雙胞胎進行研究——尤其是具有相同遺傳背景，但分開養育的的同卵雙胞胎——說明即便遺傳背景相同，依然會產生不同結果，代表環境因素的影響，及生活形態的不同，都會造成同卵雙胞胎的差異。

參照條目　孟德爾遺傳學（西元1866年）；優生學（西元1883年）；重新發現遺傳學（西元1900年）；先天性代謝異常（西元1923年）；人類基因體計畫（西元2003年）；表觀遺傳學（西元2012年）。

生物圈

愛德華・休斯（Eduard Suess，1831~1914 年）
弗拉迪米爾・維爾納斯基（Vladimir I. Vernadsky，1863~1945 年）

著名的奧地利地質學家愛德華・休斯在 1875 年首度提出生物圈的觀念，所謂生物圈即代表「地球表面上有生命存在的地方」。俄羅斯礦物學家、地質學家弗拉迪米爾・維爾納斯基以修斯的觀念為基礎，將其發揚光大。1926 年，他在著作《生物圈》（La biosphere）提到，生物圈應還包含地質、化學和生物元素在內。維爾納斯基預想生物圈中含有兩種物質：生命和隨時間保存下來的非生命物質（例如礦物）。他認為正如非生命物質乃是由生物轉變而來，生物圈會因為人類的認知有發生轉變，因此生命和人類的認知是地球演化不可或缺的元素。

如今，生物圈的範圍已延伸到太空，或地球表面附近含有生物，或能夠支持生物生存的環境，同時也包括生物死亡後留下的遺骸。生物圈是生態學和生物學的核心觀念，象徵著高層次的生物組織，並含括地球上所有生物多樣性，從簡單的分子到細胞內的結構（胞器）、生物、族群、群落，以及陸生和水生生態系。

環境必須符合某些條件，生物才能夠生存，這些條件包括氣溫、濕度，此外，生物還需要能量和營養。從死去的生物遺骸或者活體細胞的廢棄物中回收營養物質，轉換為化合物，成為其他生物的食物來源。地球大氣中的氧、氮和二氧化碳都是生物程序的產物，首度提出這種觀念的人正是維爾納斯基。自從 39 億年前地球上首次出現單細胞生物後，生物圈就開始演化，當時地球大氣中富含二氧化碳，環境和鄰近的金星及火星很相似。植物分解二氧化碳，釋出氧氣，造就富含氧氣的大氣層，可供生物呼吸；以及平流層的臭氧（O_3），保護地球上的生物不受紫外輻射的傷害。

1984 年，乘坐挑戰者號太空梭的太空人羅伯特・史都華，距離地球大氣層幾公里之外，測試手動控制的太空人機動裝置。這套裝置使太空人能夠自在漫遊於太空中，不需要繫繩。

參照條目 生命的起源（約西元前40億年）；原核生物（約西元前39億年）；陸生植物（約西元前4.5億年）；植物營養（西元1840年）；光合作用（西元1845年）；生態交互作用（西元1859年）；全球暖化（西元1896年）。

西元 1876 年

減數分裂

奧古斯特・魏斯曼（August Weismann，1834~1914 年）
奧斯卡・赫特維希（Oscar Hertwig，1849~1922 年）

　　14 億年前，真核生物演化出減數分數的過程，既可以減少有性生殖時所需要的染色體數量，又能夠容許遺傳物質產生變化，推動生物的演化。1876 年，奧斯卡・赫特維希率先發現海膽的卵在行減數分裂時，細胞核和染色體減數各自扮演的角色，他還注意到精卵會發生融合，且精卵的細胞核各自提供遺傳物質給子代。1890 年，奧古斯特・魏斯曼繼續前人的研究，並發現減數分裂必須包含兩次細胞分裂的過程，才能使染色體數目保持恆定。減數分裂（meiosis）的拉丁文原意就是「減少」的意思，有性生殖過程中，子細胞的染色體數目會減半。

　　親代的遺傳物質透過 DNA 所蘊含的遺傳密碼傳遞給子代。原核生物（細菌）和少數行無性生殖的真核生物，只需要單一親代經由細胞分裂，就能夠產生具有相同遺傳背景的子代，不管特徵好壞，子代照單全收。相反的，在多數真核生物所採用的有性生殖中，親代雙方都必須貢獻各自的基因。二倍體（diploid）的原始生殖細胞，其 DNA 纏繞於染色體中，進行 DNA 複製時，必須經過兩次細胞分裂，產生具有單倍體（haploid）的配子（gamete）。每個配子具有一套完整的染色體，受精過程中異性配子融合之後便形成具有兩倍體的細胞，或稱合子（zygote）。

　　有減數分裂才有演化。減數分裂過程中，基因會直接產生交換，導致基因重組，對偶基因（allele）產生混合，子代體內獨特的遺傳組成來自親代雙方，卻又異於任一親代的遺傳組成。這般的遺傳多樣性創造子代在面臨天擇時，能有改變命運的機會。天擇飾演化的基礎，讓生物能夠在充滿變化和挑戰的環境中存活下來。

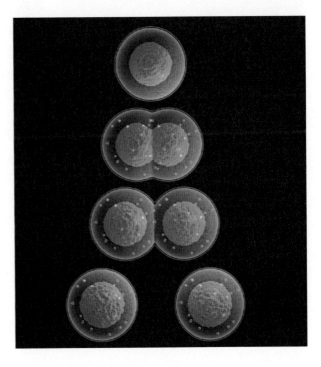

減數分裂的過程中，親代雙方提供的基因會發生重組，導致子代具有獨特的遺傳組成，造就演化發生的機會。

參照條目 原核生物（約西元前39億年）；真核生物（約西元前20億年）；細胞核（西元1831年）；達爾文的天擇說（西元1859年）；有絲分裂（西元1882年）；染色體上的基因（西元1910年）；DNA攜帶遺傳資訊（西元1944年）。

生物地理學

查爾斯・達爾文（Charles Darwin，1809~1882 年）
阿爾弗雷德・華萊士（Alfred Russel Wallace，1823~1913 年）

在 19 世紀，阿爾弗雷德・華萊士可謂當時最偉大的自然學家、探險家和生物學家。他勤於發表著作，撰寫 22 本書和幾百篇科學論文，同時還是生物地理學的研究先驅。生物地理學是一門研究動植物分布的學科。可惜在接下來的 20 世紀，他的光芒被發表演化論的查爾斯・達爾文所掩蓋。華萊士不像達爾文有富裕的家境能夠支持他全心投入研究和寫作，只能販賣自己收集的許多標本、四處演講和積極寫書來支撐家計。

華萊士很早就嚮往探索自然世界，1842 至 1852 年，他前往亞馬遜雨林收集大量標本，然而多數標本在他返航回英國的船程中，隨著一場船火付之一炬。1854 年他再度啟航，這次的目標是馬來群島，他在那裡待八年，研究當地種類無數的動物和植物，也使他從中思索出透過天擇的演化機制，和 1850 年代的主流思想背道而馳。達爾文在 1859 年正式發表演化論之前，曾和當時人還待在馬來西亞時的華萊士共同發表有關演化的論文。

華萊士的足跡遍布馬來群島，他發現儘管馬來群島西北和東南區域的地形、氣候都很相近，但動物種類卻相當不同。蘇門答臘和爪哇島上的動物種類和亞洲地區較為近似；而新幾內亞島上的動物種類則近似於澳洲。馬來群島各小島之間界線明顯——後被稱之為華萊士線（Wallace line）——自絕於與亞洲和澳洲兩塊大陸。1874 年，他依據地理特性和動物種類，將全世界劃分為六個地理區，詳述於其在 1876 年出版的經典著作《動物的地理分布》（*Geographical Distribution of Animals*），這本書被視為實用的動物導覽《聖經》，告訴讀者在哪裡可以找到什麼動物。1880 年，華萊士出版《島嶼生活》（*Island Life*），檢視三種不同類型的島嶼，及生活其上的動植物。

19 世紀中期，華萊士踏遍馬來群島。這是一張古老輿圖。

參照條目 亞馬遜雨林（約西元前5500萬年）；達爾文及小獵犬號航海記（西元1831年）；達爾文的天擇說（西元1859年）。

海洋生物學

亞里斯多德（**Aristotle**，西元前 384~322 年）
查爾斯・達爾文（**Charles Darwin**，1809~1882 年）
查爾斯・威維爾・湯森（**Charles Wyville Thompson**，1830~1882 年）

19 世紀末之前，人類對海洋生物學的認知範疇僅止於海面下幾噚的深度和淺水海域。儘管如此受限，亞里斯多德仍描述幾種海洋生物。1831 年，查爾斯・達爾文乘著小獵犬號出航時，發現珊瑚礁、浮游生物和藤壺（barnacle）。

1872 至 1876 年，挑戰者號環球考察的航程，使人類對海洋生物的了解有巨大改變，這是有史以來第一次為了研究海洋科學而出航的船隻（此外，挑戰者號還激發人類利用海洋的靈感，像是搭設通訊用的海底電纜）。1860 年代末期，愛丁堡大學教授，來自蘇格蘭的海洋生物學家查爾斯・威維爾・湯森因為研究海洋無脊椎動物而聲名大噪，獲選為挑戰者號考察航程的科學總監。挑戰者號原屬於英國皇家海軍，後來改造為科學研究船，這趟環球考察航程跋涉近 3 萬公里，鑑定 4700 多種新的海洋生物，也推翻 550 公尺以下深海區域沒有生物的說法。航程中也對對海流和溫度進行系統性的紀錄，繪製海底地圖，並發現世界上最長的山脈：大西洋中洋脊（Mid-Atlantic Ridge）。

1873 年，湯森根據這趟航程的發現，撰寫《海底深處》（*The Depth of the Sea*），是科學界有關海洋生物學的早期著作。1877 年，載譽而歸且受封爵士的湯森開始撰寫共 50 卷、3 萬頁的鉅著《挑戰者號航行記》（*The Voyage of the Challenger*）。這趟航程，湯森將注意力放在海洋生物的收集、描述及分類方式，利用新發展出來的方法捕捉並保存標本，供未來研究之用。

當代的海洋生物學研究主題聚焦於：生物如何適應海水的化學及物理性質？海洋的各種現象如何控制海洋生物的播遷？其中最引人注意的則是有關海洋生態的研究，了解海洋中捕食者與獵物的關係，以及這樣的關係組織成的食物鏈及食物網。

攝於 1874 年 7 月，照片中來自東加的船員正是挑戰者號環球考察航程的隊員之一。挑戰者號是史上第一艘海洋探險船，探險隊成員包括官派攝影師和藝術家。

參照條目　珊瑚礁（約西元前8000年）；亞里斯多德《動物誌》（約西元前330年）；達爾文及小獵犬號航海記（西元1831年）；食物網（西元1927年）。

酵素

威廉・屈內（**Wilhelm Kühne**，**1837~1900** 年）
愛德華・布赫納（**Eduard Buchner**，**1860~1917** 年）
詹姆士・桑諾（**James B. Summer**，**1887~1955** 年）

　　少了酵素，生命無法維持。活體細胞內要進行無數的化學反應：新細胞汰換老舊的細胞；簡單的分子鍵結成複雜的分子；食物經過消化轉換為能量；廢棄物必須排出；還有細胞生殖。這些反應包含建構與分解，通稱為新陳代謝。每一種反應的發生，都需要一定程度的能量供給（即活化能），缺乏能量，反應無法自行發生。而酵素的存在——通常為蛋白質或 RNA ——可以減少反應所需的活化能，並使反應速率增加百萬倍。反應發生的過程中，酵素不會減少，化學性質也不會改變。

　　生物體內每一種化學反應都是某種途徑或某種循環的其中一節，多數酵素具有極高的專一性，只針對反應途徑中的一種受質（反應物）發揮作用，產生新陳代謝過程中需要的產物。生物活體細胞類有 4000 種以上的酵素，大部分都是蛋白質，具有獨特的立體構型，使酵素具有獨特的專一性。酵素的命名通常是在受質的英文字尾加上「ase」，不過在化學相關的文獻中，會有另外的特殊指稱。

　　17 世紀末、18 世紀初，人們只知道胃的分泌液可以消化肉類，而唾液和植物萃取液可以使澱粉分解成簡單的醣類。1878 年，德國生理學家威廉・屈內首次創造出「酵素」（enzyme）這個名詞，用來

指稱他發現的蛋白質酵素——胰蛋白酶（trypsin），到了 1879 年，柏林大學的愛德華・布赫納首度證明酵素在活體細胞外依然可以發揮功用。1926 年，在康乃爾大學研究刀豆的詹姆士・桑諾完成人類史上第一次分離酵素尿毒酶（urease），並使之析出結晶，並提出決定性的證據證實其為蛋白質。桑諾也是 1964 年諾貝爾化學獎的共同得主。

部分抗癌藥物和抑制免疫系統的藥物以嘌呤核苷磷酸化酶（purine nucleoside phosphorylase, PNP）為作用目標，這種酵素可以清理 DNA 分解過程中遺留的某些廢棄物。此圖為電腦軟體產生的 PNP 模型。

參照
條目　新陳代謝（西元1614年）；人類消化系統（西元1833年）；先天性代謝異常（西元1923年）；蛋白質的構造與摺疊（西元1957年）。

向光性

查爾斯・達爾文（**Charles Darwin**，**1809~1882** 年）
法蘭西斯・達爾文（**Francis Darwin**，**1848~1925** 年）
尼可萊・柯列德尼（**Nikolai Cholodny**，**1882~1953** 年）
弗里茨・溫特（**Frits Warmolt Went**，**1903~1990** 年）

　　查爾斯・達爾文及其子法蘭西斯，對植物的向光性感到好奇。在相關的研究中，他們測試金絲雀草（canary grass）的莖幹周遭的中空子葉鞘（coleoptile）。這對父子發現當子葉鞘的尖端遭到覆蓋，植物的向光反應就會消失。進一步研究後，他們發現子葉鞘的尖端對光最為敏感，而彎曲的現象則發生在子葉鞘的中部。查爾斯在《植物運動的力量》（*The Power of Movement in Plants*，1880 年）敘述這些觀察的結果，奠定後世發現植物生長素（auxin）的基礎，這是人類發現的第一種植物荷爾蒙。

　　荷裔美國生物學家弗里茨・溫特還是研究生的時候，便據達爾文的發現加以擴展。溫特認為子葉鞘的尖端含有具感光性的化學物質，他稱之為植物生長素，其化學結構為吲哚乙酸（indoleacetic acid, IAA）。1927 年，溫特和基輔大學的尼可萊・柯列德尼各自發現植物生長素是一種幫助植物生長的荷爾蒙，集中在植物體離光源最遠的地方，也就是莖的背光面。植物生長素可以活化胞壁擴張蛋白（expansin），弱化植物莖幹細胞的細胞壁。背光的細胞生長的速度比向光的細胞快，造成莖往光源方向彎曲。柯列德尼─溫特理論認為植物在白天時必須伸展葉片，以便進行光合作用，依此解釋植物向光性，然而這一點至今依然飽受爭議。

　　如果將植物橫倒放在地面上，植物依然是枝條往上生長，根系往下生長。植物的生長激素（somatotropin）除了影響植物的向光性，還會影響植物的向地性（geotropism），相較於子葉鞘較接近地面的部分，較遠離地面的部位會累積較多植物生長素，使植物根系往地面生長。

　　植物生長素還有其他的方式可以促進植物生長，例如影響植物生長的程度和形態。植物生長素生成於植株的尖端部位會開始往下移動，造成植物枝條的細胞延長，並會影響分枝的過程。當植物枝條尖端的植物生長素開始減少，即代表這根枝條的生產力開始下降，此時植物生長素會重新分配，往生產力旺盛的枝條流動。

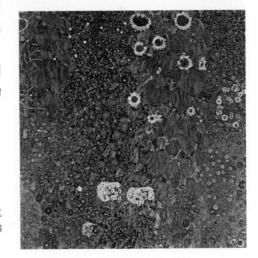

向日葵的花芽具有向光性。早晨時，向日葵的花芽面向東方，一整天隨著太陽方位而移動，隔天早上又回到向東的面向。此圖為奧地利藝術家古斯塔夫・克林姆（Gustav Klimt，1862~1918 年）於 1905 至 1906 年所繪的《農場上的向日葵》。

參照條目 陸生植物（約西元前4.5億年）；光合作用（西元1845年）；酵素（西元1878年）；人類發現的第一種荷爾蒙：胰泌素（西元1902年）。

有絲分裂

格里哥·孟德爾（Gregor Mendel，1822~1884 年）
華爾特·佛萊明（Walther Flemming，1843~1905 年）

　　細胞學說的基本主旨：所有的細胞都源自於原先存在的細胞，也是所有生物具備生殖能力的特徵。德國解剖學家華爾特·佛萊明是細胞遺傳學領域的先驅，研究細胞的遺傳物質：染色體，是他的研究奠定我們對細胞分裂的了解基礎。

　　1879 年，他以苯胺（aniline）替細胞染色，藉此看見蠑螈胚胎細胞中的細胞核結構，核內有一團纏繞的絲狀物質，他稱之為染色質（chromatin）。佛萊明還觀察到這些成對的絲線——後被命名為染色體——會沿著縱向分裂成兩半，每一半未配對的染色質會各自往細胞的兩側移動，他稱這樣的過程為有絲分裂（mitosis），並在他的著作《細胞質、細胞核及細胞分裂》（*Cell-Substance, Nucleus, and Cell-Division*，1882 年）中詳加描述。後代的科學家發現有絲分裂一結束——包含核內染色體分離，一共有六個明顯的階段——親本細胞便分裂為兩個子細胞，每個子細胞具有和親本細胞完全相同的遺傳物質，正是所謂的細胞質分裂（cytokinesis）。

　　佛萊明既沒有注意到格里哥·孟德爾的研究工作，和他所提出的遺傳定律；也沒有發現生物的特徵，是藉著染色體中的基因傳遞給下一代。直到 20 世紀初，科學界才確知基因就是遺傳的基本單位，此前，這兩人的研究工作一直默默無聞。

　　有絲分裂是所有生物體內最基本的生物程序，舉凡細胞數量的增加，和所有單細胞生物的繁殖，都要依賴有絲分裂。有絲分裂還能修復受傷或耗損嚴重的細胞及組織。更甚者，有絲分裂的相關研究引領幹細胞科技的發展，利用未分化的幹細胞分裂成特定的組織。因此不難了解有絲分裂和染色體的發現，名列細胞生物學領域最重要的 10 大發現，在科學界的百大發現中也佔有一席之地。

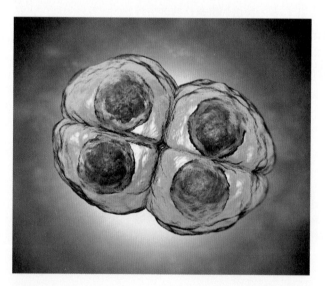

有絲分裂是生物體內最重要的程序，親本細胞會分裂成兩個一模一樣的子細胞。

參照條目　細胞學說（西元1838年）；孟德爾遺傳學（西元1866年）；減數分裂（西元1876年）；重新發現遺傳學（西元1900年）；誘導性多功能幹細胞（西元2006年）。

約西元 **1882** 年

溫度接收

喬漢・瑞特（**Johann Wilhelm Ritter**，1776~1810 年）

　　將核心體溫維持在一定的範圍內，讓生化和生理反應能夠進行，是動物生存的關鍵能力。感溫能力讓動物得以偵測外在環境的溫度和內在環境的溫度（即體溫或核心體溫）。內溫動物（通常又稱溫血動物），例如鳥和哺乳類動物，需要穩定的體溫才能生存，並藉由新陳代謝的過程產生絕大部分的體熱。相反的，外溫動物（即所謂的冷血動物），例如部分魚類、兩棲動物和爬蟲類的體溫，則是隨外在環境的熱源而變化。多數昆蟲為外溫動物，飛行中的昆蟲會產生大量體熱，必須想辦法使之散失，才能維持正常的體溫。

　　1801 年，德國化學家、物理學家喬漢・瑞特首次提出證據，證實冷與熱隸屬於感官品質（sensory quality），是四種觸覺中的其中兩種。1880 年代早期有許多科學家注意到皮膚上的感官接收器對溫度具有選擇性的敏感程度，這些接收器就是溫度感受器（thermoreceptor）。1936 年，科學家在貓的舌頭上找到的單一條神經纖維，偵測到其回應冷熱刺激所發出的電訊號；1960 年，在人類的皮膚上發現相同的現象。

　　一般而言，溫度感受器位於動物身體的外層，根據動物種類的不同，對不同範圍的溫度和溫度變化的速率具有選擇性敏感度。鳥類和哺乳類動物下視丘的溫度感受器可以促進產熱或散熱的過程，使內在體溫保持在正常範圍內。

　　包括響尾蛇在內的凹紋頭毒蛇，其眼睛前方和下方具有能感受獵物體溫的小孔，同時還能藉此判斷獵物的方向和距離。多數昆蟲的溫度感受器位於觸角之上。吸血性的昆蟲，例如蚊子和蝨子，受害動物的體溫是刺激牠們吸血的主要影響因子，並導引牠們的飛行方向。

這隻出沒於夏威夷和東非的傑克森變色龍（Trioceros jacksonii），牠的體溫會隨著外在環境的熱源而變化。

參照條目　兩棲動物（約西元前3.6億年）；爬蟲動物（約西元前3.2億年）；哺乳類（約西元前2億年）；鳥類（約西元前1.5億年）；新陳代謝（西元1614年）；體內恆定（西元1854年）；負回饋（西元1885年）。

先天性免疫

艾利・梅契尼科夫（Élie Metchnikoff，1845~1916 年）

　　1882 年，在西西里島擁有一座私人實驗室的俄國動物學家艾利・梅契尼科夫，正在美西納（Messina）海灘漫步，發現一枚海星，他用玫瑰刺刺穿海星。隔天，他發現海星的細胞覆滿玫瑰刺，彷彿要吞下這些刺，這景象令他大吃一驚。梅契尼科夫稱這種現象為吞噬作用（phagocytosis），是多數脊椎動物、無脊椎動物、微生物和植物對抗病原菌或外來細胞時所發展的早期立即性防線，具有廣闊的生物意義，不僅僅侷限於海星。海星是一種原始的無脊椎動物，6 億年來幾乎沒有改變，是研究免疫系統演化的好材料。梅契尼科夫是首位發現先天性免疫的科學家，並因此在 1908 年獲得諾貝爾獎。

　　先天性免疫是一種快速的非專一性反應，不需要預先接觸到外來生物或其細胞，且具備多種廣泛的防禦模式：生物面對病原菌的威脅時，第一道防線是身體的物理屏障，例如皮膚、外殼、黏液、腸道和呼吸系統的細胞。吞噬作用可由嗜中性細胞（neutorphil）、哺乳類動物的白血球和組織內巨噬細胞（macrophage）來發動。傷口釋放出的化學物質會引發發炎反應，阻止感染範圍繼續擴大。接著，含有 30 種以上蛋白質（例如自然殺手細胞和干擾素）的補體系統（complement system）上場，負責摧毀、消滅入侵者。

　　先天性免疫和後天性免疫——僅哺乳類動物具有後天性免疫系統，且只有在接觸到病原菌或外來細胞之後才會觸發——發揮的前提建立在受威脅的動物能夠分辨自體細胞與外來細胞。以先天性免疫為例，一旦偵測存在於微生物體內而非動物體內的樣式辨識分子（pattern recognition molecule），便會觸發一系列的免疫反應，就像被梅契尼科夫刺穿的海星一樣。

6 億年來，沒有任何演化紅海星（Fromia elegans）能夠藉著原始的先天性免疫——吞噬作用——來移除病原菌。

參照條目　淋巴系統（西元1652年）；後天性免疫（西元1897年）；艾爾利希的側鎖說（西元1897年）；獲得性免疫耐受性與器官移植（西元1953年）。

遺傳生殖質說

尚—巴蒂斯·拉馬克（**Jean-Baptiste Lamark**，**1744~1829 年**）
奧古斯特·魏斯曼（**August Weismann**，**1834~1914 年**）

從古希臘時代開始，人類認為親本使用或不使用某項身體特徵，會遺傳給子代，而 19 世紀的尚—巴蒂斯·拉馬克正式提出這個觀念。整個 19 世紀，拉馬克的遺傳理論和融合遺傳蔚為風尚。來自德國的奧古斯特·魏斯曼名列史上最偉大的生物學家之一，他以一場戲劇性的實驗大大削減拉馬克遺傳理論的支持度：他連續截除五代共 901 隻老鼠的尾巴，沒有發現任何一隻老鼠出生時沒有尾巴，且第五代老鼠的尾巴長度和第一代老鼠的尾巴長度一樣長。魏斯曼並沒有直接推翻拉馬克的遺傳理論，而選擇讓實驗結果說話。

1883 年，魏斯曼提出遺傳生殖質說，並在 1893 年出版《生殖質：遺傳理論》（*The Germ-Plasm: A Theory of Heredity*）詳加闡述。魏斯曼強調生殖質（即我們現在所知的基因）在世代間穩定傳遞，不會發生改變。魏斯曼的理論認為環境對生殖質的影響非常小，就算改變個體的特徵，也不會影響生殖質。魏斯曼在體質（soma material）和生殖質（germ material）之間畫一條清楚的界線，他認為在多細胞生物體內，生殖質獨立於其他體細胞之外，體細胞（即非生殖細胞的細胞）與身體各項活動有關，但不具備遺傳功能，而最重要的一點：生殖質是生殖細胞或配子（即精細胞和卵細胞）中最關鍵的元素。

魏斯曼的遺傳生殖質說深刻影響後人的生物性思考，例如重新發現孟德爾的遺傳定律，以及確認染色體在遺傳過程中扮演的角色，然而近來有許多發現破壞生殖質說的正確性。魏斯曼認為生殖質有一定的數量，隨著體細胞成功分裂後，後續世代的生殖質會越來越少。然而，當科學界成以體細胞核轉移（somatic cell nuclear transfer）成功複製出具有完整生殖質的多莉綿羊，魏斯曼的理論基礎也隨之崩解。此外，近來拉馬克的遺傳學說因表觀遺傳學的相關研究再度復甦。

1913 年版《安徒生童話》中〈拇指姑娘〉的插畫，一隻老田鼠提供地方給拇指姑娘棲身。一個連續截除五代共 901 隻老鼠尾巴的實驗，發現第五代老鼠的尾巴長度和第一代一樣長，挑戰了拉馬克的遺傳觀點。

參照條目　拉馬克的遺傳學說（西元1809年）；孟德爾遺傳學（西元1866年）；重新發現遺傳學（西元1900年）；選殖（細胞核轉移）（西元1952年）；表觀遺傳學（西元2012年）。

優生學

查爾斯・達爾文（**Charles Darwin，1809~1882 年**）
法蘭西斯・高爾頓（**Francis Galton，1822~1911 年**）

　　絕頂聰明的法蘭西斯・高爾頓，對科學有許多貢獻，例如氣象學（天氣圖）、統計學（相關性分析與迴歸分析）、犯罪學（指紋）。自從讀過表親查爾斯・達爾文所著的《物種起源》之後，他獲得靈感，認為如果天擇選擇讓最適者生存，並將其特徵遺傳給後代，那麼天擇觀點一定也能運用在人類身上：人類的能力和智力一定也能遺傳。

　　1833 年，高爾頓發起一項他稱之為「優生學」的社會運動，試圖改善人類族群的遺傳組成。20 世紀初，有些人稱之為社會達爾文主義（Social Darwinism）的優生學發展至巔峰，世界各地的政府及社會上德高望重，極具影響力的人士都大力提倡，他們認為推廣優生學可以消除如血友病、杭丁頓氏舞蹈（Huntington's disease）等遺傳疾病，使人類族群變得更聰明、更健康，而持反對意見的人則認為優生學只是國家使歧視合理化，違背人權的手段。

　　世界各國促進優生學運動的動機各有不同。英國想要藉此降低都市窮人的生育率；美國許多州立法禁止癲癇症患者、低能人士及不同人種間的通婚，自 1909 至 1960 年代，美國 32 州推動優生學運動，共禁止 6 萬人生育。

　　納粹德國力倡純正優越的北歐種族，是史上最狂熱的優生學政策，力圖刪去不適生存者及不良人種，導致數百萬猶太人、吉普賽人和同性戀者因此喪命。到了第二次世界大戰期間，提到優生學就使人聯想到納粹德國。再者，考量優生學具有強烈的主觀意識，且通常帶有偏見，使優生學運動逐漸式微。近來有些人認為，醫學基因工程檢查母體內的胚胎是否有基因突變，或藉此操控胎兒的基因，無疑是新型的優生學。但這是個人的選擇，而非國家。

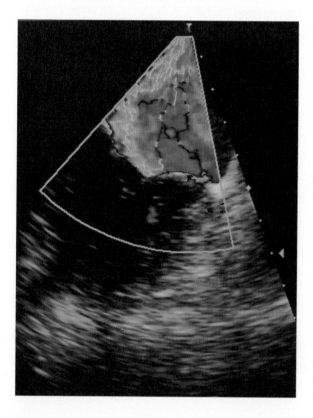

孕婦懷孕 18 至 20 周時通常會接受超音波掃描，可藉此判斷胎兒是否有脊柱裂或唐氏症等先天缺陷。

參照條目　達爾文的天擇說（西元1859年）；孟德爾遺傳學（西元1866年）；重新發現遺傳學（西元1900年）；社會生物學（西元1975年）。

革蘭氏染色法

漢斯‧克里斯蒂安‧革蘭（**Hans Christian Gram**，**1853~1938 年**）

　　1884 年，甫自醫學院畢業一年，在柏林太平間工作的丹麥科學家漢斯‧克里斯蒂安‧革蘭發展出一種染色法，使他得以看見人體肺部組織內的部分細菌。這一項簡單卻重要的發明使後人得以據細胞膜的厚度將許多細菌分為兩個廣闊的類群，有助於細菌感染的診斷及治療。

　　細菌、植物和真菌具有細胞壁，動物或原生動物則無。細胞壁可以保護細胞並提供支撐，當過多水分進入細胞時，細胞壁可以防止細胞脹破，這或許是細胞壁最重要的功能。細胞壁會困住部分染劑，使細菌得以現形。

　　進行革蘭氏染色法時，將龍膽紫（Gentian violet）倒在含有細菌的玻片上，再添加盧戈耳溶液（Lugol's solution）固定染劑，接著以乙醇清洗玻片。某些細菌（例如引起肺炎的肺炎鏈球菌）因保留染劑而呈現紫色，即所謂的革蘭氏陽性菌（Gram-positive bacteria）；其他微生物（如引起斑疹傷寒及梅毒的細菌）會因為經過乙醇清洗而去色，可能呈現紅色或粉紅色，此為革蘭氏陰性菌（Gram-negative bacteria）。革蘭氏陽性菌細胞壁厚，將紫色染劑困在細胞質內；革蘭氏陰性菌細胞壁薄，染劑很快就被乙醇沖洗殆盡。醫學上經常以革蘭氏染色法作為診斷工具，判斷病原菌究竟是革蘭氏陽性菌或陰性菌，據此選擇抗生素。

　　多數抗生素對於革蘭氏陽性菌或陰性菌有偏好，青黴素可以抵抗多種革蘭氏陽性菌，干擾細菌合成細胞壁的過程，影響細菌的生存能力（動物細胞不具細胞壁，因此青黴素對動物細胞而言沒有毒性）。革蘭氏陰性菌外膜厚，可保護其免受人體防禦機制的傷害，並可阻止多種抗生素進入其細胞內。胺基苷類抗生素（aminoglycoside）用來治療革蘭氏陰性菌引發的感染。

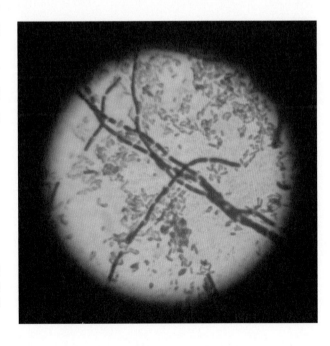

經革蘭氏法染色後，革蘭氏陽性菌的臘狀桿菌（Bacillus cereus）被染為紫色，此圖是長鏈狀構造，背景的粉紅色菌落則為革蘭氏陰性菌的大腸桿菌（Escherichia coli）。

參照
條目　病菌說（西元1890年）；內毒素（西元1892年）；抗生素（西元1928年）。

負回饋

克洛德・貝爾納德（**Claude Bernard**，**1813~1878 年**）
阿爾伯特・巴茲（**Albert Butz**，**1849~1905 年**）
華特・坎農（**Walter B. Cannon**，**1871~1945 年**）

　　體內恆定是生物學最基礎的原則，是克洛德・貝爾納德於 1850 年代所提倡的觀念，到了 1920 至 1930 年代由華特・坎農繼續發揚光大。所謂體內恆定即指生物面對外在環境變動時，依然保持體內環境恆定的過程。不管在生物或非生物體內，負回饋控制系統都具備三個關鍵元件：偵測系統改變的接收器（receptor）、將變動狀況與設定值或標準值做比較的控制中心（control center），在生物系統中則與正常值做比較，以及啟動適當動作使系統回歸參考點的反應器（effector），以此類推，烤箱和恆溫器等家電就是負回饋系統。

　　許多內分泌系統，例如血糖濃度的高低就受到體內恆定負回饋系統控制中心循環且持續的調控。吃完富含碳水化合物的大餐之後，血糖濃度上升，刺激胰臟「β」細胞分泌胰島素，葡萄糖進入細胞後，肝臟負責將多餘的糖分以肝醣（glycogen）的形式儲存起來。每 100 毫升血液含有 70 至 110 毫克葡萄糖為正常的血糖濃度，血糖濃度太低時，胰島素會停止分泌，胰臟的「α」細胞釋放升糖素（glucagon），刺激肝醣分解為葡萄糖，並降葡萄糖釋放到血液中。

　　許多由酵素催化的生化反應，其終產物亦受到負回饋抑制機制的調控，使終產物生成適當的數量，與生化途徑中的催化酵素反應，避免合成不必要的額外化合物。

蒸氣鍋爐的複雜結構，包括齒輪、槓桿、管路、度量表、燃燒室、煙管，應該還含有接受負回饋迴路調控的調溫器，將機器的溫度控制在合理的範圍內。

參照條目 新陳代謝（西元1614年）；體內恆定（西元1854年）；酵素（西元1878年）；甲狀腺與變態（西元1912年）；胰島素（西元1921年）；黃體酮（西元1929年）；第二傳訊者（西元1956年）；能量平衡（西元1960年）；膽固醇代謝（西元1974年）。

病菌說

安東尼・馮・雷文霍克（**Antonie van Leeuwenhoek**，1632~1723 年）
路易斯・巴斯德（**Louis Pasteur，1822~1895 年**）
羅伯・柯霍（**Robert Koch，1843~1910 年**）

自 19 世紀前半開始回溯至古代的中國、印度和歐洲，人們普遍相信霍亂、黑死病等傳染性疾病是藉著「骯髒的空氣」或瘴癘而傳播，一旦接觸到含有腐質的有毒蒸氣便會得病。

微生物學之於現代醫學和醫療專業而言，最重要的貢獻非病菌說莫屬，是醫生施用抗生素對付傳染性疾病時所需的基礎背景知識。人類花幾百年時間，才逐漸接受某些疾病是透過微生物傳播的觀念，再者有許多科學家提出強而有力的證據，使醫學界和科學界開始接受這樣的學說。

1670 年代，荷蘭顯微鏡製造師安東尼・馮・雷文霍克利用簡單的顯微鏡，首次觀察到微生物的模樣，過了近兩個世紀。1862 年，路易斯・巴斯德進行一項決定性的實驗，推翻流傳已久，認為生物可起源自無生物的自然發生論。

羅伯・柯霍原是一位平凡的德國醫生，在近 30 歲時收到妻子贈送的生日禮物：顯微鏡，之後一躍成為微生物學界的先驅。1876 至 1883 年，他發現細菌能導致炭疽病、結核病和霍亂，並發明分離純化病原菌的培養方法。1890 年，他定下判斷疾病與微生物之間因果關係的法則，至今依然為科學家所沿用：（1）所有病人體內都有相同的微生物；（2）致病微生物能夠分離並純化培養；（3）健康個體接觸到相同微生物會致病；（4）從罹病個體身上必能重新分離出相同的微生物。19 世紀中期，每 7 個死者就有 1 人因結核病而死，柯霍對結核病的研究貢獻良多，因而獲得 1905 年諾貝爾獎。

柯霍發展病菌說時所使用的炭疽桿菌（Bacillus anthracis），是由患有炭疽病動物身上分離而來，進行純化培養的病菌。

參照
條目　科學方法（西元1620年）；推翻自然發生論（西元1668年）；雷文霍克的顯微世界（西元1674年）；瘴癘致病論（西元1717年）；革蘭氏染色法（西元1884年）；內毒素（西元1892年）；抗生素（西元1928年）。

動物體色

羅伯特・虎克（Robert Hooke，1635~1703 年）
查爾斯・達爾文（Charles Darwin，1809~1882 年）
費瑞茲・穆勒（Fritz Müller，1821~1897 年）
亨利・貝茨（Henry Walter Bates，1825~1892 年）
愛德華・波爾頓（Edward Bagnall Poulton，1856~1943 年）

　　動物體色多采多姿，叫人看了怎麼能不讚嘆？1890 年，演化生物學家、牛津大學動物學教授愛德華・波爾頓在其著作《動物色彩》（Color of Animals），寫下史上首段有關動物體色的文字。這本書透過委婉的文字，對達爾文天擇說表示支持，致使波爾頓受到當時許多科學家的撻伐。

　　波爾頓並非第一位對動物體色有所評註的科學家。羅伯特・虎克，顯微鏡學家的先驅，曾在 1665 年於他的經典鉅著《顯微圖譜》（Micrographie）曾經描述孔雀羽毛的結構和其鮮豔的顏色。達爾文在其著作《人類的由來及性擇》提到，動物個體之所以演化出鮮豔的體色，雄鳥尤其明顯，是為了增加吸引異性的生殖優勢。此外，黯淡的體色可以讓鳥類和昆蟲隱身在環境中，躲過捕食者的偵查，波爾頓替這個觀念做更詳盡的解釋。

　　藉著《動物色彩》書中內容和其他人的發現可知，動物體色提供動物多樣化的生存優勢。波爾頓率先強調：保護色既可以讓獵物躲避捕食者，也能讓捕食者隱身於環境中，獵捕掉以輕心的獵物。他認同 1862 年亨利・貝茨提出的貝氏擬態理論，認為蝴蝶會藉著模擬她種蝴蝶的外表來欺騙捕食者；以

及 1878 年，費瑞茲・穆勒提出的穆氏擬態理論，認為生物可藉鮮豔的體色來警告捕食者。

　　動物體色還提供其他生存優勢：有些生物可以利用閃光、大膽的圖案或動作來分散捕食者的注意力。體色還能保護個體免於曬傷，有些青蛙可調整膚色深淺來控制體溫。公猴利用體色來判斷對手的社會地位。波爾頓做出結論：動物組織內的色素是體色的來源，有些鳥類之所以擁有鮮豔的體色，是因為攝入含有胡蘿蔔素的植物。

此圖為印度國鳥，印度藍孔雀（Pavo cristatus）的雄鳥羽毛。相較於雌鳥，雄鳥體色較鮮艷，也具有較多飾羽，或許這樣能為雄鳥帶來生殖優勢，至於體色黯淡的雌鳥可以輕易躲過捕食者的雙眼，好好撫育後代。

參照
條目　昆蟲（約西元前4億年）；鳥類（約西元前1.5億年）；達爾文的天擇說（西元1859年）；生物擬態（西元1862年）；性擇（西元1871年）。

神經元學說

約瑟夫・馮・傑拉克（**Joseph von Gerlach**，**1820~1896**年）
威廉・沃爾德耶（**Wilhelm Waldeyer**，**1836~1921**年）
卡米洛・高爾基（**Gamillo Golgi**，**1843~1926**年）
桑地牙哥・拉蒙・卡哈（**Santiago Ramón y Cajal**，**1852~1934**年）

　　神經系統的基本結構，是 19 世紀末科學界最沸沸揚揚的爭議之一。1906 年，雖然來自義大利的卡米洛・高爾基和來自西班牙的桑地牙哥・拉蒙・卡哈同獲諾貝爾獎，然而兩位卓越的神經學家因立場不同，對彼此深具敵意。

　　1838 年發表的細胞學說認為細胞是生命最基礎的單位，然而這樣的觀念並沒有延伸至結構更為複雜的神經系統。1873 年，高爾基宣稱在使用新發明的銀染色法時（他稱之為黑反應），可在黃色的背景下可以清楚看見單一神經細胞。他描述的神經細胞具有許多分枝或網狀組織，是神經系統傳遞訊息時最小的結構與功能單位，1872 年，德國組織學家約瑟夫・馮・傑拉克發表網狀說（reticular theory），支持高爾基的描述，如此觀點一直盛行至 19 世紀末，神經細胞被視為細胞學說的例外。

　　1880 年代末期，正在西班牙從事科學研究的卡哈重複高爾基的染色法，卻得出截然不同的結論。透過顯微鏡檢視，他發現每一個神經元（即神經細胞）都具有明顯的細胞體，並未與其他細胞相連。1891 年，卡哈以西班牙文發表自己的初步結果，由於西班牙語在學術界為小眾語言，因此威廉・沃爾德耶將卡哈的神經元學說翻譯成閱讀者眾多的德文版文。神經元學說認為神經元才是神經系統最小的結構與功能單位，後代學者藉由電子顯微鏡的觀察，得到決定性的結果，因此神經元學說也被視為神經科學的基礎。

　　雖然神經元學說的形成和沃爾德耶並無關聯，然而一提到神經元學說便會聯想到他。1892 年，卡哈提出動態核極化（law of dynamic polarization）的假說，認為神經元內的電脈衝只會往單一方向行進，即突觸→細胞體→軸突（axon）→另一細胞的樹突（dendrite）。

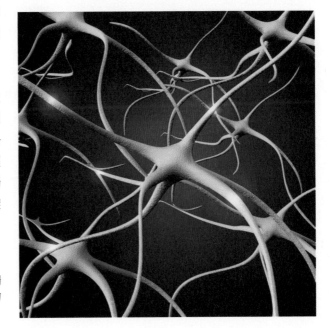

神經元視神經系統的結構和功能單位，藉由突觸和鄰近的細胞分隔。神經元彼此藉由神經傳導物質來溝通。

參照條目　雷文霍克的顯微世界（西元1674年）；神經系統訊息傳遞（西元1791年）；細胞學說（西元1838年）；神經傳導物質（西元1920年）；電子顯微鏡（西元1931年）。

內毒素

菲利波・帕齊尼（Filippo Pacini，1812~1883 年）
羅伯・柯霍（Robert Koch，1843~1910 年）
理查・費佛（Richard Friedrich Johannes Pfeiffer，1858~1945 年）
尤金尼歐・賽塔尼（Eugenio Centanni，1863~1942 年）

　　霍亂帶來死亡陰影。霍亂可能起源於古代的印度次大陸，是 19 世紀傳播範圍最廣，也最致命的疾病之一，在亞洲和歐洲奪走幾千萬人的性命。感染霍亂的症狀包括高燒、嚴重腹瀉和嘔吐，病人很快便因此脫水，死亡機率極高。1854 年，佛羅倫斯發生霍亂大流行，義大利解剖學家菲利波・帕齊尼首次鑑定出罪魁禍首就是細菌，然而因為當代人普遍相信瘴癘致病論，他的發現並沒有受到醫界重視。1883 年，德國細菌學家羅伯・柯霍再次發現霍亂弧菌（Vibrio cholera），並在 1890 年建立病菌說，而他從未聽聞帕齊尼早先的發現。如今醫學界已接受霍亂乃是細菌引起的疾病。

　　1892 年，柯霍的學生理查・費佛在柏林衛生院研究霍亂的致病菌時，首次發現內毒素（endotoxin）的存在，並確立這樣的觀念。費佛在實驗動物體內注入混合了接觸過霍亂弧菌後而破裂的細胞，結果造成實驗動物昏迷、死亡。費佛推論這是因為某些細菌的外膜破裂後，釋放出某些物質而導致的結果。

Le Petit Journal
LE CHOLÉRA

後人繼續研究發現，費佛觀察到的內毒素反應源自於寄主體內，為了對抗感染而產生的發炎反應。當人體遭遇霍亂這般嚴重的全身性感染疾病，過度的發炎反應將導致敗血性休克（septic shock），使寄主血壓邊降，造成死亡（費佛將內毒素與外毒素區分開來，外毒素是由細菌釋放到環境中的毒素）。

　　義大利病理學家尤金尼歐・賽塔尼發現某些革蘭氏陰性菌具有內毒素，卻從未發現具有內毒素的革蘭氏陽性菌。1935 年，科學界發現人體感染霍亂、沙門氏桿菌和細菌性腦膜炎（bacterial meningitis）時所產生的內毒素反應，源自於革蘭氏陰性菌細胞膜外層的脂多醣（lipopolysaccharide, LPS）。如今，脂多醣已和具有歷史意義的內毒素一詞畫上等號。

1912 至 1913 年，土耳其與巴爾幹同盟發生第一次巴爾幹戰爭期間，土耳其軍隊飽受霍亂摧殘，每天有 100 人因此死亡。此圖是 1912 年的法國雜誌，繪出殘忍的死神奪走土耳其士兵的性命。

參照條目 瘴癘致病論（西元1717年）；革蘭氏染色法（西元1884年）；病菌說（西元1890年）。

西元 **1896** 年

全球暖化

約瑟夫・傅立葉（**Jean Baptiste Joseph Fourier**，1768~1830 年）
約翰・丁鐸爾（**John Tyndall**，1820~1893 年）
斯凡特・阿瑞尼斯（**Svante Arrhenius**，1859~1927 年）

全球暖化的關鍵在於溫室效應（greenhouse effect），科學界對溫室效應的了解可回溯至 19 世紀初。1826 年，約瑟夫・傅立葉計算地球溫度，如果太陽是地球的唯一熱源，那麼地球的溫度較冷攝氏 15.5 度，並推測大氣層具有絕緣功能，可以防止熱能逸散。1859 年，約翰・丁鐸爾發現大氣層中的水蒸氣和二氧化碳和溫室效應有關。1896 年，斯凡特・阿瑞尼斯注意到大氣層中二氧化碳的濃度和地球表面的平均溫度之間具有定量關係（quantitative relationship），他稱這樣的現象為「暖房」（hothouse），10 年後這個現象被重新命名為「溫室效應」。

科學界一致認為地球溫度上升與溫室氣體（greenhouse gases, GHG）增加有關。最重要的溫室氣體當屬水蒸氣和二氧化碳，人類活動是二氧化碳增加最主要的原因，例如車輛、工廠、發電廠及伐林使用的汽油和化石燃料。政府間氣候變化專門委員會（Intergovemmental Panel on Climate Change, IPCC）預估 21 世紀結束前，地球的溫度還會上升攝氏 1.1 至 2.9 度，北極的狀況最為極端，導致冰河融化。全球暖化會帶來的其他影響還包括極端氣候（熱浪、乾旱、暴雨），作物產量減少、動物遷徙模式改變、生物多樣性減少以及動植物滅絕。

政府間氣候變化專門委員為聯合國組織，由世界各主要工業國家的代表組成。目前幾乎世界各國的科學學術組織都認同：地球的表面溫度、大氣層及海洋的暖化速率，在過去幾十年間變得越來越快。有些科學家和民眾提出問題：「這樣的溫度變化是否落在正常的氣候變動範圍內？」如果人類活動是全球暖化最主要的原因，那麼我們又有什麼合宜的對策可用？社會上之所以會產生這些問題，一部分原因來自對資料的解讀有所差異，一部分是政治、哲學或經濟因素的考量。

有些科學家預測全球暖化會造成極端氣候現象，致使乾旱和暴雨呈現反常的持續時間。

**參照
條目**　亞馬遜雨林（約西元前5500萬年前）；臭氧層損耗（西元1987年）。

後天性免疫

修昔底德（**Thucydides**，約西元前 460~395 年）
愛德華・詹納（**Edward Jenner**，1749~1823 年）
漢斯・布赫納（**Hans Buchner**，1850~1902 年）
保爾・艾爾利希（**Paul Ehrlich**，1854~1915 年）

　　曾經罹患瘟疫但安然痊癒的人，可以放心照顧瘟疫患者，因為他們並不會再次罹患瘟疫。希臘歷史學家修昔底德在西元前 430 年，雅典發生溫度時觀察到這個現象。1796 年，愛德華・詹納也發現，凡是接觸過牛痘（cowpox）的擠牛奶女工不會罹患天花（samllpox）。一個世紀後，科學界終於了解這個機制：1890 年，漢斯・布赫納發現血清裡有一種具有保護性的物質，可以消滅細菌；1897 年，保爾・艾爾利希鑑定出這些提供人體免疫力的「抗體」。

　　無脊椎動物和脊椎動物遭遇微生物病原菌或外來組織時，都會啟動立即性的防衛機制，這種原始且不具專一性的反應即為「先天性免疫」（innate ummunity）。然而脊椎動物還有另一種更具威力的免疫防禦系統，稱為「後天性免疫」（acquired immunity）或「適應性免疫」（adaptive immunity），需要幾周的時間來發展。後天性免疫的特色在於具有針對病原菌的分子專一性，以及在許久以後再次遭遇相同病原菌時，依然能夠鎖定病原菌的免疫記憶（immunological memory），引發快速且強化的免疫反應。

　　後天性免疫有兩種形態，皆源自於淋巴球：體液性免疫（humoral immunity），也就是導致血液中形成抗體攻擊微生物或外來細胞的 B 細胞免疫；以及由細胞媒介的 T 細胞免疫，引發生物體內生成大量活化的淋巴細胞，專責消滅外來細胞。抗原（antigen）或任何刺激 B 細高免疫或 T 細胞免疫的蛋白質會和特定免疫細胞上的抗原受體（antigen receptor）結合。與 B 細胞抗原受體結合的抗原會導致抗體或免疫球蛋白（Immunoglobin）生成，消滅血液中的病原菌；而 T 細胞免疫反應也會促使抗體生成，或直接消滅受感染的細胞。

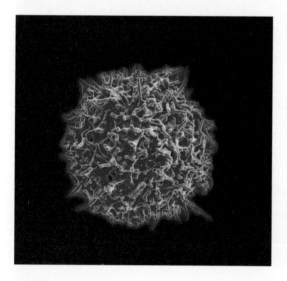

　　透過疫苗注射，生物也可藉人工方式獲得後天性免疫，例如小兒麻痺症（pilio）、麻疹（measles）和肝炎（hepatitis）。進行組織或器官移植時，外來細胞可能引發免疫反應導致排斥。

掃描式電子顯微鏡下的人體 T 細胞。一旦成功辨認病毒表面的分子，T 細胞便會活化並開始移動，攻擊外來的入侵者，理想狀況下可以一舉消滅外來細胞。

參照條目　先天性免疫（西元1882年）；獲得性免疫耐受性與器官移植（西元1953年）。

聯想學習

伊凡·帕夫洛夫（Ivan Pavlov，1849~1936 年）
愛德華·桑戴克（Edward L. Thorndike，1874~1949 年）
伯爾赫斯·斯金納（Burrhus Frederic Skinner，1904~1990 年）

　　每當狗主人拿出狗鍊，狗兒通常會開始熱情吠叫，跑來跑去。這樣的現象正是所謂的「聯想學習」（associative learning），是一種由特定刺激所引發的學習過程，包括古典制約（classical conditioning）和操作制約（operant conditioning）。1905 年，哥倫比亞大學生物學家愛德華·桑戴克認為如果受試生物接受到相同的刺激（stimulus, S），極有可能出現相同的行為反應（response, R）。

　　1897 年，俄羅斯生理學家伊凡·帕夫洛夫在其專著《消化腺功能》（*The Work of the Digestive Glands*）的敘述，就已證實桑戴克的效果律（Law of Effect）。帕夫洛夫對研究狗胃的消化功能很有興趣，並測量當有食物在嘴裡時，狗的拓葉分泌量。一開始，當狗口中含有食物時（S）才會分泌唾液，經過幾次試驗，當食物還沒有出現時，狗就已經開始分泌唾液（R），帕夫洛夫稱之為心理性分泌（psychic secretion），後來也成為他的研究主題。當鈴聲和食物同時出現時，狗就會開始分泌唾液，經歷多次同樣的情況後，狗開始將鈴聲和食物做連結，此後即便沒有看見食物，光聽見鈴聲就會分泌唾液。這樣的刺激反應學習（stimulus-response learning）被稱為古典制約，或帕夫洛夫制約（Pavlovian conditioning），帕夫洛夫也因而獲得 1904 年的諾貝爾獎。1962 年，安東尼·伯吉斯發表小說《發條橘子》（*Clock Orange*），並在 1971 年由史丹利·庫柏力克翻拍為同名電影，劇中非正統派主角艾力克斯，獄方為矯正其反社會行為，讓他接受魯多維科療法（Ludovico technique）：讓他喝下誘發嘔吐的飲料，同時讓他觀看螢幕上的暴力畫面，使他後來即便不用經歷嘔吐，也完全失去作惡的能力。

　　1940 年代末期到 1970 年代，哈佛心理學家伯爾赫斯·斯金納是操作制約〔又稱工具制約（instrumental conditioning）〕的忠實擁護者。2002 年，一項以心理學家調查對象的研究結果顯示，斯金納被認為是 20 世紀最具影響力的心理學家。在操作制約的過程中，受試生物（鴿子或老鼠）只要完成預先設定好的學習反應，就可以接受食物回饋（增強作用，reinforcement），或者可以可以避免受到足部震動。學生完成作業後，老師給予鼓勵，或在賭場玩吃角子老虎機獲得賞金，就是這類學習行為的基礎動機。

帕夫洛夫的半身銅像。帕夫洛夫受到弗拉基米爾·列寧的高度敬重，在 1920 至 1930 年得以厲聲斥責蘇聯對知識分子的迫害。

參照條目　印痕作用（西元1935年）。

艾爾利希的側鎖說

卡爾・威傑特（Carl Weigert，1845~1904 年）
保爾・艾爾利希（Paul Ehrlich，1854~1915 年）

　　1854 年，保爾・艾爾利希誕生於普魯士，這位德國的醫學科學家是血液學、免疫學和化學療法等領域的先驅，並發現史上第一種能夠有效治療梅毒（syphilis）的藥物。卡爾・威傑特是保爾・艾爾利希的表親，也是一位聲譽卓著的神經病理學家，將細胞染色法介紹給艾爾利希。艾爾利希對這項技術的興趣，或說是迷戀，持續影響著他科學研究生涯的概念式思考。就讀醫學院期間，艾爾利希繼續進行與化學染色相關的實驗，他發現有些細胞和組織會選擇性的吸收某些染劑並與之結合，然而有些細胞與組織並不如此。結束醫學院的學業之後，他發展出一種染劑，可以看出多種血球的分化過程，是為研究血液學的基礎。

　　1893 年，在研究治療白喉症（diphtheria）的免疫血清時，艾爾利希的側鎖說也開始逐漸成形，描述抗體（即免疫系統產生的蛋白質）如何形成，以及抗體與外來物質（即抗原）間的交互作用。就像鎖與鑰匙一樣，他推測每個細胞的表面都具有特殊的受器，或稱「側鎖」（side chain），可以和病原產生的致病毒素進行專一性的結合。毒素與側鎖結合就像鑰匙插進鎖裡，是不可逆的反應，側鎖一旦與毒素結合，就無法再與其他毒素分子結合。

　　遭受外來物質入侵時，生物體會產生更多側鎖（即抗體），然而細胞表面無法容納這麼多抗體，於是多餘的抗體便進入血液中，隨著血液在體內循環，準備應戰致病毒素的後續攻擊。1897 年，艾爾利希發表第一篇有關側鎖說的科學報告，1900 年在倫敦召開的皇家學會會議上公開發表他的理論，受到廣大迴響，使他在 1908 年成為諾貝爾獎的共同獲獎人。1915 年，也就是艾爾利希過世那一年，他的理論被人發現有例外之處，也在許多細節處發現錯誤，自此側鎖說落入學術界冷宮，然而他提出有關抗原和抗體的觀念，依然是免疫學的基石

艾爾利希用鑰匙和鎖來形容他的側鎖說。他企圖研發他稱之為「神奇子彈」的藥物，可以選擇性消滅微生物，同時又不會傷害病人身體的神奇藥物，這樣的想法就是以側鎖說為發展基礎，使他在 1910 年發現砷凡納明（Salvarsan），是史上第一種能有有效治療梅毒的藥物。

參照條目　血球（西元1658年）；後天性免疫（西元1897年）；蛋白質的構造與摺疊（西元1957年）；單株抗體（西元1975年）。

瘧原蟲

夏爾—路易斯—阿方斯・拉韋朗（**Charles-Louis-Alphones Laveran**，**1845~1922 年**）
羅納德・羅斯（**Ronald Ross**，**1857~1932 年**）

　　雖然引發瘧疾的寄生蟲已經存在地球上至少 5 至 10 萬年，然而大約在 1 萬年前，瘧原蟲的族群明顯增加，當時正是人類開始進入農業時代和定居生活的時期。瘧疾曾經盛行於歐洲和北美洲，直到 1951 年才從美國消失。根據世界衛生組織的估計，2010 年有 2 億 1900 萬起瘧疾病例，並造成 60 萬人死亡，其中九成發生在非洲。

　　直到 19 世紀的最後 10 年，科學界才知道瘧原蟲的生活史中包含以昆蟲和人類為媒介的時期。1880 年，法國軍醫夏爾—路易斯—阿方斯・拉韋朗觀察到瘧原蟲（是一種單細胞微生物）存在於瘧疾患者的紅血球中，並推測這種微生物可能就是引發瘧疾的元凶。1898 年，在加爾各答工作的英國醫生羅納德・羅斯確認瘧蚊體內瘧原蟲的完整生活史，確定瘧蚊就是傳播瘧原蟲至人體的媒介昆蟲。羅斯和拉韋朗分別獲得 1902 年與 1907 年的諾貝爾獎。

　　體內攜有瘧原蟲的雌瘧蚊以人血為食，在吸食的過程中將瘧原蟲注入人類血液中，隨後瘧原蟲侵染肝臟細胞，使每一個肝細胞都能產生數萬個裂殖仔蟲（merozoite）。裂殖仔蟲進入血液（因此引發周期性的發寒與發燒，是瘧疾的典型症狀），穿透紅血球，在其內生殖。瘧蚊叮咬瘧疾患者時，一併吸入瘧原蟲孢子的母細胞（sporocyte），孢子母細胞隨後再由瘧蚊消化道移動到唾腺，待瘧蚊叮咬下一位受害者時，瘧原蟲又開啟新的生活史。

　　罹患鐮刀型貧血症這種遺傳疾病的患者，因為紅血球變形為鐮刀狀，干擾瘧原蟲入侵紅血球進行生殖的能力。具有非洲血統的人尤其容易罹患這種遺傳性疾病，可以降低罹患瘧疾的機率，就算罹患瘧疾，也能減緩其威力，這種現象在最易受瘧疾影響的幼童身上尤其明顯。因此，在瘧疾普遍發生的非洲，鐮刀型貧血症也許提供人類一定程度的演化優勢。

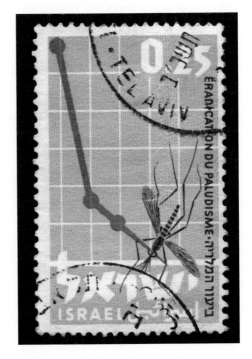

以色列發行的郵票，除了瘧蚊還顯示該國瘧疾病例急遽下降的曲線。瘧蚊屬之下共有 484 種蚊子，然而只有 30 至 40 種能夠傳播瘧原蟲，造成在地性的瘧疾流行。

參照條目　農業（約西元前1萬年）；血球（西元1658年）；先天性代謝異常（西元1923年）。

病毒

阿道夫・梅爾（**Adolf Mayer**，**1843~1942** 年）
馬丁努斯・貝傑林克（**Martinus Beijernck**，**1851~1931** 年）
迪米崔・伊凡諾夫斯基（**Dmitri Ivanovsky**，**1864~1920** 年）
麥斯・諾爾（**Max Knoll**，**1897~1969** 年）
溫德爾・史坦利（**Wendell M. Stanley**，**1904~1971** 年）
恩斯特・魯斯卡（**Ernst Ruska**，**1906~1988** 年）

　　16 世紀初，菸草植株由新大陸引進至歐洲，及至 19 世紀中期，菸草已成為荷蘭的主要作物。1879 年，阿道夫・梅爾受人之託，研究荷蘭菸草植株的疾病，這種病會使菸草停止生長，並使菸草葉片出現雜色斑點。他以罹病植株的汁液摩擦健康植株，使原本健康的植株也出現相同病徵（他稱之為菸草嵌紋病，tobacco mosaic disease, TMD）。大約一世紀後，迪米崔・伊凡諾夫斯基也正研究烏克蘭與克里米亞地區發生的菸草嵌紋病，1892 年，他指出菸草嵌紋病的病原能夠穿過足以過濾細菌的瓷濾器（porcelain filter）。

　　荷蘭微生物學家馬丁努斯・貝傑林克重複伊凡諾夫斯基的實驗，發現同樣的結果：菸草嵌紋病的病原能夠穿過足以過濾細菌的瓷濾器，1898 年，他做出推論，認為菸草嵌紋病的病原體積比細菌還小，雖然能夠在植物活體內繁殖（這點和細菌不同），但卻無法利用培養基（Medium）培養，他稱這種病原為「病毒」（virus，拉丁文意指毒藥）。20 世紀的頭 30 年過去後，研究人員能夠利用懸浮的動物組織來培養病毒。1931 年，科學界已經能利用雞的受精卵來培養病毒，對疫苗的相關研究和生產帶來極大貢獻。

　　接下來，科學界的研究目標聚集在病毒的結構和化學性質上。1931 年，恩斯特・魯斯卡和麥斯・諾爾發明電子顯微鏡，使他們得以一睹病毒的真面目。四年後，美國生化學家溫德爾・史坦利析出菸草嵌紋病毒（tobacco mosaic virus, TMV）的結晶，並描述其分子結構，這是人類史上發現的第一個病毒，

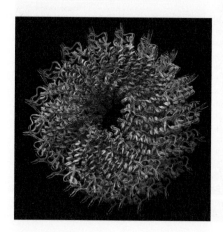

1946 年，史坦利因此成為諾貝爾化學獎的共同獲獎人。

　　史坦利發現病毒同時具備生物與非生物的性質：病毒未接觸到活體細胞時會呈現休眠狀態，看起來就像大一點的化學物質，含有核酸（DNA 或 RNA），周圍由蛋白質外膜包覆。然而，一旦病毒與適合的動植物活體細胞接觸，便開始活化、繁殖。簡言之，病毒的定位介於生物與化學物質之間的灰色地帶。

菸草嵌紋病毒是人類發現的第一個病毒，此圖為其蛋白質膜，包覆病毒中心的遺傳物質。

參照條目 菸草（西元1611年）；去氧核糖核酸（DNA）（西元1869年）；組織培養（西元1902年）；噬菌體（西元1917年）；電子顯微鏡（西元1931年）。

生態演替

阿道夫・馬勒（**Adolphe Dureau de la Malle**，1777~1857 年）
亨利・考爾斯（**Henry Chandler Cowles**，1869~1939 年）
佛德列克・克萊門茲（**Frederic Clements**，1874~1945 年）

　　1825 年，法國自然學家阿道夫・馬勒首次以生態演替（ecological succession）這樣的名詞來形容森林皆伐（clear-cutting）後，植被生長的情形。1899 年，就讀芝加哥大學的亨利・考爾斯在其博士倫文中再次提出這個名詞，用來形容密西根湖南端，印第安那州沙丘上植被和土壤的演替過程。不久後，生態學這門新學科開始興起，考爾斯也成為生態學研究的早期先驅，他認為生態演替就是生態系自形成之初，逐漸成熟，達到演替顛峰（climax stage）的歷史進程：生態系內的物種會發生變化，隨著時間推移，有些物種數量會變少，進而被其他數量更多的物種取代。

　　佛德列克・克萊門茲和考爾斯生於同代，和作家薇拉・凱瑟同為內布拉斯加大學的同學，也是植物生態學領域的早期先驅。研究內布拉斯加州和美國西岸的植被之後，1916 年他提出理論，認為植被會隨著時間逐漸演替，其過程是可預測、可判斷的，他認為這就像是生物個體的發展，經過一系列的變動，朝成熟的階段發展，這樣的觀念幾乎稱霸 20 世紀。

　　原生演替（primary succession）指的是植物群落佔據過去未曾有植物生長的地區，例如沙地或岩石表面，或是被熔岩覆蓋的地區。最早期出現的植被包括營養需求較少，可藉岩石表面礦物質維持生存的地衣和青草（前驅植物），接著小型灌木、樹木出現，取代先驅植物，到了演替顛峰階段，動物開始出現，形成功能完整的生態系。相反的，次生演替（secondary succession）則發生在經過大量擾動，或植被遭火、洪水、颱風、人類因素（例如伐木和農業活動）而被消滅殆盡的地區。次生演替達到演替顛峰階的時間比原生演替快得多。考爾斯稱生態系由初始演替至顛峰之間的各個階段為演替系列（sere），當一種新的植物開始生長，會對棲地環境進行調整，有利於後續植物種類生長。

坐落在夏威夷大島東北海岸的希拉威瀑布，從超過 420 公尺高的威庇歐山谷峭壁上飛瀉而下，瀑布周遭熔岩表面的苔癬說明原生演替正在發生。

參照條目 陸生植物（約西元前4.5億萬年）；農業（約西元前1萬年）；生態交互作用（西元1859年）。

動物運動

愛德華・邁布里奇（Eadweard Muybridge，1830~1904 年）

1872 年曾任加州州長的商業大亨利蘭・史丹佛，想知道馬在快跑的時候四隻腳是否騰空（的確如此），因此請來英國攝影師愛德華・邁布里奇進行分析。1883 至 1886 年，邁布里奇拍攝超過 10 萬張照片，分析動物與人類移動時的情形，他使用多臺相機，以人眼無法分辨的速度進行拍攝。1899 年，他的大作《運動中的動物》（*Animals in Motion*）出版，至今仍不斷再版。

運動和動作不同。所有的動物都有動作，然而運動指的是從一處行進到另一處的過程。運動能力提高動物能夠成功覓食、繁殖、逃離捕食者或離開不適棲地的機會。運動包括被動與主動兩種形態：被動運動是最簡單，也最節省體力的方式，乘著風或波浪行進。主動運動需要耗費體力來克服摩擦力、阻力和重力等負作用力，動物的身體設計不斷演化，力求以最少的能量在陸地、空中或水裡運動。

陸地上的運動包括走、跑、跳和爬，動物必須花費體能克服慣性、反向的重力，並保持身體平衡。為了在走路時保持身體平衡，雙足步行的動物隨時必須有一隻腳維持在地面上；而四足哺乳類動物則隨時有三隻腳在地面上。空中的運動包括飛行和滑翔，是昆蟲、鳥類、蝙蝠和翼龍（已滅絕數百萬年的飛行性爬蟲類動物）的運動方式。飛行動物要面對的挑戰是克服重力和空氣阻力，飛行動物的翅膀行種可以體能消耗降至最低，使利用氣流維持滯空的能力達到最大化。水中的運動包括游泳和漂浮，動物需要克服水中的阻力。游得快的動物受惠於梭狀的流線體型，身體兩端的寬度會縮減。

各種運動模式的效率都經過分析，比較動物體能消耗的狀況。游泳是最節省體力的運動方式，跑步最耗體力，而飛行消耗的體力則介於兩者之間。不管動物以哪種方式運動，體型小的動物每單位體重消耗的能量會比大型動物更多。

費納奇鏡（phenakistoscope）是一種早期的動畫裝置，一旦旋轉就可以看見彷彿連續運動的畫面。此圖為邁布里奇約在 1893 年製作的費納奇鏡，可以看見一對情侶跳華爾滋的曼妙身影。

參照條目　魚（約西元前5.3億年）；鳥類（約西元前1.5億年）；動物遷徙（約西元前330年）；肌肉收縮滑動纖維理論（西元1954年）；能量平衡（西元1960年）。

西元 1900 年

重新發現遺傳學

格里哥・孟德爾（Gregor Mendel，1822~1884 年）
雨果・德・弗里斯（Hugo de Vries，1848~1935 年）
威廉・貝特森（William Bateson，1861~1926 年）
卡爾・科倫斯（Carl Correns，1864~1933 年）
恩利奇・馮・謝馬克（Erich von Tschermak，1871~1962 年）

1866 年，格里哥・孟德爾，這位平凡的奧古斯丁時期修道士，在一分默默無聞的期刊上，以德文發表一篇名為《植物雜交實驗》（*Experiments on Plant Hybrids*）的論文，正如篇名所指，這是一篇與植物雜交有關的論文，與遺傳無關。當時科學界認為，子代所獲得的遺傳特徵是親本雙方特徵混合後的平均狀態，然而孟德爾在論文中提出證據，證明事實並非如此，他認為每個特徵都是獨立遺傳給子代，顯性的特徵會出現在後代的外表上（此時整個科學界，包括孟德爾本人在內，尚不知道特徵是經由基因遺傳到子代身上）。孟德爾的論文並沒有提到，也未曾暗示，他的發現具有革命性的重大意義。

至於孟德爾的論文何以沉寂三分之一世紀，原因眾說紛紜。不過，孟德爾僅是一位名不見經傳的業餘科學家，在學術界沒有任何人脈，甚至也不是在實驗室或大學裡工作，只在修道院裡默默耕耘，因此他的論文直到 1900 年才被人發現。當年，荷蘭的雨果・德・弗里斯、奧地利的恩利奇・馮・謝馬克（其祖父為孟德爾的植物學教授）及德國的卡爾・科倫斯分別研究著三種不同植物的雜交種，各自做出和孟德爾相似的結論，三人到了要發表研究結果的最後關頭，才發現孟德爾當初的論文。三人中，德・弗里斯最先發表，僅在文章的註腳中提到孟德爾，如今我們仍不知曉，究竟他的結論是獨立思考而來，抑或「參考」孟德爾的結果；馮・謝馬克對孟德爾的結果了解不多；只有科倫斯完全承認孟德爾的結果，並盛讚其重要性。當時社會風氣認為，上述三人只不過是重新找出孟德爾的論文和相關的遺傳學知識，至此，孟德爾的論文終於獲得該有的重視。

英國植物學家威廉・貝特森讀過孟德爾的論文後深深著迷，並將其譯為英文，不遺餘力地在科學界推廣孟德爾的發現。1905 年，貝特森首次以遺傳學（genetics）這樣的名詞，指稱與生物遺傳相關的科學。

1900 年左右，卡爾・科倫斯以紫茉莉（Mirabilis jalapa）為材料，重新發現孟德爾的遺傳理論，這種植物於 1540 年由祕魯安地斯山脈進口。

參照條目　達爾文的天擇說（西元1859年）；孟德爾遺傳學（西元1866年）；染色體上的基因（西元1910年）；演化遺傳學（西元1937年）；雙股螺旋（西元1953年）。

卵巢和雌性生殖

亞里斯多德（**Aristotle**，西元前 384~322 年）
安東尼・馮・雷文霍克（**Antonie van Leeuwenhoek**，1632~1723 年）
艾米爾・可諾奧瓦（**Emil Knauer**，1867~1935 年）
約瑟夫・馮・哈班（**Josef von Halban**，1870~1937 年）
西吉弗瑞德・羅威（**Siegfried W. Loewe**，1884~1963 年）
艾德加・艾倫（**Edgar Allen**，1892~1943 年）
愛德華・多伊西（**Edward A. Doisy**，1893~1986 年）

　　亞里斯多德的《動物誌》是人類史上最早與卵巢有間接相關的文獻。雖然《動物誌》未明確提到卵巢的存在，然而亞里斯多德確實描述切除母豬卵巢的過程，在當時是農家常見的工作。駱駝也必須透過切除卵巢的手術，才能「遏止其性慾，並刺激體態生長茁壯」。受限於當時普遍「種子與土壤」生殖觀，亞里斯多德對卵巢未能有更進一步了解。雄性提供「種子」，生殖過程中雌性為被動角色，提供「土壤」讓「種子」生長，亞里斯多德認為雄性的精液就是種子。直到 1677 年，透過雷文霍克的顯微鏡，人類才知道精子的存在。自 16 至 19 世紀，科學界又重新燃起對卵巢及雌性生殖系統的興趣，並將焦點聚集在卵巢的解剖結構上，以及各種影響卵巢的失調症候。

　　人類早知道失去卵巢會導致子宮萎縮，使女性失去性功能，及至 1900 年，艾米爾・可諾奧瓦認為卵巢是雌性生殖系統的控制中樞。透過卵巢移植的動物實現，他成功阻止原已失去卵巢的受試動物出現移除卵巢後的症狀。約瑟夫・馮・哈班透過移植手術，使卵巢被割除的未成熟天竺鼠恢復青春期跡象。同年，哈班繼續拓展相關的研究方向。此時科學家已發現，卵巢不只是是雌性生殖道的一部分，還是生殖系統發育不可或缺的器官。

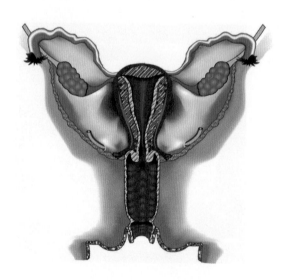

　　根據這些發現，科學家推測卵巢內會分泌特定物質（即一種荷爾蒙），欲鑑定這種物質為何，必須發展出十分敏感的分析方法，正是艾德加・艾倫和愛德華・多伊西於 1923 年發展出的完美方法。這種方法可以偵測懷孕或未懷孕的雌性動物血液和尿液中的雌激素（estrogen），即雌性的性荷爾蒙。1926 年，西吉弗瑞德・羅威在月經來潮的女性尿液中發現雌性的性荷爾蒙，並發現雌性性荷爾蒙的濃度會隨著月經周期變化。

此圖為雌性生殖系統構造圖，藍綠色者即為卵巢。卵巢排卵時，卵子會沿著喇叭管（Fallopian tube）移動到子宮，可能在子宮與精子相遇而受精。

參照條目 亞里斯多德《動物誌》（約西元前330年）；精子（西元1677年）；黃體酮（西元1929年）。

血型

威廉・哈維（William Harvey，1578~1657 年）
理查・羅威爾（Richard Lower，1631~1691 年）
尚一巴蒂斯特・德尼（Jean-Baptiste Denys，1643~1704 年）
詹姆斯・布朗迪爾（James Blundell，1791~1878 年）
卡爾・蘭德施泰納（Karl Landsteiner，1868~1943 年）

　　威廉・哈維證實血液會循環流動之後，又經過好幾十年，人類開始興起輸血的念頭。1665 年，理查・羅威爾成功藉著輸血，使一隻狗存活下來，兩年後，尚一巴蒂斯特・德尼完成人類史上第一次輸血。雖然第一次輸血成功了，然而通常到第二次或第三次接受輸血時，受血者便會死亡。及至 17 世紀末，法律明令禁止輸血，直到 1818 年，人類對血液才開始有多些了解。當年，來自英國的產科醫生詹姆斯・布朗迪爾完成人類史上第一次藉由輸血救回產後出血的孕婦。1825 至 1830 年，他陸續完成 10 次輸血，其中 5 次使病人受益。布朗迪爾不只在醫學上獲得成功，在經濟上也大有斬獲，因為發明輸血器具而賺進相當於今日 5000 萬美元的財富。

　　奧地利裔美國免疫學家卡爾・蘭德施泰納發現血型的存在，使輸血成為醫療的例行工作。1901 年，在維也納病理中心工作的蘭德施泰納發現，某些人的血液彼此接觸時引發免疫反應（抗原：抗體反應），導致紅血球凝集（即紅血球凝結成塊），造成受血者死亡。他鑑定出人類的三種血型：A、B 和 C 型（後更名為 O 型），隨後還發現第四種人類血型：AB 型。

　　1907 年，紐約西奈山醫院（Mt. Sinai Hospital）能夠成功完成人類史上第一次輸入相容血液至受血者體內的輸血，以及第一次世界大戰戰場上大規模的輸血行動，都是立基於蘭德施泰納發現人類血型。1927 年，ABO 血型成為親子鑑定的工具。蘭德施泰納也因為發現人類的 ABO 血型，於 1930 年獲頒諾貝爾獎。1940 年，於洛克斐勒研究中心（如今的洛克斐勒大學）工作時，他在恆河猴（Rhesus）身上發現另一種血液因子，即所謂的 Rh 因子。導致新生兒性命遭受威脅的溶血症即與 Rh 因子有關，因母親與胎兒的血型不相容所致。

1901 年，蘭德施泰納確認人類有四種血型，40 年後又發現 Rh 因子。1968 年，醫學界開始替 Rh 陰性血型的母親注射 RhoGAM 藥物，抑制母體因接觸到 Rh 陽性血型的胎兒紅血球而產生抗體，可有效預防新生兒溶血症的發生。

參照條目 哈維《心血運動論》（西元1628年）；血球（西元1658年）。

組織培養

戈特利布・哈柏蘭特（**Gottlieb Haberlandt**，1854~1945 年）
羅斯・哈里森（**Ross Granville Harrison**，1870~1959 年）
喬治・蓋（**George Otto Gey**，1899~1970 年）

　　動植物組織的培養在商業、科學和醫學應用上都有極高的價值。組織培養，又可稱器官培養或細胞培養，在人工的無菌外在環境中培養動植物組織碎片使其生長，便於操作及研究，可檢驗動植物組織的生化活動、基因表現、新陳代謝、營養或組織的特殊功能，以及物理、化學和生物因子，包括藥物在內，對動植物組織產生的影響。

　　1902 年，奧地利植物學家戈特利布・哈柏蘭特發想，人類史上首次培養植物組織的構思。當時他已經可以用人工培養的方式使植物細胞活幾個星期，然而因為培養基中缺乏生長激素，所以無法使植物細胞增殖。隨著研究的進步，植物組織培養（又稱微體繁殖，micropropagation）可應用在發展更強壯、抗蟲的藥用植物，例如抗癌藥物紫杉醇（Taxol），以及基因工程學的發展。

　　1907 年，耶魯大學的羅斯・哈里森發展出一種新的組織培養方法，也因此平息科學界長久以來對於神經纖維如何形成的爭議。1940 至 1950 年代，哈里森發明的懸滴培養（hanging drop culture）成為研究病毒的利器，並用以生產預防小兒麻痺、麻疹、流行性腮腺炎（mump）、德國麻疹（rubella）和水痘（chicken pox）的疫苗，以及單株抗體。

　　目前最古老，也是最常使用的細胞株為海拉細胞株（HeLa），因蕾貝卡・史路特（Rebecca Skloot）於 2010 年出版暢銷著作《海拉細胞的不死傳奇》（*The Immortal Life of Henrietta Lacks*）而聞名於世。海拉細胞株源自於 1951 年罹患癌症的拉克斯太太身上的癌細胞，拉克斯太太於半年後病逝，然而這株細胞卻成為不朽傳奇，只要有適合的培養環境，海拉細胞株能夠在培養基裡進行無數次的分裂。海拉細胞株由喬治・蓋培養，他無私地將這株細胞與科學同行分享，許多偉大的科學研究都利用海拉細胞株，然而這些使用並未經過拉克斯太太的家人同意，他的家人也未因這株細胞驚人的商業價值而獲利。

實驗室培養，使研究人員得以進行牽涉大量樣本和精密實驗環境的研究。

參照條目 生物科技（西元1919年）；海拉細胞的不死傳奇（西元1951年）；單株抗體（西元1975年）；基因改造作物（西元1982年）；誘導性多功能幹細胞（西元2006年）。

人類發現的第一種荷爾蒙：胰泌素

克洛德‧貝爾納德（Claude Bernard，1813~1878 年）
威廉‧貝利斯（William M. Bayliss，1860~1924 年）
恩尼斯特‧斯塔林（Ernest H. Starling，1866~1927 年）

1840 年代，克洛德‧貝爾納德發現胰臟的分泌物和消化飲食中獲得的脂肪有關，這樣的消化過程發生在小腸，而不是胃。1902 年，英國生理學家威廉‧貝利斯和恩尼斯特‧斯塔林想要深入了解胰臟的分泌功能，促使消化液分泌的訊號是來自神經系統？或是某些化學物質的刺激？他們切斷所有與胰臟相連的神經，然而消化液仍持續分泌，顯示其與神經系統無關。

接下來，貝利斯和斯塔林將注意力集中在促使胰臟分泌消化液的化學物質。他們將狗的十二指腸放在胃酸（即鹽酸）裡磨碎，將此混合液注入另一隻狗體內，發現接受注射的狗有如正常進食一般，其胰臟立刻開始分泌消化液。他們因此推測腸壁內側一定分泌某種化學物質，他們稱之為「胰泌素」（secretin），胰泌素隨著血液來到胰臟，促使胰臟分泌消化液。1905 年，斯塔林稱這種化學傳訊物質為「荷爾蒙」（hormone，在希臘文中有分泌的意思）。

能夠稱為荷爾蒙的化學物質，必須能夠經由無管道的內分泌腺直接釋放至血液中，並隨著血液流動抵達遠方的目標器官。胰泌素是人類史上首次發現的荷爾蒙，其後幾十年，科學界陸續發現的荷爾蒙還包括腎上腺素（adrenaline）、甲狀腺素（Thyroid）、胰島素（insulin）、睪固酮（testosterone）和雌二醇（estradiol）。內分泌系統是人體兩大傳訊系統之一（另一為神經系統），並幫助維持體內恆定。甲狀腺、腎上腺和卵巢都是內分泌腺體，可以釋放荷爾蒙來調節人體功能，例如生長發育、生殖、能量的新陳代謝和行為。

分泌荷爾蒙並非脊椎動物的專利，無脊椎動物也有內分泌系統，昆蟲的內分泌系統尤其發達。在不同無脊椎動物體內，內分泌系統的功能包含調控生殖、發育和水分平衡。植物激素（phytohormone）的數量較少，主要與調控植物生長及發育有關。

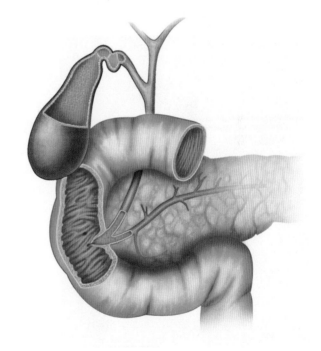

胰泌素由腸壁內側細胞（圖中粉紅色者）分泌，可促此胰臟（圖中金色者）分泌更多消化液。

參照條目 新陳代謝（西元1614年）；神經系統訊息傳遞（西元1791年）；體內恆定（西元1854年）；向光性（西元1880年）；卵巢及雌性生殖（西元1900年）；甲狀腺與變態（西元1912年）；神經傳導物質（西元1920年）；胰島素（西元1921年）；黃體酮（西元1929年）；下視丘：腦垂體軸（西元1968年）。

樹輪年代學

李奧納多・達文西（Leonardo da Vinci，1452~1519 年）
帕西瓦爾・羅威爾（Percival Lowell，1855~1916 年）
安德魯・道格拉斯（Ellicott Douglass，1867~1962 年）
克拉克・韋士勒（Clark Wissler，1870~1947 年）

　　1984 年，天文學家帕西瓦爾・羅威爾指派安德魯・道格拉斯，前往亞利桑那州旗竿市建立天文臺。在旗竿市，道格拉斯發現用來建造天文臺的木材，橫剖面上有個相同寬度的圈年輪。身為天文學家的他，曾看過太陽黑子周期影響氣候變化，而且氣候與樹木年輪寬度之間也具有相關性。此外，一定區域範圍內的樹木年輪都會呈現相同的相對生長速率（道格拉斯並非史上第一個研究年輪的科學家，大約在 1500 年，李奧納多・達文西就曾指出年輪數量與樹齡有關，年輪寬度與氣候乾燥有關）。

　　1904 年，道格拉斯針對年輪展開科學研究，這樣的科學又稱樹輪年代學（dendeochronology）。1914 年，來自美國自然史博物館的克拉克・韋士勒找上道格拉斯，希望能用年輪定年的方法來估計美國西南方原住民遺址的年代，這項成功的計畫延續 15 年。除了用來研究氣候變化的模式和考古遺跡的年代，樹輪年代學還可以用來推估冰河移動和火山噴發的時間。

　　將樹幹橫剖之後，我們就能看見年輪，每一圈年輪代表樹木一年的生命。樹木最靠近樹皮的形成層（cambium）細胞生長，因而形成年輪。生長季早期，形成層細胞的細胞壁較薄（早材，early wood），到了生長季晚期，形成層細胞的細胞壁變得較厚（晚材，later wood）。每一圈年輪象徵著早材演變至晚材的過程。

　　年輪即是新生長的維管束組織，將水分和營養物質運送至樹葉。生長季時，維管束變大，可以運送更多水分，植物休眠或遇到較乾旱的季節時，新組織的生長速度會減緩，因此形成較細的年輪，此時運送的水分也較少。氣候因子如天氣、降雨、問度和植物營養、土壤活性及二氧化碳濃度，都會影響樹木的生長。

亞利桑那州石化木（petrified wood）拋光片，經由影像放大可見其中有昆蟲蛀蝕的孔洞，年代可推溯至 2.3 億年前。

參照條目　陸生植物（約西元前4.5億年）；泥盆紀（約西元前4.17億年）；裸子植物（約西元前3億年）；植物營養（西元1840年）。

血液凝結

朱利歐·貝西羅（**Giulio Bizzozero**，**1846~1901 年**）
保羅·莫拉威茲（**Paul Morawitz**，**1879~1936 年**）

　　無論是脊椎動物或無脊椎動物，血液凝結都是重要的防衛機制，可以防止血液流失，避免致病微生物進入體內。所有脊椎動物，從原始無顎的七鰓鰻（lamprey）到哺乳類動物，血液凝結的基本過程都相同。隨著生物演化，凝血過程中的相關因子越來越多，凝血過程也越見複雜。

　　血液中有 3 種血球：負責運送氧氣的紅血球、負責抵禦外來物的白血球，和與凝血有關的血小板。哺乳類動物的血管受傷後會先引發血管痙攣並收縮，隨後血小板活化，形成血栓阻止血液繼續流失。血小板還會活化一系列凝血因子，導致凝血酶（thrombin）生成，並形成纖維凝塊（fibrin clot），穩定血小板栓，阻止血液繼續流失。

　　1882 年，朱利歐·貝西羅首次描述凝血過程中血小板的多重角色。1905 年，保羅·莫拉威茲發現後人所謂的凝血因子（其中 4 種由莫拉威茲發現），可引發凝血酶和纖維凝塊的形成，是為後續凝血過程繼續發展的基礎。從 1940 至 1970 年代，科學界陸續發現其他凝血因子，如今已知的凝血因子共有 13 種，以羅馬數字編號。除了凝血因子，正常凝血過程還需要其他輔因子（cofactor）和調節子（regulator）的幫助。缺乏凝血因子 IX 會導致 B 型血友病（hemophilia B），為歐洲皇室中維多利亞女王後裔常見的遺傳疾病。1962 年，科學界發現史蒂芬·克里斯瑪斯（Stephen Christmas）缺乏凝血因子 IX，因此凝血因子 IX 又稱克氏因子（Christmas factor）。

　　無脊椎動物中，科學界已鑑定出節肢動物如鱟（horseshoe crab）及螯蝦（crayfish）的凝血因子。某些無脊椎動物只要血管發生痙攣就足以阻止血淋巴（hemolymph）流失。血淋巴是無脊椎動物體內一種類似血液和組織間液的液體，直接浸潤節肢動物和多數軟體動物的傷口細胞。

美洲鱟（limulus polyphemus）的腹面觀。其血液及變形細胞（amebocyte）因含有血青素而呈現藍色，可用於偵測醫療器具、疫苗和藥物中是否還有細菌內毒素。

參照條目　節肢動物（約西元前5.7億年）；血球（西元1658年）；血紅素和血青素（西元1866年）。

放射定年法

亨利・貝克勒（**Henri Becquerel**，**1852~1908** 年）
柏川・波特伍德（**Bertram Borden Boltwood**，**1870~1927** 年）
恩尼斯特・拉塞福（**Ernest Rutherford**，**1871~1937** 年）
弗德瑞克・索迪（**Frederick Soddy**，**1877~1956** 年）

　　對生物學家而言，能夠鑑定化石的實際年齡，是一項具有莫大價值的成就，使它們得以追溯生命的歷史，和生物演化的過程。如今科學家最常用的定年方式是放射定年法，因 20 世紀初物理學家和化學家研究放射性同位素（radioisotope）衰退而起。

　　1896 年，居禮夫人的老師亨利・貝克勒，在研究鈾鹽（uranium salt）時發現鈾會散發輻射，這也導致他後來發現放射性（radioactivity）。根據貝克勒的發現，於麥基爾大學工作的核子物理學之父恩尼斯特・拉塞福及他的學生弗德瑞克・索迪，兩人發現放射性衰退的過程中，原子會以穩定的速率從母同位素（parent isotope）移動到子同位素（daughter isotope）——同位素核內具有相同數量的質子（proton），不同數量的中子（neuron），以致相同的元素有不同的原子量。拉塞福和索迪推測每種同

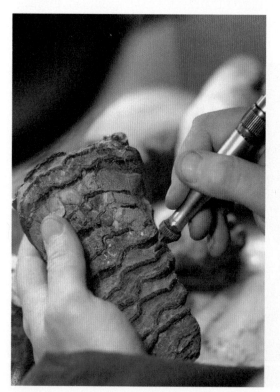

位素衰減至只剩下一半原子的時間各不相同，即不同的同位素有不同的半衰期（half-life）。碳 14 的半衰期為 5730 年，適用於鑑定年代較近期（7.5 至 8 萬年前）的有機物質，例如木材、骨骼、貝類和纖維。相反的，鈾 238 的半衰期長達 45 億年，可用於鑑定年代久遠的化石。

　　耶魯大學的放射化學家柏川・波特伍德可謂研究同位素的先驅，一開始經常和拉塞福通信，後來兩人成為摯友，1907 年，他成為史上首位以拉塞福的理論進行放射定年的科學家。藉由鈾 238 和鉛 206 兩者半衰期的比值，波特伍德估計地球的年齡約為 22 億年，是之前估計值的 10 倍，然而與現今估算的地球年齡相比，仍然少一半。

一位考古學家正在清理猛瑪象的牙齒化石。地球上最早出現的猛瑪象大約生存在 500 萬年前，然而約 1 萬年前，所有的猛瑪象幾乎滅絕，有些侏儒猛瑪象存活至 4000 年前左右。

參照
條目　生命的起源（約西元前40億年）；化石紀錄與演化（西元1836年）；樹輪年代學（西元1904年）；X射線結晶學（西元1912年）；露西（西元1974年）。

益生菌

艾利・梅契尼科夫（Élie Metchnikoff，1845~1916 年）
代田稔（Minoru Shirota，1899~1982 年）

人體內的細菌數量超過 100 兆，總重量相當於 2.3 公斤，光是口腔內就有好幾百種細菌存在。過去一說到細菌，就聯想到致死率極高的傳染性疾病，和食物中毒。現代醫學遭遇的問題還包括過度使用無選擇性的抗生素，在消滅對人體有害的細菌時，也一併消滅對人體有益的細菌。在腸道尤其如此，廣效性的抗生素干擾腸道正常的微生物相，造成腹瀉。

益生菌。1907 年，俄羅斯生物學家艾利・梅契尼科夫因為在免疫學上的研究，而成為當年度的諾貝爾獎共同獲獎人，他認為我們也許能夠調整腸道的菌相，以對人體有益的細菌取代對人體有害的細菌。更精確的說法是，發酵乳替腸道加入乳酸桿菌（lactobacillus），使腸道環境酸化，並抑制蛋白分解菌（proteolytic bacteria）的生長。梅契尼科夫認為人的老化是因為大腸末段累積過多人體廢棄物，從而使廢棄物進入直腸，而廢棄物中的有毒物質又從直腸回流入血液當中（即所謂的自體中毒，autointoxication）。梅契尼科夫還發現居住在保加利亞偏遠地區的長壽居民，日常飲食中經常出現含有乳酸桿菌的發酵乳。

1930 年代，日本的科學家代田稔受梅契尼科夫的啟發，發明「養樂多」（Yakult），是一種有如優格，還有大量乳酸桿菌的飲品，可以消滅腸道中對人體有害的細菌。養樂多，以及近年來崛起的其他類似飲品，泛指為「益生菌」（probiotic）飲品，其實就是把活體微生物當作食品添加物來使用，喝了以後可以改善腸道的菌相平衡。

雖然益生菌好處多多，既可以調整腸道失調的菌相，還能治療許多重要的系統性失調症狀，然而截至目前為止，美國食品藥物管理局（FDA）或歐洲食品安全局（EFSA）仍未宣布益生菌具有療效。

巴爾幹優格和希臘及瑞士的優格有所不同，置放在特定容器中，而非放在大桶中發酵。此圖為自製的巴爾幹優格，富含益生菌，以傳統的陶器盛裝。

參照條目 原核生物（約西元前39億年）；微生物發酵（西元1857年）；抗生素（西元1928年）。

心臟為什麼會跳動？

加倫（Galen，約 130~200 年）
楊・浦金耶（Jan Evangelista Purkinje，1787~1869 年）
華特・賈斯高（Walter Gaskell，1847~1914 年）
小維倫荷・希斯（Wilhelm His, Jr.，1863~1934 年）
亞瑟・基斯（Arthur Keith，1866~1955 年）
田原淳（Sunao Tawara，1873~1952 年）
馬丁・弗萊克（Martin Flack，1882~1931 年）

　　將時光拉回到二世紀，加倫發現人的心臟離開人體，切除所有神經之後依然持續跳動。心臟究竟為什麼會跳動？一直是個爭議不斷的謎題，經過許多解剖實驗幫助拼湊答案，直到 20 世紀頭 10 年，人類才解開心跳之謎。

　　1839 年，波希米亞生理學家、能說 13 種不同語言也是一位詩人、熟讀歌德與席勒詩集的楊・浦金耶，找出第一條解謎線索。在他眾多發現當中，與心臟有關的莫過於心室纖維：浦金耶纖維（Purkinje fiber），然而他未能發現這種心室纖維的功能。1880 年代，於劍橋大學工作的華特・賈斯高研究主題為心臟脈衝的行程，以及心房至心室的心跳波形傳導。他發現透過手術將心房與心室分開後，心室即停止跳動。1893 年，出生瑞士的心臟專家及解剖學家小維倫荷・希斯，描述橋接心房和心室的肌肉構造，即所謂的希氏束（bundle of His），又稱房室束，然而對其功能並未多加描述。

　　1868 年，日本結束幕府將軍時代，日本也由封建社會走向現代化社會。日本打開大門接受西方文化，採納德國的教育系統。1903 年，醫學研究生田原淳被送往德國，研究心臟的傳導系統，並發現

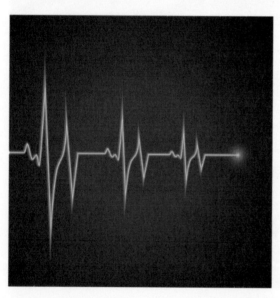

房室傳導系統（atrioventircular conducting system）及房室結（AV node）。他認為電脈衝經由房室束傳導至浦金耶纖維，使其成為電傳導系統的一部分。1907 年，心跳之謎的最後一條線索，由蘇格蘭人類學家、解剖學家亞瑟・基斯及當時就時醫學院的馬丁・弗萊克找到，他們在顯微鏡下發現竇房結（sino-atrial node），作用就像心臟的節律器，心跳脈衝經由竇房結傳導至房室結。然而基斯是激進的種族主義者，因為參與皮爾當人騙局（Piltdown Man hoax），惹得一身臭名。

紀錄心臟電流移動的心電圖。每一次心跳都源自於竇房結發起的電脈衝，電脈衝先活化心房，接著往下傳導，活化心室。

參照
條目　哈維《心血運動論》（西元1628年）；血壓（西元1733年）。

哈溫平衡

查爾斯・達爾文（**Charles Darwin**，**1809~1882** 年）
格里哥・孟德爾（**Gregor Mendel**，**1822~1884** 年）
維倫荷・溫伯格（**Wilhelm Weinberg**，**1862~1937** 年）
戈弗雷・哈代（**Godfrey Hardy**，**1877~1947** 年）

　　達爾文在其著作《物種起源》書中提供證據，認為天擇就是演化的基礎，雖然他已認知到個體特徵是由親代遺傳至子代，但尚不知曉遺傳的具體發生過程。1866 年，孟德爾提出理論，認為遺傳特徵藉由遺傳單位（即如今已知的基因）傳衍至子代，而染色體上不同形態的遺傳單位（即對偶基因），會使子代表現出特定的特徵。此時科學家面臨兩難，究竟是採信孟德爾的理論，相信親代可以將大量特徵變化遺傳給子代，或是選擇達爾文的理論，認為個體特徵是經由累代變化而來？

　　1908 年，英國數學家戈弗雷・哈代和德國醫生維倫荷・溫伯格各自獨立發展一套模型，可以推估演化是否發生，並計算族群中的基因頻率（gene frequency）是否發現改變。如果演化沒有發生，那麼族群中各世代對偶基因的頻率會維持平衡，為了維持這樣的平衡，必須滿足五個條件：（1）族群必須是無限大，以免發生基因漂流（genetic drift，即對偶基因頻率的隨機變動）；（2）個體皆配必須是隨機事件；（3）沒有突變發生，因此族群中不會有新的對偶基因；（4）族群中沒有個體移出或移入；（5）沒有天擇發生，因此族群不會特別偏好或排除某種對基因。

　　然而在現實世界中，上述條件永遠不可能滿足，因此，演化必然會發生。然而計算族群世代間對偶基因頻率的變化，讓科學家能夠計算族群中個體攜有遺傳疾病對偶基因的機率。

　　整個 20 世紀，英國科學家主導著遺傳學的研究，因此並未聽聞溫伯格以德文發表的文章，然而溫伯格早在 1907 年中期就已發表這樣的觀念，因此在 1943 年之前，現在我們所稱的哈溫平衡定律，僅榮耀哈代一人。

哈溫平衡為計算族群基因頻率的變化提供一套數學模型。此圖可見斧蛤（Donax variabilis）的殼面具有各種不同的色彩模式，因基因型不同而有所差異。

參照條目　達爾文的天擇說（西元1859年）；孟德爾遺傳學（西元1866年）；重新發現遺傳學（西元1900年）；染色體上的基因（西元1910年）。

染色體上的基因

查爾斯・達爾文（Charles Darwin，1809~1882 年）
格里哥・孟德爾（Gregor Mendel，1822~1884 年）
雨果・德・弗里斯（Hugo de Vries，1848~1935 年）
湯瑪士・摩根（Thomas Hunt Morgan，1866~1945 年）
阿弗雷德・史特曼（Alfred H. Sturtevant，1891~1970 年）

　　1900 年，科學界重新發現孟德爾以豌豆為材料進行的遺傳實驗，而孟德爾的發現正是遺傳學發展的基礎。20 世紀初，許多生物學家接受達爾文的演化論，卻不願採納達爾文的天擇說，湯瑪士・摩根就是其中之一。1866 年，重新發現遺傳學的三位科學家之一，荷蘭籍的雨果・德・弗里斯在研究月見草（evening primrose）時，發現突變（指生物外型突然改變）的證據。

　　1907 年，哥倫比亞大學的動物學家摩根以果蠅（Drosophilla melanogaster）為材料，試圖解釋所謂的突變才是天擇的基礎，生物演化並不如達爾文所述，是一種漸進的變化過程。他之所以選擇果蠅為材料有幾個原因：（1）一公升的牛奶瓶就能裝進 1000 隻果蠅；（2）果蠅的生殖周期只有 12 天；（3）雌雄果蠅容易分辨；（4）一有突變馬上就能看出來。經過三年的飼養，摩根發現第一隻突變果蠅：一隻白眼的果蠅。後續的飼養過程中，雌果蠅全為紅眼，雄果蠅全為白眼。

　　1910 年，他提出染色體遺傳理論。每一個染色體上都有許多稱為基因的遺傳單位，基因就像串珠手鍊上的珠子一樣，排列在染色體上。此外，有些特徵（如黃身或翅膀退化）與性染色體相連。1913 年，摩根的學生阿弗雷德・史特曼發現每一個基因在染色體上都有其相對位置，這項發現也成為找出人類染色體圖譜的基石。

　　基因就是孟德爾遺傳理論和達爾文演化論之間「失落的環節」，而摩根填補這個空隙（1916 年，摩根接受達爾文的天擇說），因為找出染色體在遺傳過程中扮演的角色，摩根成為 1933 年諾貝爾獎得主。附帶一提，追隨摩根的學生中，有五人也是諾貝爾獎得主。

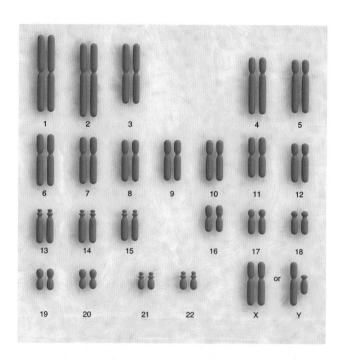

人類的染色體核型（karyotype），展示人類 23 對染色體，包括 XX 及 XY 性染色體對。

参照條目　達爾文的天擇說（西元1859年）；孟德爾遺傳學（西元1866年）；重新發現遺傳（西元1900年）；DNA攜帶遺傳資訊（西元1944年）；雙股螺旋（西元1953年）；人類基因體計畫（西元2003年）。

致癌病毒

裴頓・勞斯（**Francis Peyton Rous**，1879~1970 年）
麥克・畢夏普（**J. Michael Bishop**，1936 年生）
哈洛德・法姆斯（**Harold Varmus**，1939 年生）

1911 年，美國病理學家裴頓・勞斯甫自醫學院畢業，只有 4 年的研究經驗，卻成為洛克斐勒研究中心癌症研究的要角。接下來 20 年，他的研究結果時而遭到科學界的漠視和訕笑，經過 55 年，直到他過世前 4 年，科學界才接納他的研究成果，並於 1966 年獲得諾貝爾獎。如今我們已知有 15 至 20% 的癌症是由病毒引起，多數發生在動物身上。

勞斯在洛克斐勒研究中心時期發表的第一篇文章，便鑑定蘆花雞母雞（Plymouth Rock hen）胸部肉瘤（sarcoma）的致病因子，當時有許多文獻指出動物身上出現異常的傳染性瘤，因而引起他的注意。他將一小部分肉瘤組織轉植到健康的母雞身上，成功誘發出相同的肉瘤（在其他鳥類身上並未誘發成功），證實癌症可以在鳥類之間傳播。近來的研究顯示，不需要轉植完整的肉瘤細胞，只要在健康的個體身上注射無細胞、無菌的腫瘤濾液就能引發癌症。勞斯做出結論，認為母雞腫瘤的致病因子為濾過性因子。1892 年，人類發現第一種病毒（菸草嵌紋病毒）幾十年後，科學界以病毒指稱濾過性致病因子。隨後，病毒則專指只能生長在活體細胞中的濾過性因子。

勞斯還發現的勞斯肉瘤病毒（Rous sarcoma virus, RSV）是為反轉錄病毒（retrovirus），是人類史上發現的第一種致癌病毒。反轉錄病毒的遺傳物質為 RNA 而非 DNA，一旦進入寄主體內便開始將 RNA 轉錄為 DNA，在反轉錄病毒體內可發現致癌基因（oncegene）。1976 年，麥克・畢夏普和哈洛德・法姆斯發現如果健康細胞中正常的致癌基因遭反轉錄病毒侵染，可因此引發癌症，兩人於 1989 年獲頒諾貝爾獎。

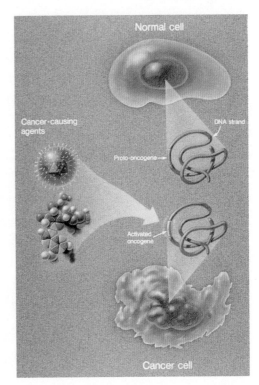

此圖表示正常細胞遭致癌因子，反轉錄病毒侵襲後，會活化細胞 DNA 上的致癌基因。

參照條目 病毒（西元1898年）；致癌基因（西元1976年）；人類免疫不全症病毒與愛滋病（西元1983年）。

大陸漂移

亞歷山大・馮・洪博（**Alexander von Humboldt**，1769~1859 年）
阿弗雷德・韋格納（**Alfred Wegener**，1880~1930 年）

　　縱然只是瞥一眼南半球的地圖，也會發現南美洲東岸的海岸線和非洲西岸，有如兩片分散的拼圖。這樣的念頭也在自然學家、探險家亞歷山大・馮・洪博的腦中萌生。19 世紀初期，他發現南美洲與非洲西部有許多相似的動植物化石，阿根廷與南非的山脈有許多共通之處。後代的探險者還在印度與澳洲發現相似的化石。

　　1912 年，來自德國，身兼地質學家、氣象學家及極地探險家的阿弗雷德・韋格納更進一步推測現今的各大陸板塊在過去曾是一塊完整的板塊，他稱之為盤古大陸（Pangaea）。1915 年，他在著作《大陸與海洋的起源》（*The Origin of Continents and Oceans*）繼續拓展這樣的理論，韋格納認為盤古大陸後來分裂成兩塊超大陸（supercontinent），即勞亞古陸（Laurasia，位居於現今的北半球）與岡瓦納大陸（Gondwanaland，位居於現今的南半球），分裂時間大約是 1 億 8000 萬至 2 億年前。韋格納無法提出證據解釋大陸漂移的現象，1930 年他在前往格陵蘭探險的途中因心臟衰竭而死，當時科學界依然完全否決他的觀念。1960 年代，科學界終於接受大陸漂移的觀念，因為當時板塊運動（plate tectonic）學說興起，認為大陸板塊持續相對移動著，滑入其他板塊之下，彼此逐漸分離。

　　早在科學界承認大陸漂移之前，自然學家就已在相距幾千公里，中間還隔著海洋的大陸板塊上發現相同或相似的動植物化石，例如在南美洲、非洲、印度和澳洲發現熱帶蕨類舌羊齒（Glossopteris）的化石；隸屬於 Kannemeyrid 科的爬蟲類，外型與哺乳類相似，其化石也在非洲、亞洲和南美洲出土。相反的，不同大陸現存的動植物相彼此卻差距甚大，以澳洲為例，澳洲所有原生的哺乳類動物都是有袋類而非胎盤類，顯示澳洲與岡瓦納大陸分離之時，胎盤哺乳類動物尚未演化。

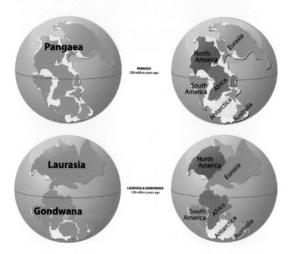

根據大陸漂移理論，盤古大陸後來分裂為兩塊超大陸，即勞亞古陸與岡瓦納大陸。

參照條目　泥盆紀（約西元前4.17億年）；古生物學（西元1796年）；達爾文及小獵犬號航海記（西元1831年）；化石紀錄與演化（西元1836年）；生物地理學（西元1876年）。

維生素與腳氣病

高木兼寬（Takaki Kanehiro，1849~1920 年）
克里斯欽·艾克曼（Christiaan Eijkman，1858~1930 年）
弗德列克·霍普金斯（Frederick Hopkins，1861~1947 年）
凱西米爾·芬克（Casimir Funk，1884~1967 年）

　　有關腳氣病（beriberi）的最早紀載可回溯至 4500 年前的中國醫藥書籍。以白米為主食的亞洲，腳氣病向來盛行。腳氣病會影響神經系統和心臟，僧伽羅羽的原意即指「虛弱、虛弱」，重複兩次是為強調，患者還有癱瘓之虞。稻米收割後經過輾磨去胚，移除穀殼、粗糠和胚芽之後形成白米，然而這些被除去的部分具有重要的營養物質。

　　1884 年，日本海軍軍醫高木兼寬結束在英國的醫學研究後返回日本。他注意到腳氣病在西方海軍並不常見，而平常以西方飲食為主的日本海軍軍官也很少罹患腳氣病，然而腳氣病在只吃白米的水手間卻非常普遍。他著手進行實驗，比較飲食差異和腳氣病的發生頻率，發現僅以白米為食的話，罹患腳氣病的機率是西方飲食者的 10 倍之多。高木兼寬據此推論飲食是腳氣病的源頭，和當時普遍認為腳氣病是傳染病的觀念大不相同，因此日本海軍並未改變飲食。1904 至 1905 年日俄戰爭期間，2 萬 7000名日本士兵死於腳氣病，幾乎是戰死人數的一半。

　　1897 年，荷蘭醫生克里斯欽·艾克曼被送往荷屬東印度（如今的印尼）研究腳氣病。他以白米餵食雞，使雞罹患腳氣病，一旦將白米換成糙米，罹病的雞便恢復健康。艾克曼推斷白米缺乏糙米所含的某種物質，他稱之為「抗腳氣病因子」。1911 年，波蘭化學家凱西米爾·芬克發現這種物質——硫胺素（thiamine）——是一種胺類化合物，並稱之為維生素（vital amine 或 vitamine），因為後來發現其他不是胺類的維生素，便把英文字尾的「e」去掉。1912 年，英國生化學家弗德列克·霍普金斯進行一項實驗，比較兩組老鼠的生長差異，其中一組只供給合成食物；另一組只供給牛奶，結果發現第一組老鼠停止生長，一旦飲食中加入牛奶，老鼠便恢復生長。霍普金斯和艾克曼同為 1929 年的諾貝爾獲獎人。

移除粗糠可以延長白米的銷售期限，但也使白米缺乏硫胺素（即維生素 B1）。

參照條目　稻米栽培（約西元前7000年）；米中的白蛋白（西元2011年）。

甲狀腺與變態

湯瑪士・沃頓（Thomas Wharton，1614~1673 年）
西奧多・柯翚爾（Theodor Kocher，1841~1917 年）
弗德列克・古德納奇（J. Frederick Gudernatsch，1881~1962 年）

　　1656 年，英國解剖學家湯瑪士・沃頓首次證實甲狀腺（thyroid gland）的存在。瑞士籍外科醫生西奧多・柯翚爾則因闡明甲狀腺的功能獲得 1909 年諾貝爾獎。自 1874 年起的 10 年間，柯翚爾替許多病人移除腫大的甲狀腺。他的手術非常成功，使這項過去視為高風險手術的致死率顯著下降。然而，他的病人在術後全都發生疲勞、昏睡的症狀，並且總是畏寒。現在我們知道甲狀腺與許多生命重要的循環事件有關，包括能量利用、生長發育、變態、生殖、冬眠及產熱。甲狀腺是最大型的內分泌腺，所有脊椎動物都具有甲狀腺，位於四足動物（具有四肢和指／趾頭的動物）的頸部。

　　甲狀腺所分泌的荷爾蒙可以提升身體所有組織的代謝活力，也能提升食物轉換為能量的速率。甲狀腺素分泌量增加之後，細胞內粒線體（mitochondria）的數量和體積都會增加，粒線體是細胞產生三磷酸腺甘酸（adenosine triphosphate, ATP）的地方，提供細胞各項功能所需的能量，在這個過程中會產生熱能。甲狀腺素對生長的影響主要見於兒童身上，甲狀腺低能的兒童心智及生長都會呈現遲滯。

　　在演化過程中，不同動物的甲狀腺演化出不同功能。1912 年，於康乃爾大學醫學院工作的弗德列克・古德納奇以哺乳動物的甲狀腺餵食蝌蚪，成功引發蝌蚪變態，轉變為成蛙：孵化不久的蝌蚪其鰓消失，發展出大型下顎，眼和四肢快速生長，尾巴也被身體重新吸收；相反的，若將蝌蚪的甲狀腺移除，便不會發生變態。比目魚也會發生變態，早期發育過程中，比目魚的身體為兩側對稱，眼睛位於身體的兩側，變態過程中，其中一隻眼睛會移動到身體的另一側，也就是身體的上側。

甲狀腺素在脊椎動物的發展過程中扮演重要角色，其中最令人驚訝的例子莫過於使蝌蚪轉變為成蛙。

參照條目　兩棲動物（約西元前3.6億年）；新陳代謝（西元1614年）；人類發現的第一種荷爾蒙：胰泌素（西元1902年）；粒線體與細胞呼吸（西元1925年）。

X 射線結晶學

維倫荷·侖琴（**Wilhelm Conrad Röntgen**，1845~1923 年）
亨利·布拉格（**William Henry Bragg**，1862~1942 年）
馬克斯·馮·勞厄（**Max von Laue**，1879~1960 年）
勞倫斯·布拉格（**William Lawrence Bragg**，1890~1971 年）
桃樂絲·霍奇金（**Dorothy Crowfoot Hodgkin**，1910~1994 年）
法蘭西斯·克里克（**Francis Crick**，1916~2004 年）
羅莎琳·法蘭克林（**Rosalind Franklin**，1920~1958 年）
詹姆士·華生（**James D. Watson**，1928 年生）

　　發現 DNA 結構的榮耀歸於詹姆士·華生和法蘭西斯·克里克兩人。然而有許多研究人員認為兩人的合作者羅莎琳·法蘭克林，也是不可漠視的功臣之一，她以 X 射線繞射影像清楚顯示 DNA 的結構為雙股螺旋。X 射線結晶學（X-ray cystallography）本用於判斷原子大小和化學鍵的性質，如今已應用於化學、礦物學、冶金術和生醫科學，是一種功能強大的分析工具，讓生物學家可以判斷生物分子，例如維生素、蛋白質、DNA、RNA 和藥物的結構與功能，以及藥物的合理設計。

　　1895 年，維倫荷·侖琴在研究電流如何於氣體中行進時，發現一種能在底片上顯影的射線，因為他不了解這種射線的性質，因此稱之為 X 射線，這項發現也使他獲頒 1901 年諾貝爾物理獎。1912 年，馬克斯·馮·勞厄發現晶體可使 X 射線發生繞射（diffraction），勞倫斯·布拉格和其父亨利·布拉格以勞厄的研究為基礎，在 1912 至 1914 年進行研究，利用 X 射線繞射的性質分析晶體結構，而在 1915 年同獲諾貝爾獎。他們發現藉著測量 X 射線穿過晶體樣本後發生繞射的角度和其強度，可以獲得精細的分子立體結構，時年 25 歲的布拉格是史上最年輕的諾貝爾獲獎者，他在 1912 年發展出一套基礎理論，可用來判斷晶體的結構，至今科學界依然沿用這項布拉格定律。

　　桃樂絲·霍奇金可謂最重要的生物結晶學者，確認膽固醇（1937 年）、青黴素（1946 年）、維生素 B12（1956 年）的結構，因此於 1964 年獲得諾貝爾獎。1939 年她確認胰島素的結構，胰島素也成為她往後 30 年的研究主題。霍奇金同時還研究生物分子，例如蛋白質的的立體性質和結構。

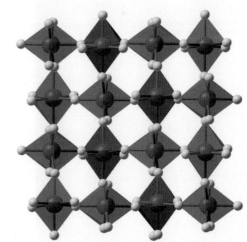

經由 X 射線繞射後得到的四氟化錳（MnF4）晶體結構。

參照條目　胰島素（西元1921年）；胺基酸序列與胰島素（西元1952年）；雙股螺旋（西元1953年）。

噬菌體

恩尼斯特・漢金（Ernest H. Hankin，1865~1935 年）
菲力克斯・德雷爾（Félix d'Hérelle，1873~1949 年）
弗德列克・圖爾特（Frederick W. Twort，1877~1950 年）

　　1890 年代，英國細菌學家恩尼斯特・漢金在印度研究瘧疾和霍亂。1896 年他發表報告指出，恆河和亞穆納河的河水有抵禦霍亂的抗菌功效，即便經過能濾除細菌的瓷濾器過濾後，效果依然不減。他歸論這種物質就是限制霍亂流行的功臣，但卻沒有進一步研究這種神祕，且肉眼不可見的物質。

　　20 世紀初，英國細菌學家弗德列克・圖爾特以人工培養基培養細菌做研究，他發現某種未知的因子會造成某些細菌死亡，他稱之為「重要物質」（essential substance），這種物質能夠穿過瓷濾器，而且需要有細菌的存在才能生長，他認為很有可能是一種病毒。1915 年他發表相關報告，然而卻被科學界忽略數十年，後來因為第一次世界大戰興起和缺乏經費的緣故，中斷後續研究。

　　法裔加拿大微生物學家菲力克斯・德雷爾當時正在巴黎的巴斯德研究所工作，德雷爾和圖爾特一樣，發現「某種肉眼不可見的物質……對痢疾桿菌有拮抗效果」，而且能夠穿過瓷濾器。他意識這是一種病毒，他稱之為「噬菌體」（bacteriophage，又簡稱 phage），並在 1917 年發表相關報告。雖然他早已知曉圖爾特的研究，然而並未在報告中承認這一點，並將這項發現的大部分功勞歸於自己。既然已發現噬菌體的抗菌功效，1919 年，德雷爾在巴黎兒童醫院展開實驗，測試噬菌體對痢疾的療效，後來還建立商業實驗室，生產五種不同的噬菌體，針對不同的細菌感染進行治療。1940 年代，抗生素的出現使得醫學界對噬菌體——對細菌有選擇性，且以溶菌方式（lysis）殺死細菌的病毒——的熱情大大消退。直到 1990 年代，因為細菌發展出抗藥性，醫學界才又重拾研究噬菌體的熱忱。在俄羅斯及東歐地區，噬菌體一直是治療細菌感染的良方，也是研究病毒增殖的模式系統。

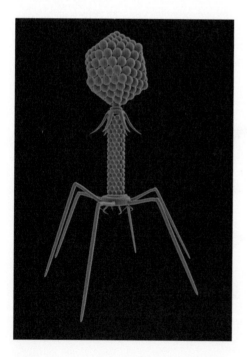

噬菌體是一種能夠感染細菌的病毒。蛋白質外殼包覆 DNA，蛋白質尾部具有纖維，使其能夠附著在細菌表面。

參照條目　病毒（西元1898年）；致癌病毒（西元1911年）；抗生素（西元1928年）；細菌遺傳學（西元1946年）。

生物科技

愛德華・布赫納（**Eduard Buchner**，**1860~1917 年**）
卡羅利・伊瑞奇（**Károly Ereky**，**1878~1952 年**）

　　自 1970 年代起，生物科技一詞成為常見詞彙。所謂之生物科技，意指利用生物系統來生產有用的生物產品，包括食物、飲品和藥物。生物科技所指稱的範圍非常多元，涵蓋 DNA 重組、基因改造作物、生物製藥（biopharmaceutical）和遺傳工程。然而，有關生物科技的種子早在一萬多年前就已種下。

　　當人類祖先從狩獵採集者演化成食物的主動生產者，就已經開始像應用生物學家一樣，著手對動植物進行人工選殖，這是就早期的生物科技。人類先是馴養動物，再透過育種將這些田野好幫手的可用性發揮到最大，提供肉品來源和禦寒皮毛。植物的選殖目標則是在於提升營養價值，增加耐受惡劣氣候和農業害蟲的能力。接下來幾千年的時間，人類利用牛奶製作乳酪和優格，利用酵母菌製造啤酒、紅酒和麵包，在在都是生物科技的遠古開端。

　　19 世紀的生物科技學家將注意力集中在發酵過程，意圖讓發酵——即水果中的糖和澱粉轉變成酒精的過程，是人類最早發現，最早加以利用的化學反應——達到最大的應用價值。1896 年，德國化學家愛德華・布赫納證實，發酵過程並不一定需要活酵母細胞的存在。只需要酵母細胞的產物，也就是現今所稱的酵素，就足以引起發酵。此時的生物科技和發酵學緊密相連，尤其和製造啤酒及紅酒息息相關，接下來生物科技還要解決糧食的問題。

　　匈牙利農業工程師卡羅利・伊瑞奇是「生物科技」一詞的創始人，1919 年他以生物科技為書名，在書中描述如何以豬為原料，將食品升級，生產有利於社會的產品。第一次世界大戰過後，他致力於解決匈牙利嚴重的飢荒問題，伊瑞奇建立當是世界上最大型，獲利也最豐富的肉品和脂肪生產公司。

19 世紀，生物科技應用學家透過發酵製作啤酒。這幅畫描繪的主角是一名待在釀酒廠的修道士，是德國藝術家愛德華・馮・古茲納（Eduard von Grützner，1846~1925 年）於 1987 年的畫作。

參照條目 農業（約西元前1萬年）；動物馴養（約西元前1萬年）；人工選殖（選拔育種）（西元1760年）；微生物發酵（西元1857年）；酵素（西元1878年）；綠色革命（西元1945年）。

神經傳導物質

約翰‧蘭利（John Newport Langley，1852~1925 年）
奧圖‧羅威（Otto Loewi，1873~1961 年）
湯瑪士‧艾略特（Thomas Renton Elliott，1877~1961 年）

　　神經究竟如何與其他神經或肌肉溝通？體內或外在環境的變化都會刺激神經。當電流沿著神經傳導，通過突觸抵達另一條神經或抵達位於肌肉、心臟或腺體的動器細胞（effector cell），促使做出反應。而神經細胞通過突觸而傳遞的訊息，是以電流的形式存在，又或是一種神經末梢釋放的化學物質？

　　1905 年，著名的英國生理學家，劍橋大學的約翰‧蘭利首次提出相關理論，認為神經接受刺激以後，會釋放出他稱之為「感受質」（receptive substance）的化學物質。這個不平凡的觀念，立論基礎來自於蘭利學生，湯瑪士‧艾略特的實驗結果，卻也是蘭利不願承認的事實。接下來 15 年，許多卓越的科學家進行與艾略特相似的實驗，證明動器細胞會在神經接受刺激後做出反應，並會釋放相似但不完全相同的化學物質。

　　出生於德國，任教於奧地利格拉茨大學的藥理學教授奧圖‧羅威，一直致力於釐清化學物質如何在突觸間傳導的謎題。1920 年復活節前夕，熟睡中的羅威腦海中突然出現關鍵的實驗靈感，他起身草草記下注意事項後繼續倒頭大睡，待醒來看著潦草的筆記卻沒有任何頭緒。到了隔天凌晨三點，睡夢中的他腦海又浮出相同的靈感，他趕緊起身衝往實驗室，在當天結束之前完成一項關鍵至極，

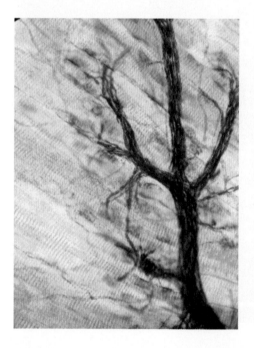

卻又簡單無比的實驗：他將兩顆青蛙的心臟分別放在不同的組織水浴槽，刺激其中一顆心臟的迷走神經（vagus nerve），其心跳速率便慢下來，接著他將水浴槽的液體倒入另一個水浴槽，發現另一顆青蛙心臟的心跳速率也慢下來。據此，他將迷走神經釋放出來的化學物質稱為「迷走神經激素」（Vagusstoff），後來確定為乙醯膽鹼（acetylcholine），是人類發現的第一種神經傳導物質，羅威也因此成為 1936 年的諾貝爾獎共同獲獎人。兩年後，納粹德國侵入奧地利，羅威逃離奧地利。

　　如今科學家在脊椎動物與非脊椎動物身上，鑑定出來神經傳導物質已經超過 100 種，在正常生理功能、疾病和藥物發展的研究中扮演重要角色。

神經末梢釋放出神經傳導物質乙醯膽鹼，活化骨骼肌（即隨意肌，voluntary muscle）纖維上的受器，造成肌肉收縮。此圖為肌肉組織中神經細胞末梢在顯微鏡下的模樣，放大倍率為 200 倍。

參照條目　動物電（西元1786年）；神經系統訊息傳遞（西元1791年）；神經元學說（西元1891年）；動作電位（西元1939年）。

西元 1921 年

胰島素

保羅・蘭格漢（**Paul Langerhans**，1847~1888 年）
約瑟夫・馮・梅林（**Joseph von Mering**，1849~1908 年）
奧斯卡・明科夫斯基（**Oskar Minkowski**，1858~1931 年）
約翰・麥克勞德（**John J. R. MacLeod**，1876~1936 年）
弗德烈克・班廷（**Frederick G. Banting**，1891~1941 年）
詹姆士・柯力普（**James B. Collip**，1892~1965 年）
查爾斯・貝斯特（**Charles H. Best**，1899~1978 年）

　　人體不會浪費任何珍貴的資源，說來都得感謝胰島素（insulin）。胰島素是一種荷爾蒙，當人體攝入過多富含能量的食物，胰島素會主動保留並儲存這些能量：多餘的碳水化合物以肝醣的形式儲存在肝臟和肌肉中；脂肪則沉積在脂肪組織；胺基酸則轉變為蛋白質。雖然我們了解胰島素的化學機轉是近代的事情，然而遠在古埃及和古希臘時代，對於因胰島素抗性（insulin resistance）及胰島素缺乏所引起的糖尿病（diabetes）就已經有相關描述。

　　現代對糖尿病的了解起源於 1869 年，當時還是醫學院學生的保羅・蘭格漢發現胰臟中有一種過去從未有人提起的細胞，也就是後來所稱的蘭氏小島（islets of langerhans）。30 年後，約瑟夫・馮・梅林和奧斯卡・明科夫斯基想要了解胰臟的生理功能，他們移除狗的胰臟之後發現狗出現所有糖尿病的病癥，包括最典型的糖尿。

　　1921 年，加拿大外科醫生弗德烈克・班廷，找多倫多大學生理學教授約翰・麥克勞德商量，希望趁著麥克勞德度假時，能用借用他的實驗室和 10 隻狗。班廷找來正在等待醫學院入學通知的查爾斯・貝斯特幫忙，他們重複梅林和明科夫斯基的實驗，並且將從健康狗兒身上取得的胰臟萃取物注入胰臟遭到移除的狗兒體內，成功消除糖尿病的病癥。1922 年 1 月，14 歲的糖尿病患者李奧納多・湯普森成為史上首位接受胰臟萃取物注射而康復的病人。至此，科學界終於發現的救人性命的胰島素。1923 年，諾貝爾獎頒給班廷和沒有實質貢獻的麥克勞德，班廷將獎金分一半給貝斯特；一如麥克勞德也將獎金分一半給從胰臟萃取物中純化出胰島素的柯力普。同年，艾利・禮來（Eli Lilly）開始商業化生產胰島素，在人類發現胰島素之前，罹患第一型糖尿病患者的壽命至多只有幾個月，如今糖尿病控制得宜的患者，預期壽命和非糖尿病患者相差無幾。

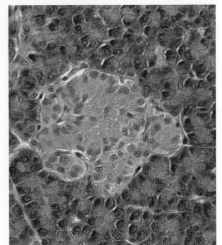

高倍率顯微鏡下顯現的蘭氏小島。蘭氏小島位於胰臟中，負責生產胰島素。

參照條目 肝與葡萄糖代謝（西元1856年）；人類發現的第一種荷爾蒙：胰泌素（西元1902年）；胺基酸序列和胰島素（西元1952年）。

先天性代謝異常

格里哥・孟德爾（Gregor Mendel，1822~1884 年）
亞契博德・蓋羅（Archibald Garrod，1857~1936 年）

　　1890 年代，英國醫生亞契博德・蓋羅被請來檢查一名三個月大，名為湯瑪士的男嬰，其尿液呈現深紅褐色。蓋羅診斷這名男嬰罹患黑尿症（alkaptonuria），肇因於積累太多身體於正常狀況下能夠快速分解的黑尿酸（alkapton）。當時普遍認為黑尿症是一種罕見疾病，是由細菌感染而導致，蓋羅卻認為這種疾病和化學反應有關。不久，湯瑪士的家族裡陸續又有兩名嬰兒出生，同樣患有黑尿症，他們的父母和湯瑪士的父母有血緣關係。進一步研究後，蓋羅發現在其他有一至多名黑尿症病童的家族中，病童的父母彼此都是表親。1902 年，蓋羅發表他的發現。

　　蓋羅根據格里哥・孟德爾的遺傳理論，和自己的化學知識，推論有些新陳代謝疾病可能是遺傳疾病，他也在自己於 1923 年發表的鉅著《先天性代謝異常》（*Inborn Errors of Metabolism*）中描述這樣的理論。所謂的遺傳性代謝疾病（inherited metabolic disease, IEM），與單基因缺陷有關，導致人體缺乏某種正常代謝反應所需要的特定酵素。此類不正常的基因，多數以體染色體隱性遺傳（autosomal recessive）的方式遺傳給後代，即病童從雙親身上各得到具有缺陷的隱性對偶基因。遺傳性代謝疾病病症範圍廣闊，包括無法將食物轉變成能量，或者其他身體需要的化合物，因此身體逐漸積累有毒或干擾人體正常功能的物質，或者致使身體合成必須物質的能力下降，對身體的影響可能無害，也可能非常嚴重，甚至有致死的可能。

　　目前已知的代謝性遺傳疾病超過 200 種，傳統上是根據受其影響而無法正常新陳代謝的物質來分類，例如碳水化合物、胺基酸、脂肪或其他複雜的分子。每一種遺傳性代謝疾病都是罕見疾病，整體來說，遺傳性代謝疾病發生的機率為 1/4000（以活產嬰兒而言），不過會因人種而有所不同：非洲後裔罹患鐮刀型貧血症的機率為 1/600；歐洲後裔罹患囊腫纖化症（cystic fibrosis）的機率為 1/1600；艾希肯納茲猶太族後裔（Ashkenazi Jewish）罹患戴—薩克斯症（Tay-Sachs disease）的機率為 1/3500。

袋鼠白子是具有遺傳性缺陷的紅袋鼠或灰袋鼠。許多脊椎動物都會產生白子，白化症是因為負責酪胺酸（tyrosine）新陳代謝的基因發生缺陷，因而無法產生足夠的黑色素（melanin）。

參照
條目　新陳代謝（西元1614年）；孟德爾遺傳學（西元1866年）；酵素（西元1878年）；血型（西元1901年）；一基因一酵素假說（西元1941年）；蛋白質的構造與摺疊（西元1957年）。

胚胎誘導

卡爾・馮・貝爾（Karl Ernst von Baer，1792~1876 年）
維倫荷・魯斯（Wilhelm Roux，1850~1924 年）
漢斯・德瑞希（Hans Driesch，1867~1941 年）
漢斯・斯佩曼（Hans Spemann，1869~1941 年）
希兒・曼戈爾德（Hilde Mangold，1898~1924 年）

　　1828 年，卡爾・馮・貝爾確定所有脊椎動物的組織和器官，都緣起於三層主要的胚層。關於胚胎的發育，當時有兩派理論：先成論認為每個胚胎受精時，就已形成完整的器官，且器官的體積會隨著個體年齡增長而變大；與先成論對立的後成論則認為每個個體都由一團未分化的物質開始逐漸分化。1888 年，實驗胚胎學家維倫荷・魯斯以青蛙受精卵為材料，受精卵第一次分裂後產生兩個細胞，魯斯扼殺其中一顆細胞，導致胚胎只發育一半，因此他認為先成論才是正確的理論。四年後，漢斯・德瑞希重複相同的實驗，以海膽受精卵為材料，並改看實驗設計，最後受精卵發育成完整的海膽，也因此推翻先成論。

　　德國胚胎學家漢斯・斯佩曼對個體的胚胎發育（即形態發生學，morphogenesis）甚感興趣，他所進行的實驗包括將細胞移植到不同的個體身上。這位微手術大師最早期的研究，便是把蠑螈胚胎的眼窩移植到另一個蠑螈胚胎的腹部表面。移植的眼窩中最後長出水晶體。

　　斯佩曼最令人佩服的研究，莫過於在德國佛萊堡動物學研究中心時期，和手下的研究生希兒・曼戈爾德共同進行的實驗，曼戈爾德的博士論文也以蠑螈胚胎為主題。曼戈爾德將胚胎的上唇移植到另一個胚胎的腹側，三天後，接受移植的胚胎腹側出現第二個完整的胚胎，因此胚胎早期的細胞可視為「導體」（organizer），能夠誘發或支配其他細胞的命運，也證實胚胎發育的早期並沒有任何器官存在。1935 年，斯佩曼獲頒諾貝爾獎；然而早在 1924 年，曼戈爾德便喪命於一場加熱器爆炸意外，未能有機會親眼目睹自己的完整論文公諸於世，她的論文是生物界中少數幾篇分量足以直接獲得諾貝爾獎的研究。

以蠑螈為實驗材料的胚胎實驗，引發一段相當長時間的爭議。究竟在受精之時，胚胎已經具有完整的器官，且器官體積會隨著時間變大（先成論）？或者任何個體都是從一團未分化的細胞演變而來（後成論）？

參照
條目　再生（西元1744年）；發生論（西元1759年）；胚層說（西元1828年）；選殖（細胞核轉移）（西元1952年）；
　　　誘導性多功能幹細胞（西元2006年）。

生育時機

西奧多・凡・德・維爾德（Theodoor Hendrik van de Velde，1873~1937 年）
荻野久作（Kyusaku Ogino，1882~1975 年）
赫曼・柯納奧斯（Hermann Knaus，1892~1970 年）

　　不像人類及靈長類動物具有月經周期（menstrual cycle），多數哺乳類動物具有發情周期（estrus cycle）。每年只在特定的時間，發情的雌性哺乳類動物可以接受交配，產下後代。發情周期配合外在的季節變動，發生在食物充足、氣候時候後代生存的時節，只有在發情時，雌性哺乳類動物才會排卵（ovulation）。相反的，具有月經周期的動物，只要在月經來潮時都能接受交配，於排卵與否未必有關連。近來的研究顯示女性在最適合生育的時機，對性行為的接受程度較高，也就是排卵前六天左右的時間。

　　遠在希臘、希伯來和中國古代，當時就以盛行找出女性最適合生育的時機。直到 20 世紀我們才知道女性最適合生育的時就在月經周期結束後幾天之內。1905 年，荷蘭婦科醫生西奧多・凡・德・維爾德確認女性在月經周期中只會排卵一次。了 1920 年代兩位婦科醫生，日本的荻野久作及奧地利的赫曼・柯納奧斯於 1924 及 1928 年，在彼此不知曉對方研究的情形下，推論出相同的結果：女性排卵時機發生於下次月經周期前 14 天。過去的推算認為排卵發生在月經周期的第一天，柯納奧斯─荻野的方法往回推算，根據排卵和精子活動力，得出女性最適合生育的時機是下一次月經周期開始前的 12 至 20 天之間。

　　如此以天數推估最適生育期的方法，一開始是為了幫助女性懷孕，然而如今卻成為天主教徒教控制生育的自然方法，然而天主教會並不贊成避孕。不過以柯納奧斯─荻野法，又稱為避孕法，進行避孕成效實在不彰，就算嚴格遵從，還是有九成的失敗率。

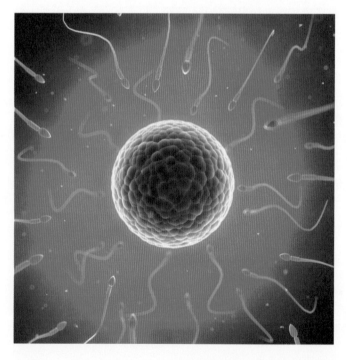

卵一旦排出之後，成熟的卵只能在輸卵管內存在 24 小時左右。

參照條目 哺乳類動物（約西元前2億年）；靈長類動物（約西元前6500萬年）；卵巢及雌性生殖（西元1900年）；黃體酮（西元1929年）。

西元 **1925** 年

粒線體與細胞呼吸

奧圖・沃伯格（**Otto H. Warburg**，**1883~1970** 年）

大衛・凱林（**David Keilin**，**1887~1963** 年）

阿爾伯特・克勞德（**Albert Claude**，**1898~1983** 年）

弗里茨・李普曼（**Fritz A. Lipmann**，**1899~1986** 年）

漢斯・克雷伯斯（**Hans A. Krebs**，**1900~1981** 年）

粒線體是動物細胞的能量工廠，可以把食物轉變為化學物質〔三磷酸腺甘酸（Adenosine triphosphate, ATP）〕使細胞得以進行各種功能。根據內共生（endosymbiosis）理論，幾億年前粒線體曾是行自由生活的好氧生物（即利用氧氣產生能量的生物）大型的厭氧生物產體內產生能量的效率很差，因此吞噬好氧的粒線體，並使其內化為體內的一分子。

所謂的細胞呼吸，即指糖在有氧氣的環境中，經分解產稱 36 個 ATP 分子，整個過程可分為三個階段。第一階段為糖解作用（glycolysis）：在缺乏氧氣的環境裡，葡萄糖這種六碳糖會分解為兩個丙酮酸鹽（pyruvate）分子，一個三碳糖分子和 2 個 ATP 分子；第二階段為檸檬酸循環（Citric Acid Cycle）：粒線體內含有氧氣，可使衍生自碳水化合物、脂肪和蛋白質的醋酸鹽（acetate）分解為二氧化碳、水和 2 個 ATP 分子；第三階段為電子傳遞鏈（Electron Transport Chain）或氧化磷酸化反應（Oxidative Phosphorylation）：氫原子內的電子隨著呼吸鏈傳遞至粒線體內，經過一連串的步驟，約可產生 32 個 ATP 分子。

20 世紀期間，許多傑出的研究人員試圖了解細胞呼吸過程中發生的一系列反映。1912 年，奧圖・沃伯格認為粒線體內存在一種細胞間的呼吸酵素。1925 年，大衛・凱林發現細胞色素酵素，並提出呼吸鏈的觀念。1937 年漢斯・克雷伯斯解釋檸檬酸循環的步驟，因此檸檬酸循環又稱克氏循環（Krebs cycle）。1945 年，弗里茨・李普曼發現輔酶 A（coenzyme A），是碳水化合物、脂肪和胺基酸新陳代謝過程中不可缺少的因子。1930 年，阿爾伯特・克勞德發展出細胞分離法（cell fractionation），可將粒線體與其他胞器分離，得以進行粒線體的生化分析，並在電子顯微鏡下檢視粒線體。

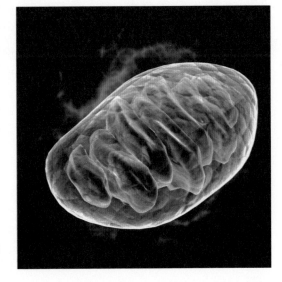

動植物的細胞呼吸發生在粒線體內。粒線體將分解為有機分子，並製造 ATP，使細胞獲得能量以進行各種化學反應。

參照條目 植物防禦草食動物（約西元前4億年）；新陳代謝（西元1614年）；氣體交換（西元1789年）；光合作用（西元1845年）；酵素（西元1878年）；電子顯微鏡（西元1931年）；生物能量學（西元1957年）；能量平衡（西元1960年）；內共生理論（西元1967年）。

猴子審判

克萊倫斯・達洛（Clarence Darrow，1857~1938 年）
威廉・布萊恩（William Jennings Bryan，1860~1925 年）
約翰・斯寇普斯（John Thomas Scopes，1900~1970 年）

1925 年，田納西州達頓鎮因為演化論的教導權爭議，發生一場法庭審判。審判過程全程透過廣播傳送至美國各地，有兩百家報紙報導。當時 24 歲的高中教師約翰・斯寇普斯，被控違反 1925 年頒布的《巴特勒法》（*Butler Act*），這條法律明令禁止田納西州公立學校及大學的教師否認《聖經》上所敘述的人類起源，因此教導演化論的相關知識是一種違法行為。斯寇普斯使用的教科書為《公民生物學》（*Civic Biology*），是一本對演化論詳加闡釋並表示贊同的書籍，然而斯寇普斯是否真的有教授其中內容，或只是藉此將這個事件公諸於世，則不得而知。

美國公民自由聯盟（American Civil Liberties Union）支持斯寇普斯捍衛美國憲法賦予人民的言論自由權，也支持他追求學術自由。全美知名的律師，同時是美國公民自由聯盟領導人物、宣稱自己是不可知論者的克萊倫斯・達洛，擔任斯寇普斯的辯護律師，檢方律師團隊則由威廉・布萊恩領導，他曾參加三次總統大選，雄辯功力一流，同時是基要派（fundamentalist）的擁護者。布萊恩堅決反對演化論，也反對相關教學活動，因為演化論牴觸上帝、牴觸《聖經》，也顛覆人類的認知。

法官指示陪審團不要考慮演化論的問題，只需考慮斯寇普斯是否違法。這場歷時八天的審判結果早已注定，陪審團僅在商議九分鐘後就做出決定。斯寇普斯被判有罪，同時要繳交 100 美元的罰金，

THE MODERN THEORY OF THE DESCENT OF MAN.

這樣的結果經過上訴後出現逆轉，然而並非因為其違反美國公民自由聯盟主張的言論自由權，而是考慮學術的專業性。這場世紀審判結束後五天，布萊恩在睡夢中過世；斯寇普斯則到研究所教書，成為研究石油儲量的地質學家。這場審判由勞倫斯和李改寫為劇本，成為 1955 年的電影《風的傳人》（*Inherit the Wind*）。1967 年，《巴特勒法》經過 40 年後遭到廢除。猴子審判已結束 90 多年，然而信仰與科學、創世紀與演化論之間的爭議仍存在，對許多人而言，心中尚無定論。

人類演化進程應如恩尼斯・海克爾於 1874 年發表的著作《人類演化》（*The Evolution of Man*），以譜系樹（phlogenetic tree）的方式表示，而不是此圖這般「存在巨鏈」的表示方法，直接將原猴（prosimian）連接至袋鼠。

參照條目　達爾文的天擇說（西元1859年）。

族群生態學

湯瑪斯・馬爾薩斯（Thomas Malthus，1766~1834 年）
阿弗雷德・洛特卡（Alfred J. Lotka，1880~1949 年）

　　1798 年，英國政治經濟學家、人口統計學家湯瑪斯・馬爾薩斯發表一篇論文，認為人類族群成長速度之快，如果不加以控制，將會導致大規模的饑荒和貧窮。幸好，農業革命致使我們生產糧食的速度超過人口增加的速度。儘管如此，1920 年代早期，人類族群成長的議題依然是美國最主要的研究主題。當時美國的移民法非常嚴格，波蘭移民阿弗雷德・洛特卡將計算人口成長的數學模式套用到生物學。1925 年，他發表一篇極具影響力的文章，內容提到美國人口成長主要是因為幾十年前移入的移民現在正值生殖尖峰，他認為限制移民數將會導致人口數下降。

　　所謂的族群即指相同物種的個體局即在特定的地理區域，族群生態學這門學科負責檢驗影響族群的因子，檢視外在環境如何影響族群變動。1925 年，洛特卡在著作《生物物理學要素》（*Elements of Physical Biology*）中提到四個影響族群的變因：死亡、出生、遷入和遷出，這些變因的消長使族群得以維持動態平衡。族群大小會受到環境中非生物因子與生物因子的交互作用影響，非生物因子包括氣候、食物；生物因子則包括捕食、物種競爭和種間競爭。還有各種動態因子會影響族群分散、族群密度和族群隨著時間的變化趨勢。

　　科學家估計，地球上所有出現過的物種，其中 99% 已經滅絕。除了非生物因子即生物因子的影響，人類的也是造成物種滅絕和物種族群下降的推手。人類對地球的影響包括：汙染，例如含有工業廢水和農業肥料的逕流；全球暖化；入侵種（invasive）的引進，例如伊利湖（Lake Erie）中的斑馬貽貝（zebra mussel）、美國南方的葛藤（kudzu）；以及移除環境中的捕食者或競爭物種。

斑馬貽貝（Dreissena polymorpha）是黑海和裏海的原生物種，1988 年首次被人發現出現在五大湖中。斑馬貽貝大量攝食原生貝類和幼魚賴以為食的浮游植物與浮游動物。

參照條目 農業（約西元前1萬年）；人工選殖（選拔育種）（西元1760年）；人口成長與食物供給（西元1798年）；入侵種（西元1859年）；全球暖化（西元1896年）；影響族群成長的因子（西元1935年）；重生行動（西元2013年）。

食物網

賈希茲（Al-Jahiz，781~868/869 年）
查爾斯・艾爾頓（Charles Elton，1900~1991 年）
雷蒙・林德曼（Raymond Lindeman，1915~1942 年）

9 世紀的阿拉伯作家賈希茲，是提出食物鏈觀念的始祖。他的著作超過 200 本，主題範圍廣泛，包括語法、詩作和動物學。在有關動物學的著作當中，他討論動物的生存掙扎，有些動物打獵為食，有些動物只能淪為其他動物的食物。牛津大學的查爾斯・艾爾頓是 20 世紀最重要的動物生態學家之一，1927 年，他在經典著作《動物生態學》（*Animal Ecology*）中提出至今仍為現代生態學沿用的基本理論，即明確的食物鏈與食物網觀念，是如今生態學的中心基調。

就最簡單的層面而言，食物的循環跟從食物鏈基部發出的直線——位於食物鏈基部的物種不會取食其他物種，例如植物——延伸到最後的捕食者，或稱終極消費者（ultimate consumer），整個食物鏈可以分為三至六個取食層級。艾爾頓認為這條簡單的食物鏈過分簡化「誰吃誰」的事實。食物鏈觀念不適用於真實的生態系，生態系中有多種捕食者與獵物，當環境中沒有喜好的獵物存在，捕食者可能會選擇其他物種為食。此外，有些肉食動物（carnivore）也會吃植物，是所謂的雜食者（omnivore），而植食者（herbivore）偶爾也會吃肉。如今生態界對食物網觀念的偏好大於食物鏈，食物網才足以描述生態界高度複雜的種間關係。

1942 年，雷蒙・林德曼提出理論，認為食物鏈中的取食層級的數量受限於營養動態（trophic dynamic），即指能量在生態系中不同部分有效轉移的過程。食物經過消化之後，能量儲存在消費者體內，能量只會以單一方向行進。當身體利用食物來滿足生理功能時，多數能量以熱能的形式分散，剩餘的能量則以廢棄物的形態排出。一般而言，營養層級越高的物種大約只能獲得食物中 10% 的能量。因此在食物鏈上，取食層級越高，轉移的能量越少，因此取食層級很少超過四至五級。

在阿拉斯加的卡特邁國家公園，是觀察食物網的好地方，棕熊吃魚，魚又吃水中的小魚或漂浮於水中的浮游生物。

參照條目 農業（約西元前1萬年）；人口成長與食物供給（西元1798年）；族群生態學（西元1925年）；能量平衡（西元1960年）；墨西哥灣漏油事故（西元2010年）。

昆蟲的舞蹈語言

卡爾‧馮‧費立區（**Karl von Frisch，1886~1982 年**）

　　覓食、尋找配偶時，動物之間會彼此溝通，當環境中出現威脅時，動物會釋出警戒訊號。許多動物利用費洛蒙（pheromone）來幫助交配行為各階段順利進行。動物的溝通並非僅限於同種之間，就像我們能了解寵物的表情和肢體語言。臭鼬的噴出的液體奇臭無比，只要站在下風處，就算是 1.6 公里之外的人類，也能領略到它的威力，是一種非常有效的防禦武器，可以嚇退熊或其他捕食者。

　　溝通並不是脊椎動物的專利，自然界最有趣的溝通方式出現在昆蟲身上。1920 年代，研究昆蟲溝通得先驅正是諾貝爾獎得主卡爾‧馮‧費立區，這位於德國慕尼黑大學工作的奧地利人種學家，發現義大利蜂（European honeybee, Apis mellifera）搜尋食物時，會以跳舞的方式讓蜂巢中的其他成員知道食物所在的方位和距離。當外勤蜂不斷繞著小圈，跳起圓圈舞的時候，代表牠發現的食物很靠近蜂巢，距離約 50 至 100 公尺；如果外勤蜂跳起 8 字型的搖擺舞，代表食物距離蜂巢稍遠。

　　義大利蜂還有一連串複雜的溝通模式，求偶儀式中就包含五種不同的感官訊息，每一種訊息都能觸發求偶對象的後續行為。雄蜂可以憑藉視覺判斷雌蜂，並轉身面向雌蜂。雌蜂會釋放雄蜂能夠藉嗅覺偵測到的化學物質。接近雌蜂時，雄蜂會以足部輕觸雌蜂，進而接收雌蜂釋放的化學物質，之後雄蜂會展翅振動，唱起求偶歌，以聲音進行溝通。只待雄蜂完成整套求偶儀式，雌蜂才願意交配。

某些動物具有高度發展的舞蹈語言，尤其是蜜蜂，而蜜蜂的舞蹈語言也受到廣泛的研究。此圖為圍繞著蜂巢的中華蜜蜂（Apis cerana japonica）。

參照條目 昆蟲（約西元前4億年）；動物電（西元1786年）；神經元學說（西元1891年）；神經傳導物質（西元1920年）；費洛蒙（西元1959年）；動物利他行為（西元1964年）。

抗生素

路易斯·巴斯德（Louis Pasteur，1822~1895 年）
亞歷山大·弗萊明（Alexander Fleming，1881~1955 年）

1999 年，《時代》（Times）雜誌如此描述青黴素：「足以改變歷史的發現」。青黴素是人類發現的第一種抗生素，是由微生物（真菌或細菌）體內萃取出來的物質，可以殺死其他微生物，或控制其他微生物的生長。早在 3500 多年前，埃伯斯紙草文稿（Ebers Papyrus）就已記載，古埃及人知道發黴的麵包具有療效。1877 年，路易斯·巴斯德證實一種微生物可以用來對抗另一種微生物，稱之為抗生作用（antibiosis）他將炭疽桿菌（anthrax bacillus）和另一種細菌的混合液注入動物體內，從而保護動物不會感染致死的炭疽病。巴斯德推論微生物釋放某種可能具有療效的物質，而他的推論也在 60 年後獲得證實。

第一次世界大戰期間，亞歷山大·弗萊明在法國前線的軍醫院工作，他發現許多士兵並非因傷口感染而死，反倒是因為注射了治療用的抗菌劑（antiseptic）而死。戰後，出生於蘇格蘭的弗萊明回到倫敦聖瑪莉醫學院繼續有關細菌的研究，1928 年他開始研究葡萄球菌，也因此成為聲譽卓著的科學家，不過他的實驗室髒亂不堪也是眾人皆知的事實。

同年 9 月，弗萊明結束為期一個月的家族旅遊，返回實驗室時發現有一個培養基受到真菌汙染，而真菌生長範圍的周遭沒有任何葡萄球菌存在。機靈的他立刻看出被無數科學家忽略的事實：真菌也許能夠釋放抗菌物質。他以培養基培養青黴菌（Penicillium notatum），發現青黴菌雖然無法殺死所有的細菌，但因青黴菌而死的細菌種類也不在少數。他稱這種物質為青黴素，並於 1929 年發表文章，描述青黴素的效用，然而科學界對他的研究結果興趣缺缺，直到 1940 年戰爭的烏雲再次籠罩歐洲，科學界才意識到青黴素的潛力，開始分離並純化青黴素。估計青黴素拯救上百萬名士兵的性命，使他們免於因傷口感染而死。弗萊明也因此獲頒 1945 年諾貝爾獎。

從醫學的角度，可將軍事史區分為感染時代（1775~1918 年）和創傷時代（1919 年迄今）。在感染時代，士兵感染致死和受傷致死的比例為 4：1，到了第二次世界大戰期間降為 1：1，一部分是青黴素的功勞。此圖為第一次世界大戰，在西方戰線作戰的士兵。

參照條目 原核生物（約西元前39億年）；真菌（約西元前14億年）；益生菌（西元1907年）；細菌遺傳學（西元1946年）；細菌對抗生素的抗性（西元1967年）。

黃體酮

古斯塔夫・波恩（**Gustav J. Born**，約 **1850~1900** 年）
約翰・比爾德（**John Beard**，**1858~1924** 年）
路德維希・法蘭克爾（**Ludwig Fraenkel**，**1870~1951** 年）
喬治・康納（**George W. Corner**，**1889~1981** 年）
威廉・艾倫（**Willard M. Allen**，**1904~1993** 年）

　　1920 年代，科學家發現黃體酮（Progesterone）以及它對女性生殖功能的效用之後，許多科學家認為黃體酮是唯一一種女性荷爾蒙。然而並非所有的科學家都就此滿足，1897 年懷疑聲浪四起。同年，約翰・比爾德提出理論認為黃體（corpus luteum）是造就懷孕的器官，甚至是懷持孕期的必要關鍵。黃體是卵巢排卵後留在濾泡內的組織結構。

　　1900 年，德國研究學者古斯塔夫・波恩發現單孔類動物（monotreme）——卵生哺乳類動物，母體缺乏胎盤——體內沒有黃體，波恩據此推測黃體是胎盤發育不可或缺的因子。此外，他還推測黃體會釋放一種內分泌物質，使子宮黏膜層發生變化，準備迎接受精卵的到來，並於子宮壁著床。波恩過世之後，他的學生路德維希・法蘭克爾繼續他的研究，1903 年，法蘭克爾證明如果破壞懷孕母兔的黃體，會造成流產。1929 年，喬治・康納和威廉・艾倫在黃體遭破壞的懷孕母兔體內注入黃體萃取液，可以避免母兔流產。1933 年，康納和艾倫所使用的黃體萃取液經過純化，就是如今所稱的黃體酮。

　　孕期荷爾蒙。卵巢排卵後，黃體開始分泌黃體酮，預先為受精和著床做準備。黃體酮刺激子宮壁血管內膜增厚，未來才能供應胎兒發育所需。黃體持續分泌黃體酮的時間約有 10 周，此時的功能是促進胎盤發育。整個孕期中，黃體酮可以穩定子宮，避免子宮收縮造成流產。如果卵巢排出的卵未能受精，黃體便會開始退化，不再分泌黃體酮，新的月經周期也準備到來。

1803 年，尼可萊・阿古諾夫（Nicholai Argunov）畫懷孕的帕拉斯科薇亞・柯娃洛娃（Praskovia Kovalyova，1768~1803），出身清貧農家的柯娃洛娃是 18 世紀末俄羅斯著名的歌劇名伶，她生下第一胎後幾周便不幸離世。

參照條目 胎盤（西元1651年）；卵巢及雌性生殖（西元1900年）；人類發現的第一種荷爾蒙：胰泌素（西元1902年）。

淡水魚和海水魚的滲透壓調節

克勞德・貝赫德（Claude Bernard，1803~1861 年）
荷馬・史密斯（Homer Smith，1895~1962 年）

　　1854 年，克勞德・貝赫德首次描述動物為了生存，必須保持體內環境維持恆定狀態，包括水分與鹽分的攝入和排出。如果水分過多，細胞會漲破；如果水分過少，細胞會皺縮而死。動物透過滲透壓調節（osmoregulation）的方式來維持體內平衡，而滲透壓調節的方式有兩種。包括多數海洋無脊椎動物在內的滲透壓順變生物（osmoconformer），其體內的鹽分和水分濃度與外在環境相當，順應環境，不需主動調控體內水分和鹽分的平衡。相反的，多數海洋脊椎動物，例如魚，其體內的鹽分濃度和外在環境不同，必須主動調控體內的鹽分濃度，是為滲透壓調節生物（osmoregulator）。

　　棲息在淡水環境的魚類，環境中的鹽分濃度遠低於其體液，因此必須面對鹽分喪失及獲得過多水分的問題。淡水魚幾乎不喝水，並排出大量高度稀釋的尿液來解決這個問題。淡水魚獲得的鹽分的方式是以鰓主動吸收食物中的氯離子及鈉離子。海洋魚類遭遇的問題恰恰相反，海水的鹽分濃度遠高於

其體液的鹽分濃度，因此牠們面臨的問題是水分喪失及獲得過多氯離子及鈉離子。海水魚的解決方法是透過大量飲水，並透過鰓主動將氯離子及鈉離子排出體外。1930 年，於紐約大學及芒特迪瑟特島實驗室工作的荷馬・史密斯確認多種海水魚的滲透壓調節方式。

　　洞游性鮭魚要面對的問題更為嚴峻，鮭魚一生多數時間待在海洋中，卻得回到淡水進行生殖。透過上述兩種方式，牠們可以適應在淡鹽水中轉換的生活方式，然而這樣的適應並非發生在轉瞬之間。鮭魚會在淡鹽水交界處待上幾天至幾周的時間，之後才會開始行動。

黑槍魚（blue marlin）接近海面時，小型魚類四散的場面。海洋魚類的鹽分濃度低於外在環境，透過鰓和腎臟的幫助，使水分留在體內，並可主動排出過多鹽分。

參照條目　魚（約西元前5.3億年）；尿液形成（西元1842年）；體內恆定（西元1854年）。

電子顯微鏡

麥斯・諾爾（**Max Knoll**，**1897~1969** 年）
恩斯特・魯斯卡（**Ernst Ruska**，**1906~1988** 年）
喬治・帕拉德（**George Palade**，**1912~2008** 年）

電子顯微鏡是生物學研究史上最重要的工具，為次細胞結構的發現與描述帶來革命，16 世紀末發展的光學顯微鏡，無法看到次細胞結構。

超顯微世界。 光學顯微鏡的放大倍率最大可達 2000 倍，而電子顯微鏡的放大倍率可達 200 萬倍，而且解析度更高。基本上，電子顯微鏡可區分為兩類：穿透式電子顯微鏡（transmission electron microscope, TEM）及掃描式電子顯微鏡（scanning electron microscope, SEM）。穿透式電子顯微鏡利用電子穿透極薄的組織切片，產生二維影像，可以檢視細胞內的構造；掃描式電子顯微鏡利用電子束掃過樣本表面，可以觀察固態活樣本的表面細節，產生極精細的三維影像，然而其效用只有穿透式電子顯微鏡的 1/10，且解析度較低。

想獲得電子顯微鏡驚人的放大倍率，也要付出不少代價：電子顯微鏡售價昂貴，維修保養也不便宜；研究人員必須經過一定程度的訓練才有辦法使用電子顯微鏡，而且準備生物樣本也不容易；穿透式電子顯微鏡的樣本必須在真空環境裡染色、顯像，因此研究活體樣本的能力受限；再者，電子顯微鏡的體積龐大，且必須置放在無振的空間。

電子顯微鏡的發展起源於柏林大學的恩斯特・魯斯卡及其教授麥斯・諾爾。諾爾知道光的解析度與光源的波長有關，電子的波長為可見光例子的 1/10 萬。根據這樣的關係，他們利用光子束聚焦在具有電磁性的樣本上，在 1931 年打造出史上第一臺電子顯微鏡。到了 1939 年，喬治・帕拉德針對電子顯微鏡進行改良，並開始商業化生產。1986 年，魯斯卡獲頒諾貝爾物理獎。1950 年代，喬治・帕拉德在洛克斐勒研究中心（如今的洛克斐勒大學）以電子顯微鏡觀察細胞組織，獲得重要的發現，成為 1974 年諾貝爾獎的共同獲獎人。

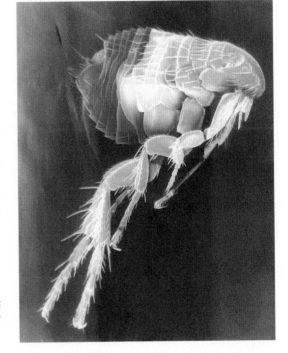

掃描式電子顯微鏡的放大倍率可達 50 萬倍。此圖為掃描式電子顯微鏡下經過染色的跳蚤。跳蚤透過叮咬寄主，可傳播許多疾病，包括由耶氏桿菌引起的淋巴腺鼠疫。

參照條目 雷文霍克的顯微世界（西元1674年）。

印痕作用

道格拉斯・史帕奧丁（**Douglas Spaulding，1841~1877 年**）
奧斯卡・海因洛特（**Oskar Heinroth，1871~1945 年**）
康拉德・勞倫茲（**Konrad Lorenz，1903~1989 年**）

　　雛鵝或雛鴨出生幾個小時之後就能走路，成了媽媽的跟屁蟲。不過，牠們怎麼知道在前面走著的是牠們的媽媽？其實，牠們根本不知道，而且有研究顯示這雛鵝或雛鴨在出生幾小時後這段關鍵時期裡，會選擇第一個看見的適合對象當作跟從目標，一輩子就跟著這個目標走。這樣的現象稱為印痕作用（imprinting），是業餘的英國生物學家道格拉斯・史帕奧丁在 1873 年首次提出的觀念，後來又被德國生物學家奧斯卡・海因洛特重新發現。然而史上第一個仔細研究印痕作用的科學家，是海因洛特的學生，康拉德・勞倫茲，他也因此獲得 1973 年諾貝爾獎。

　　來自奧地利的勞倫茲是奠定現代行為學基礎的先驅之一，行為學是一門研究動物行為的學科。1935 年他從研究中發現，如果和剛出生的灰雁（greylag goose）雛鳥生命中的初始階段是和勞倫茲一同度過，那麼這些雛鳥會跟著他，明顯把他當成同種生物，而不會跟著自己的媽媽。對鵝這樣的鳥類而言，剛孵化的雛鳥身上就有羽毛，而且具備行動能力，出生後 13 至 16 個小時是印痕作用發生的關鍵時期。綠頭鴨（mallard）的雛鳥和小雞出生 30 小時之後，印痕作用就失去發揮功效的機會。相反的，對於孵化後身體無毛又無助的鳥類而言，印痕作用發生的關鍵期會相對延長。

　　印痕作用是一種本能，不像透過聯想學習，例如古典制約或操作制約而學來的行為，本能行為不需任何加強認知，也不需要任何回饋就能發生。自然界中，印痕作用的生物功能在於認得自己的近親，建立親代和子代間親密、互利的社會關係。從親代的角度出發，時間、勞力和資源不會耗費在照顧其他個體的子代，子代如果認錯爸媽有可能遭到攻擊而死。印痕作用的範圍還可以延伸至性取向（sexual preference），因此年輕的動物可以學習認識合宜配偶的特徵，不會和自己的手足交配，但也不至於找上非同種的個體。

許多研究顯示雛鳥的印痕行為是一種本能，而且牠們甫孵化之時，並不認得真正的媽媽。

參照條目　聯想學習（西元1897年）；親代投資和性擇（西元1972年）。

影響族群成長的因子

湯瑪斯・馬爾薩斯（Thomas Malthus，1766~1834 年）
哈利・史密斯（Harry S. Smith，1883~1957 年）

湯瑪斯・馬爾薩斯曾提過：「如果不對族群成長速度加以控制，每隔 25 年，族群個體數就會倍增，或以幾何級數的方式增加。」在理想狀況下，動植物族群可以無限增長，但在自然界裡，事實並非如此。當資源變得有限，一般來說出生率會下降，而死亡率會增加，使族群減緩成長。不過特定面積地區內的族群密度是否會影響未來的族群消長？

所謂的密度依變因子，泛指因應族群成長而使死亡率上升或出生率下降的因子。族群密度高帶來的壓力，通常會因為個體離開族群前往族群密度較低，且用有舊多資源的地區而減緩。繁殖過度造成個體距離縮減，使得接觸性致死疾病發生的機率增加，由真菌引起的美洲栗疫病（American chestnut tree blight）就是一例，此外還有病毒引起的天花和細菌引起的結核病。1935 年，加州大學河岸分校的昆蟲學家哈利・史密斯提出利用生物武器，例如捕食者、病菌和寄生生物來控制害蟲族群的方法。捕食者在控制獵物族群大小上扮演重要角色，當獵物族群增長，會吸引捕食者前來，例如旅鼠（lemming）的族群每四年會經歷一次消長循環，正是和捕食者的捕食活動有關。

族群的非密度依變因子還包括非生物因子，不管族群大小為何，非生物因子都能使族群密度快速遽降，甚至造成食物的營養短缺或營養不良，從而使整個族群滅絕。近年來的類似例子包括森林野火、2005 年發生的卡崔娜颶風、1989 年艾克森美孚瓦迪茲號（Exxon Valdez）漏油事故，及 2010 年的墨西哥灣漏油事故。嚴重的霜害和乾旱是影響族群密度的氣候因子。環境汙染物，例如農業殺蟲劑、肥料，礦業造成的水汙染，對動植物族群都會造成影響，兩棲類、魚類和鳥類受害尤其嚴重。

1958 至 2010 年因冰原後退，造成南極博福特島（Bearfort island）的阿德利企鵝（Adélie penguin）族群成長 84%。溫暖的溫度使無冰的繁殖場域面積擴大。

參照
條目 兩棲動物（約西元前3.6億年）；人口成長與食物供給（西元1798年）；族群生態學（西元1925年）；食物網（西元1927年）；綠色革命（西元1945年）；《寂靜的春天》（西元1962年）；墨西哥灣漏油事故（西元2010年）；美洲栗疫病（西元2013年）。

壓力

漢斯・賽耶（**Hans Selye**，1907~1982 年）

1934 年，漢斯・賽耶時任麥吉爾大學生物化學系助教，正在尋找新的荷爾蒙，渴望打開自己的知名度。他將卵巢萃取液注入實驗鼠體內，引發各種病徵之後，他感到歡欣鼓舞，以為自己在荷爾蒙的研究上大有斬獲，然而就在他發現對實驗鼠注入其他器官的萃取液也有一樣效果後，這股洋洋得意之情變得灰飛煙滅。這樣的實驗結果使他回想 15 年前，當自己就讀布拉德醫學院二年級之時，遇見身上出現各種症候的病人，無法做出任何單一性的診斷，這種情形很常見，也沒有特殊的肇因。

好壓力（eustress）**與壞壓力**（distress）。1936 年，具有匈牙利血統的加拿大內分泌學家賽耶寫下他的第一篇科學論文，敘述所謂的「泛適應徵候群」（general adaptation syndrome, GAS），他在文章中以生物學的角度，提出「壓力」一詞。賽耶認為難以明確定義所謂的壓力，也無法立即找出其他語言的相應詞彙，當時非英語系的科學家總喜歡給新名詞加上「el、il、lo、der」字首。賽耶認為壓力就是「任何造成身體產生非專一性反應的狀況，且不管其為肇因或結果，愉快或不愉快的狀況。」因此，壓力可致使員工離職不幹，也能致使你跟可敬的對手，最好的朋友打上一場激烈的網球賽。

賽耶認為泛適應徵候群可分為三個階段：一開始是警戒期，當動物發現面前遭遇挑戰，會產生「打或逃反應」（fight or flight），此時身體會分泌壓力荷爾蒙，如腎上腺皮質分泌的皮質醇

（cortisol）及腎上腺髓質分泌的腎上腺素（adrenaline）；緊接而來是抵抗期，此時身體企圖恢復正常、平衡的體內恆定狀態；如果抵抗不成，將會進入最後的衰竭期，可能會耗盡體內能量，是對健康危害最嚴重的時期，可能引發胃潰瘍、心臟病、高血壓和沮喪憂鬱的情緒。不過，賽耶認為壓力未必都是不好的，我們也不應逃避壓力。

查爾斯・達爾文於 1872 年出版《動物的情緒表達》（*The Expression of Emotions in Animals*），書中出現這張表情猙獰的畫作，是根據著名的法國神經學家杜湘・迪・布隆尼（Duchenne de Boulogne，1806~1875 年）所拍攝的照片為藍本。

參照條目 體內恆定（西元1854年）；負回饋（西元1885年）；人類發現的第一種荷爾蒙：胰泌素（西元1902年）；神經傳導物質（西元1920年）；下視丘：腦垂體軸（西元1968年）。

異速生長

路易斯・拉畢格（**Louis Lapicque**，**1866~1952** 年）
朱利安・赫胥黎（**Julian Huxley**，**1887~1975** 年）
麥斯・克萊伯（**Max Kleiber**，**1893~1978** 年）
喬治・特西埃（**Georges Tessier**，**1900~1976** 年）

　　生長冪律（biological scaling）。最小型的微生物和最大型的哺乳類動物彼此仍有共通之處。根據相對體型，動物具有相同的新陳代謝律，例如蛙腿的會生長至和身體有一定比例的長度。然而在自然界裡，事實並非如此簡單，長戟大兜蟲（Hercules beetle）的體型只要稍有變化，會促使足和觸角生長至不成比例的超長長度。科學界對於比較生物身體部位或生物功能與體型大小的興趣，大約可回溯至1900 年，當時法國生理學家路易斯・拉畢格比較多種動物腦部大小之於體型的比例。

　　1924 年，英國演化學家朱利安・赫胥黎測量招潮蟹（fiddler crab, Uca pugnax）在不同發育階段，大螯之於體型的相對生長速率，發現螯的生長速率相較於體型，呈現等比例的增快。他發展出一套數學公式用來計算這樣的關係，接下來幾十年持續研究生長冪律。為了避免混淆，並統一各項研究中的數值連貫性，1936 年，赫胥黎和同領域的研究學者喬治・特西埃，聯合發表科學論文，一篇用英文，另一篇則用法文，刊登在各自母語界最頂尖的期刊。他們在文中介紹一個新的中性名詞：「異速生長」（allometry），用以表示身體部位相對於整個身體的變化情形。

　　如今異速生長形容的範圍，還納入體型大小及基礎代謝率（basal metabolic rate, BMR），及生物在休息時的新陳代謝速率。1932 年，瑞士生物學家麥斯・克萊伯確認大象比老鼠具有更低的絕對基礎代謝率和心跳速率，然而如果將大象的體重考慮進來，基礎代謝率便一直維持在體重的 0.75 次方。利用克萊伯的公式，可算出最小的微生物和大象都有相同的基礎代謝率，暗示彼此之間的演化連結。

青蛙和多數動物不同，其腿部的長度和身體呈現一定比例。此圖出自恩斯特・海克爾（Ernst Haeckel）於 1904 年出版的畫冊《自然界的藝術形態》，繪出各種不同的青蛙。

 參照條目 新陳代謝（西元1614年）；能量平衡（西元1960年）。

演化遺傳學

查爾斯・達爾文（Charles Darwin，1809~1882 年）
格里哥・孟德爾（Gregor Mendel，1822~1884 年）
西奧多希斯・多布贊斯基（Theodosius Dobzhansky，1900~1975 年）

　　達爾文的天論說一出，引起許多爭議，而格里哥・孟德爾以豌豆為材料的實驗，卻為遺傳學研究奠定基礎。此後，生物學家面臨兩難，究竟要採信孟德爾的遺傳學說，還是要接納達爾文的理論？出生於烏克蘭，具有卓著影響力的遺傳學家西奧多希斯・多布贊斯基以他的「現代綜合論」（modern synthesis）串起孟德爾和達爾文的理論。1924 年他展開第一批重要的實驗，發現瓢蟲的顏色的斑點樣式和地理差異有關，他認為這是演化過程中產生的遺傳變異。

　　許多生物學家根據實驗室得出的結果，認為果蠅屬（Drosophilla）下的各種果蠅都具有完全相同的基因體成。自 1930 年代早期開始，多布贊斯基將自己的學術生涯完全奉獻給果蠅，致力於研究果蠅的遺傳特性，他不只在實驗室裡做實驗，也會到田間進行實驗。在實驗室裡進行的對照實驗，可以輕易誘發造成基因變異的突變，並持續飼養具有突變的果蠅。然而，在自然界也是如此嗎？多布贊斯基在野外放置族群飼育籠（population cage），讓果蠅可以覓食、交配，方便自己取樣，同時又能防止果蠅逃走。他對不同地點的野外果蠅族群進行染色體分析，發現同一個染色體有許多不同的版本，因而形成果蠅的新種，這樣的解釋乃是以突變為基礎。

　　自然界隨時隨地有自發性的基因突變正在發生，許多突變是中性的，對個體不會產生好或壞的影響。當具有突變基因的個體在受到地理隔離的族群中繁衍，其包括突變基因在內的遺傳輪廓（genetic profile）便在族群中散播開來，直至在族群中獲得優勢為止，透過天擇的方式形成新種。因此，多布贊斯基認為遺傳變異是演化發生的必要條件，1937 年，他的經典著作《遺傳與物種起源》（Genetic and the Origin of Species）出版，書中敘述他的實驗細節，並提出令人滿意的解釋，彌平天擇說與遺傳學之間衝突。

黑腹果蠅（Drosophila melanogaster）一直都是研究遺傳學的模式生物，可以大量飼養、容易操作，也花費低廉。果蠅大約兩周就能完成一次生活史，且果蠅的基因體已經完全解序。

參照條目　達爾文的天擇說（西元1859年）；孟德爾遺傳學（西元1866年）；重新發現遺傳學（西元1900年）；染色體上的基因（西元1910年）。

活化石：腔棘魚

詹姆士・史密斯（James L. B. Smith，1897~1968 年）
瑪裘麗・科提內—拉第邁（Marjorie Courtenay-Latimer，1907~2004 年）

1938 年，南非東倫敦博物館館長，瑪裘麗・科提內—拉第邁接獲通知，在南非東岸的印度洋有拖網漁民捕獲一條長 150 公分，體色呈淡藍紫色的魚。瑪裘麗無法鑑定這隻魚的種類，於是聯絡好友：對魚類學和化學甚有興趣的羅德斯大學教授詹姆士・史密斯。等史密斯正結束假期返回時，這隻魚已經被做成包埋標本，不過他立刻認出這就是腔棘魚（Ceolacanth），科學界一直認為這種魚在 6500 萬年前就已經滅絕。腔棘魚的種類曾多達 90 種，如今只剩下兩種，隸屬於全世界最接近滅絕的目，屬級地位為矛尾魚（Latimeria）屬，為紀念瑪裘麗，矛尾魚屬的拉丁文以其姓氏命名。

腔棘魚不只古老，同時是肉鰭魚的一種，腔棘魚和輻鰭魚的親緣關係，反倒沒有其與肺魚、爬蟲類及哺乳類的親緣關係來得近。腔棘魚是魚類和四足動物之間失落的環節，四足動物是地球上第一種陸生脊椎動物，大約在 4 億年前，魚和四足動物開始分歧。

自 1938 年起，從印度洋中陸續捕獲 200 尾左右的深藍色腔棘魚，多數捕獲的地點靠近位於莫三比克和馬島加斯加島之間的葛摩島（Comoro）。印尼海域捕獲的腔棘魚則呈現棕色。腔棘魚體長可達兩公尺，平均重量約為 80 公斤，壽命約有 80 至 100 年。腔棘魚有一對用來游泳或走路的肉鰭，向身體外側延伸，以輪替的方式動作，就像奔跑的馬一樣。具有關節的頭骨使腔棘魚能夠張開大嘴吃進大型獵物，腔棘魚的魚鱗很厚，這是已滅絕魚類才有的特色，且腔棘魚是脊索動物（notocord），脊索相當於身體的骨幹。

東京海洋生物公園展示的印尼腔棘魚（Latimeria menadoensis）模型。

參照
條目　魚（約西元前5.3億年）；化石紀錄與演化（西元1836年）。

動作電位

埃米爾・杜・伯伊斯—雷蒙德（Emil du Bois-Reymond，1818~1896 年）
朱利亞斯・伯恩斯坦（Julius Bernstein，1839~1917 年）
約翰・埃克爾斯（John C. Eccles，1903~1997 年）
艾倫・哈德金（Alan L. Hodgkin，1914~1998 年）
安德魯・赫胥黎（Andrew F. Huxley，1917~2012 年）

　　1939 年，甫進入劍橋大學研究所的安德魯・赫胥黎，加入艾倫・哈德金位於英國普利茅斯的海洋生物關係實驗室，研究大西洋烏賊巨大軸突上的神經傳導，這也是目前已知最大型的神經元。他們成功在烏賊的軸突上插入電極，完成人類史上首次紀錄細胞間電流活動的壯舉。幾周後，德國在 9 月入侵波蘭，第二次世界大戰正式開打。他們的研究因此延宕七年，兩人也各自投入不同的戰爭事務，研究與戰爭相關的主題。

　　哈德金和赫胥黎並非研究動物組織電性的第一人。1848 年，德國生理學家埃米爾・杜・伯伊斯—雷蒙德就已發現動作電位（action potential）。1912 年，朱利亞斯・伯恩斯坦假設動作電位源自於鉀離子通過軸突細胞膜時引起的電流變化。現在我們知道鉀離子和鈉離子在細胞膜內外的濃度並不同，正是這樣的不平衡狀態導致細胞膜內外的電壓差，稱之為膜電位（membrane potential）。當大量鉀離子和鈉離子進出細胞膜，瞬間造成電壓變化，即所謂的動作電位（action potential），這樣的電脈衝使個體的中央神經系統能夠協調身體各部位的動作。

　　1947 年，哈德金和赫胥黎重新拾起過去的研究，利用電壓箝制（voltage calmp）的技術，控制通過軸突細胞膜的電壓。1952 年，兩人發表一系列經典著作，以高度複雜的數學模型來表示動作電位，並

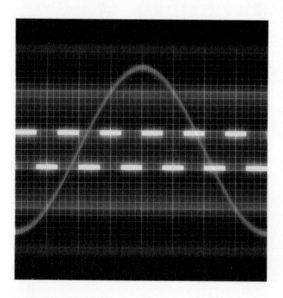

預測不同狀況下，離子透過離子通道（ion channel）的移動情形，這項開創性的定量分析研究使科學界對生物事件的描述，跳脫簡單的定性分析範疇。1970 至 1980 年代，許多實驗證實他們的預測，哈德金和赫胥黎兩人對於神經動作電位的實驗和數學研究，使他們共同獲得 1963 年諾貝爾獎。他們將諾貝爾獎與澳洲神經生理學家約翰・埃克爾斯分享，埃克爾斯的研究主題是突觸間的神經脈衝傳導。

示波器（oscilloscope）又稱陰極射線示波器（cathode ray oscilloscope），使研究人員能夠立刻觀察一段時間內動作電位的變化情形（包括電壓和頻率的變化）。

參照條目　動物電（西元1786年）；神經元學說（西元1891年）；肌肉收縮滑動纖維理論（西元1954年）。

一基因一酵素假說

亞契博德・蓋羅（Archibald Garrod，1857~1936 年）
喬治・比鐸（George W. Beadle，1903~1989 年）
愛德華・泰頓（Edward L. Tatum，1909~1975 年）

　　史上第一條指出基因功能的線索出現在 1902 年，英國醫生亞契博德・蓋羅發現黑尿症（alkaptonuria），這種罕見的家族性遺傳疾病和人體缺乏某種酵素有關。1909 年，他推測人體合成特定酵素的能力與遺傳有關，人體若無法製造這些酵素，則會導致先天性代謝異常，他的推測也在 1952 年被證實。

　　雖然蓋羅的這項生化發現極具價值，然而其中遺傳相關的機轉卻一直為科學界所忽略，直至 1930 年代，當時的遺傳學家相信基因具有多效性（pleiotropic），即一個基因具有多種主要效用。 1941 年，史丹佛大學的遺傳學家喬治・比鐸和生化學家愛德華・泰頓以紅麵包黴菌（Neurospora crassa）為材料，想要知道在彼此分離的生化反應的步驟當中，是否都能發現基因的表現。他們將紅麵包黴菌暴露在 X 光下，引發紅麵包黴菌的突變，對營養的需求因而改變，變得與未經過 X 光照射的野生行黴菌不同。因為營養需求受限，黴菌必須利用新陳代謝途徑合成其他生存所需的物質。比鐸和泰頓發現具有突變的黴菌無法在最低營養條件培養基（minimal growth medium）上生長，因為它們無法合成必需胺基酸中的精胺酸（arginine）。研究人員做出結論，認為突變黴菌體內合成精胺酸的多步驟新陳代謝途徑已經有缺陷，缺乏能夠合成精胺酸的酵素。

　　比鐸和泰頓認為照射 X 光而發生突變的黴菌，體內特定基因發生缺陷，導致其無法產生特定的酵素，並提出一基因一酵素假說（one gene-one enzyme hypothesis）：一個基因只能產生一種特定的酵素。這樣的觀念在當時廣為接受，是生物學的一統性觀念，也為基因功能點亮一道曙光，導致生化遺傳學的興起，比鐸和泰頓也因而獲得 1958 年諾貝爾獎。後續的發現顯示這樣的假說過於簡化，基因的功能不只局限於產生一種酵素，還包括結構蛋白（如膠原蛋白）和轉送 RNA（tRNA）。

比鐸和泰頓將紅麵包黴暴露在 X 光下，誘發具有生殖功能的孢子突變。此圖為孢子形成後的多孔菌。

參照條目　新陳代謝（西元1614年）；酵素（西元1878年）；先天性新陳代謝異常（西元1923年）。

生物種與生殖隔離

查爾斯・達爾文（Charles Darwin，1809~1882 年）
恩斯特・梅爾（Ernst Mayr，1904~2005 年）

　　種化（speciation）是生物學最基本的問題之一：一個物種如何分裂成兩種或更多種新種？1830 年代，自達爾文在加拉巴哥群島親眼目睹許多不同種的鶲鳥之後，這個問題一直縈繞在他心中，也一直是科學界難解的謎團，直到 1942 年，演化學家恩斯特・梅爾在其著作《分類學與物種起源》（*Systematics and the Origin of Species*）提出觀念，才解開這道難題。過去，生物學家對「種」的定義著重在個體外觀的相似程度，然而梅爾根據個體的生殖潛能對「種」下了新定義，他認為同種個體間可以雜交，並產下能存活、且具有生殖能力的後代。所謂的「生殖隔離」（Reproductive isolation），即不同種個體間具有生殖屏障的現象，是造成種話最常見的原因。

　　梅爾將生殖隔離分為兩類，端看生殖屏障發生在受精及合子形成之前或之後，即所謂的前合子屏障（prezygotic barrier）或後合子屏障（postzygotic barrier）。他發現當族群受到地理屏障區隔，便容易發生種化（異域種化，allopatric speciation）；或者當兩個物種處於相同地理區，但佔據不同棲地時——

例如一種為水生，一種為陸生——也會發生種化。在這樣的狀況下，族群個體間的基因交流會停止，以防發生雜交。在其他狀況下，生殖隔離的屏障可能不是地理因素，而是因為生殖時間或生殖行為的差異而導致，例如植物在不同時機開花，或動物具有特定的求偶儀式。另外，身體構造的不相容也會阻礙交配，例如生殖器官的構造差異。

　　如果不同種的物體能夠成功交配，也成功受精，此時後合子屏障會阻止雜交個體繼續繁衍，傳遞基因。合子可能在經過幾次細胞分裂後就死亡。如果雜交個體可以存活，但卻沒有生殖能力，同樣是一種生殖屏障，例如母馬和公驢交配產下的騾。最後，就算雜交種具有生殖能力，但後代的生殖能力會持續減弱，最終導致不孕。

母馬和公驢生下的後代稱為騾，母驢與種馬生下的後代稱為駃騠（hinney），兩種雜交的後代不具生殖能力。

參照
條目　達爾文及小獵犬號航海記（西元1831年）；達爾文的天擇說（西元1859年）；生物地理學（西元1876年）；演化遺傳學（西元1937年）；雜交種與雜交帶（西元1963年）。

西元 1943 年

模式生物：阿拉伯芥

弗瑞德里奇・萊巴赫（**Friedrich Laibach，1885~1967 年**）
喬治・瑞迪（**George Rédei，1921~2008 年**）

　　大腸桿菌（Escherichia coli）、黑腹果蠅（Drosophila melanogaster）、隱桿線蟲（Caenorhabditis elegans）、小鼠（Mus musmusculus）和阿拉伯芥（Arabidopsis thaliana）有什麼共通之處？既然有的生物都有非常相似的新陳代謝途徑，也都以 DNA 作為攜帶遺傳資訊的密碼，這些模式生物是一般生物學研究中廣泛使用的材料。此外，細菌、昆蟲、無脊椎動物、脊椎動物的研究領域中，各有代表的模式生物。

　　1943 年，德國植物學家弗瑞德里奇・萊巴赫提出以阿拉伯芥——原生於歐洲和亞洲的小型開花植物，是一種沒有商業價值的野草——作為模式生物的構想。1907 年他完成博士論文，並轉而研究其他領域，到了 1930 年代他又把研究重心轉回阿拉伯芥，後續的研究生涯也都投注在這種植物上。他研究阿拉伯芥的突變，並收集不同生態型（ecotype）——即遺傳背景相同，但因適應世界各地的環境而產生形態及生理差異的變種——他收集 750 種不同生態型的阿拉伯芥。萊巴赫對阿拉伯芥的研究持續至1950 年代，後代繼續發揚光大的學者是匈牙利植物生理學家喬治・瑞迪，在密蘇里大學研究阿拉伯芥的突變幾十年。

　　許多因素綜合影響下，使阿拉伯芥成為生物學家選定的模式生物，用來研究植物生理、遺傳學和演化學。阿拉伯芥體型小，研究人員只需要一小塊空間就能栽種上千棵植株。此外，阿拉伯芥的生活史短，只需要六周時間就能從種子生長為成熟的植株，方便採收，產生的種子數量超過 5000顆。萊巴赫於 1907 年發表的博士論文，確認阿拉伯芥只有五對染色體，是植物界染色體數量最少的植物，因此很容易找出特定基因在染色體的位置。2000 年，阿拉伯芥是植物界第一種被完全定序的植物，共有 2 萬 7400 個基因。誘發阿拉伯芥突變也很容易，其植物細胞可能輕易接受外來 DNA。

阿拉伯芥為芥科植物，是植物生理、遺傳和開花植物分子生物學研究領域常用的模式生物。

參照條目 生命的起源（約西元前40億年）；真核生物（約西元前20億年）；陸生植物（約西元前4.5億年）；發生論（西元1759年）；演化遺傳學（西元1937年）；DNA攜帶遺傳資訊（西元1944年）；基因改造作物（西元1982年）；人類基因體計畫（西元2003年）。

DNA 攜帶遺傳資訊

尼可萊・柯立佐夫（**Nikolai Koltsov，1872~1940 年**）
奧斯瓦・埃弗里（**Oswald T. Avert，1877~1955 年**）
弗德瑞克・格里夫茲（**Frederick Griffith，1879~1941 年**）
科林・麥克勞德（**Colin MacLeod，1909~1972 年**）
麥克林恩・麥卡提（**Maclyn McCarty，1911~2005 年**）
法蘭西斯・克里克（**Francis Crick，1916~2004 年**）
詹姆士・華生（**James D. Watson，1928 年生**）

　　科學家花好幾年才肯相信：DNA 是遺傳物質，不是蛋白質。1927 年，俄羅斯生物學家尼可萊・柯立佐夫首次提出這樣的觀念：個體特徵藉由一種大型，以兩股為結構，互為複製模板的遺傳分子傳遞到子代身上。1940 年，柯立佐夫命喪蘇聯祕密警察手下，雖然他無緣在有生之年看見 DNA 的廬山真面目，不過他的觀點在四分之一個世紀後，由克里克與華生證實。

　　同樣在 1920 年代，軍醫英國細菌學家弗德瑞克・格里夫茲對肺炎的病理機轉很有興趣，他在實驗鼠體內注入兩種肺炎鏈球菌（pneumococcus）其中一種——一種是無毒性，表面粗糙的鏈球菌，以 R 代表；一種是有毒性，表面平滑的鏈球菌，以 S 代表——預期體內注入 S 型鏈球菌的實驗鼠會死亡。然而當格里夫茲先將 S 型鏈球菌加熱使其死亡之後，再注入實驗鼠體內，實驗鼠不會罹患肺炎，也沒有死亡。在最關鍵的實驗中，他先將加熱死亡的 S 型鏈球菌與 R 型鏈球菌混合後再注入實驗鼠體內，導致實驗鼠罹患肺炎而死。他推論這是因為 R 型鏈球菌轉變為 S 型鏈球菌而致，然而他並沒有描述其中的轉變因子為何。

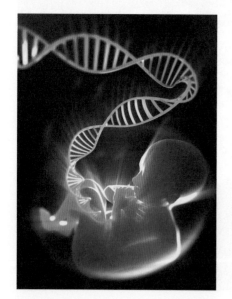

　　1930 至 1940 年代初期，史上最重要的肺炎專家，加拿大醫生奧斯瓦・埃弗里試圖鑑定格里夫茲所提到的轉變因子為何。他和洛克斐勒大學醫學院的同事科林・麥克勞德、麥克林恩・麥卡提進行一場後世稱之為「埃弗里—麥克勞德—麥卡提」的實驗，他們重複格里夫茲的實驗，並加以拓展，他們並未殺死 S 型鏈球菌，而是以化學處理的方式移除或破壞細菌體內多種有機化合物，包括抑制蛋白質活性的蛋白酶。只有當他們以去氧核糖核酸酶破壞 DNA 之後，所謂的轉變因子才停止作用。1944 年，科學界確認 DNA 就是遺傳物質的攜帶者。

1940 年代，埃弗里—麥克勞德—麥卡提實驗提供關鍵證據，證實 DNA 才是遺傳資訊的攜帶者，而非蛋白質。

參照條目　孟德爾遺傳學（西元1866年）；去氧核糖核酸（DNA）（西元1869年）；重新發現遺傳學（西元1900年）；染色體上的基因（西元1910年）；細菌遺傳學（西元1946年）；雙股螺旋（西元1953年）；人類基因體計畫（西元2003年）。

綠色革命

湯瑪斯・馬爾薩斯（Thomas Robert Malthus，1766~1834 年）
諾曼・布勞格（Norman Borlaug，1914~2009 年）

　　英國人口學家湯瑪斯・馬爾薩斯提出理論認為，人類族群的成長速度遠超過食物供給的速度，如果不加以控制，會導致饑荒和貧窮。幸好，在大多數工業化的國家裡，馬爾薩斯的預言沒有成真。到了 20 世紀中期，感謝許多現代化的植物育種、農藝改良措施和人工肥料、殺蟲劑的使用，食物的供給遠超過人類所需。相反的，在墨西哥、亞洲和非洲的發展中國家，因為人類族群快速成長，人民普遍忍受的飢餓和營養不良。

　　1940 年代早期，美國農藝學家諾曼・布勞格獲得洛克斐勒基金會的經費展開研究，試圖增加墨西哥的小麥產量。及至 1945 年，他培育出許多產量高，又能抗病的小麥品種，並使小麥的生長期延長一倍。1960 年代，墨西哥能出口一半的小麥產量。1960 年代中期，印度次大陸籠罩在戰爭的陰影下，當時印度次大陸上的人口增長的速度已經失控，致使人民經歷饑荒的磨難。布勞格將他發展的現代農業科技，包括現代化灌溉、殺蟲劑、高產量作物品種，以及，恐怕是最重要的一項科技：合成氮肥，轉移到印度和巴基斯坦的稻米栽培，又一次獲得重大的成功。

　　然而，可以想見的是，布勞格的計畫並非獲得一致的讚賞。化學殺蟲劑的過度使用造成毒素累積在人類體內，並增加動物罹癌的風險。高產量作物的大量栽種導致產量較少的作物減少或完全消失，使生物多樣性下降，且在巴西，為了增加農地而伐林。缺乏經費的小農或貧農無法購買肥料，無法獲取灌溉用水，農地也沒有安全保障，而地主卻是最大的既得利益者，導致貧富差距擴大。

　　儘管如此，綠色革命依然是阻止饑荒蔓延，使幾十億人不致挨餓的最大功臣。布勞格因為增加全世界的食物供給量，於 1970 年獲得諾貝爾獎。

《今年沒有收成》（*There Were No Crops This Year*）是一幅美國畫作，年代不可考，讓我們得以一窺 20 世紀中葉，綠色革命根除發展中國家饑荒危機之前的農家生活寫照。

參照
條目　亞馬遜雨林（約西元前5500萬年）；小麥：主食（約西元前1.1萬年）農業（約西元前1萬年）；稻米栽培（約西元前7000年）；《寂靜的春天》（西元1962年）；基因改造作物（西元1982年）。

細菌遺傳學

奧斯瓦・埃弗里（Oswald T. Avert，1877~1955 年）
科林・麥克勞德（Colin MacLeod，1909~1972 年）
愛德華・泰頓（Edward L. Tatum，1909~1975 年）
麥克林恩・麥卡提（Maclyn McCarty，1911~2005 年）
約書亞・列德伯格（Joshua Lederberg，1925~2008 年）

　　1944 年，埃弗里、麥克勞德和麥卡提，證實 DNA 就是遺傳物質的實驗，深深震撼約書亞・列德伯格。不過許多生物學家對於以細菌為材料的遺傳學研究是否能沿用到人類身上，仍抱持懷疑的態度。儘管如此，以細菌為研究材料仍有許多好處：只需要花費低廉的培養基就能培養細菌；細菌增殖速度快，可縮減實驗時間；細菌實驗容易操作；細菌的細胞結構簡單。

　　動植物的遺傳資訊透過垂直傳遞的方式，由親本轉移到子代身上。而細菌主要的生殖方式是分裂成兩個一模一樣的子細胞（二分裂生殖，blinary fission）。長久以來，科學家相信細菌是過於原始的動物，不適合當作遺傳分析的材料。1946 年，列德伯格和他的主要指導教授，耶魯大學的愛德華・泰頓發現細菌的遺傳物質以基因重組的方式在兩個個體間傳遞，沒有親本及子代之分，這種方式也就是後來所稱的水平基因傳遞（horizontal gene transfer, HGT），為了表揚他們的發現，1958 年，時年 33 歲的列德伯格和泰頓共同獲得諾貝爾獎。後續的研究發現，水平基因傳遞可發生在許多親緣關係疏遠的細菌之間，是細菌演化的機制，也是細菌對抗生素發展出抗藥性的基礎：當一種細菌發展出抗藥性，很快就能把具有抗藥性的基因傳遞給其他種類的細菌。

　　水平基因傳遞有三種主要模式，可發生於同種或不同種細菌之間：列德伯格和泰頓於 1946 年發現細菌與細菌間的接合作用（conjugation）；1950 年發現的病毒（噬菌體）與細菌的傳導作用

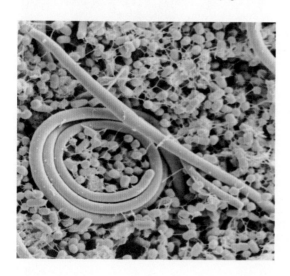

（transduction），致使列德伯格與其妻開始進行遺傳工程的研究，他的妻子艾瑟・列德伯格就是一名出色的細菌遺傳學家；以及 DNA 自由傳遞的轉形作用（transformation）。列德伯格可謂微生物遺傳學界的主導力量，分子生物學的奠基者，對人工智慧懷抱遠見，同時也在太空探險時代，當人類擔心微生物造成汙染時，站出來替微生物發聲。

傷寒沙門桿菌（Salmonella）可造成嚴重的食物中毒，有些品系對多種抗生素具有抗性。造成細菌產生抗藥性的機制多和位於質體（plasmid）的基因有關，可以輕易地在同種和不同種細菌間傳遞。

參照條目 原核生物（約西元前39億年）；噬菌體（西元1917年）；抗生素（西元1928年）；DNA攜帶遺傳資訊（西元1944年）；質體（西元1952年）；細菌對抗生素的抗性（西元1967年）。

網狀激活系統

侯瑞斯・摩岡（**Horace W. Magoun，1907~1991 年**）
朱賽佩・莫羅希（**Giuseppe Moruzzi，1910~1986 年**）

　　網狀結構（reticular formation）即指橋接腦幹中心與大腦皮層（cerebral cortex）的神經傳導途徑。腦幹是一種古老的組織，位於腦部下方，控制與脊椎動物生存相關的功能，而大腦皮層是意識與思考中心。一直到 20 世紀中葉之前，科學界相信：當我們醒著時，其實不斷接收著外在與內在的刺激，抑制這些刺激的影響會導致我們進入睡眠。1949 年，芝加哥西北大學侯瑞斯・摩岡和朱賽佩・莫羅希以網狀結構為主題，進行一系列的研究，否定上述的觀念，對於清醒和睡眠狀態提出新的見解。

　　莫羅希與摩岡以電流刺激貓的網狀結構，使腦波（electroencephalographic）產生變化，致使其醒來。即便通往大腦皮層的上傳感覺路徑（ascending sensory pathways）遭到破壞，依然能產生上述的效應。當他們破壞網狀結構，實驗貓便陷入昏睡，即便感覺路徑完好也一樣。

　　因此，網狀結構的主要組成——網狀激活系統（reticular activating system, RAS）——可以調節動物自深層睡眠和放鬆的清醒狀態，至高度清醒和具有選擇性注意力的過程。網狀激活系統有如過濾器，截獲顯著或新穎的外在刺激，濾除熟悉且重複的刺激（這樣的過程稱為習慣化，habituation）。下肢的疼痛訊號可經由網狀結構傳遞至大腦皮層，網狀結構同時還會整合心血管、呼吸和運動系統對於外在刺激所產生的反應。

　　網狀激活系統包含膽鹼性（cholinergic）和腎上腺素性（adrenergic）的神經影響。據信膽鹼性神經，即以乙醯膽鹼為神經傳導物質，是睡醒周期和快速動眼睡眠期（rapid eye movement）的化學媒介，亦包含腦部的主要興奮物質麩胺酸鹽（glutamate）在內。相反的，腎上腺素性神經，即以正腎上腺素（norepinephrine）為神經傳導物質，在深眠期時非常活躍，在快速動眼睡眠期則不活躍。注意力失常（Attention Deficit Disorder）可能是因為網狀激活系統中正腎上腺素不足而引起。

以貓為實驗動物所證實的網狀激活系統功能，能夠使處於放鬆狀態的動物轉變至清醒，且注意力集中的狀態。

參照條目　延腦：生命中樞（約西元前5.3億年）；神經系統訊息傳遞（西元1791年）；神經傳導物質（西元1920年）；快速動眼睡眠（西元1953年）。

譜系分類學

卡爾‧林奈（Carl Linnaeus，1707~1778 年）
查爾斯‧達爾文（Charles Darwin，1809~1882 年）
恩斯特‧海克爾（Ernst Haeckel，1834~1919 年）
威利‧赫尼格（Willi Hennig，1913~1976 年）

18 世紀初，卡爾‧林奈發明動植物的分類二名法，將動植物分類以階層式的方式表達。然而，他根據《聖經》的傳統教導，認為所有生物由造物主創造之後，就沒有再變化過，因此他根據物體外觀的共同特徵作為分類標準。不過當達爾文提出驚人的證據顯示，所有生物都從共同祖先演化而來，且有些生物已經滅絕，導致科學界必須重新檢視林奈的簡單分類法。

1866 年，生物學家恩斯特‧海克爾，同時是達爾文早期的支持者，提出譜系學（phylogeny）這個名詞，代表研究物種演化史的學科。為了建構譜系，分類學者的訓練必須以了解物種間的演化關係為主旨。1950 年，德國生物學家威利‧赫尼格在《譜系分類學》（*Phylogenetic Systematics*）書中引入譜系分類的觀念，亦在鑑定現存與滅絕物種間的演化關係。

就像用族譜回溯家族祖先的道理一樣，特定分類群的演化史也可以用分支的譜系樹加以表示。譜系樹由一系列二叉的分支點組成，每一個分支點代表兩條從共祖分岐的譜系（例如，衍生出郊狼與灰狼的分支點即為兩者最近的共祖）。

傳統的譜系分類學根據外在形態，可觀察的特徵為分類依據，然而這可能造成誤解。分子生物學的進步使科學家得以分析複雜的基因序列、染色體，甚至是生物的完整基因體。比較不同物種間各種基因的 DNA 序列，可證實物種的共祖未必和其後代具有明顯的外觀。不同生物基因體中核苷酸序列的差異程度，可代表其與共祖相距的時間有多遠。

此圖為生命的譜系樹，分類依據為目前已完全解序的生物基因體，綠色為古菌域；藍色為細菌域；紅色為真核生物域，紅點代表智人（Homo sapiens）。

參照條目　林奈氏物種分類（西元1735年）；達爾文的天擇說（西元1859年）；胚胎重演律（西元1866年）；生命分域說（西元1990年）；人類基因體計畫（西元2003年）；原生生物的分類（西元2005年）；最古老的DNA和人類演化（西元2013年）。

海拉細胞的不死傳奇

喬治・蓋（**George Otto Gey**，1899~1970 年）
約翰・沙克（**Jonas Salk**，1914~1995 年）
海莉耶塔・拉克斯（**Henrietta Lacks**，1920~1951 年）
蕾貝卡・史路特（**Rebecca Skloot**，1972 年生）

　　1951 年，時年 30 歲，五位孩子之母，非裔美國人海莉耶塔・拉克斯前往約翰・霍普金斯醫院治療子宮頸癌（cervical cancer）。治療過程中，她身上的子宮頸癌細胞被採樣，在沒有經過她同意的狀況下，一部分樣本送到組織培養實驗室的喬治・蓋手上（在當時，使用某個人的細胞做實驗並不需要徵得本人同意，也沒有任何人被徵詢過）。八個月後，癌細胞轉移至全身，到了 10 月，海莉耶塔・拉克斯病逝。就在當天，蓋帶著一小瓶海拉細胞上電視，宣稱這是治療癌症的新希望。

　　當正常的人類細胞在培養基裡生長時，分裂 20 至 50 次後就會死亡。而海拉細胞，第一種不死的人類細胞，卻能自 1951 年起持續分裂至今。究竟海拉細胞為何有這種不死的能力，至今依然是個謎。海拉細胞經過大量生產，送往全世界各個實驗室，有些研究學者認為海拉細胞是當代最重大的醫學發現。1954 年，約翰・沙克利用海拉細胞發展出小兒麻痺疫苗。海拉細胞對於癌症、腫瘤的細胞生物學、抗癌藥物、愛滋病和基因圖譜的研究，做出無價的貢獻。

　　海莉耶塔・拉克斯死後 25 年，拉克斯家族才知道海拉細胞的存在。即便海拉細胞已經是廣泛傳播到世界各地的商業化產品，蓋或拉克斯的家人並沒有收到任何補償金，也沒有人紀念海莉耶塔・拉克斯的貢獻。雖然偶有報紙刊登有關拉克斯和海拉細胞的報導，但直到 2010 年，蕾貝卡・史路特的著作《海拉細胞的不死傳奇》（*The Immortal Life of Henrietta Lacks*）出版後，整起事件的來龍去脈才公諸於世，這本書登上《紐約時報》暢銷書排行榜兩年多。2013 年 3 月，德國研究學者公布海拉細胞的基因體，同樣的，依然沒有經過拉克斯家人的同意。2013 年 8 月，美國衛生研究院（NIH）及拉克斯的家人達成協議，此後拉克斯家族成員對於誰能取得海拉細胞的 DNA 序列，將有一定程度的控制權，但是拉克斯家族依然沒有因為那些被使用的海拉細胞而得到任何金錢補償。

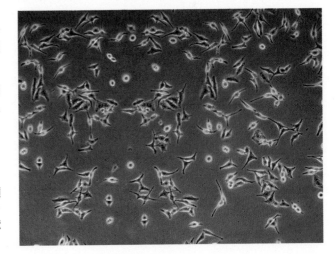

此圖為經過培養的海拉細胞，原為人類子宮頸癌細胞。海拉細胞自 1951 年起就不斷分裂至今，並發展成為商業化細胞株，供生物及藥學研究之用。

參照條目 細胞學說（西元1838年）；組織培養（西元1902年）；細胞衰老（西元1961年）；細胞周期檢查點（西元1970年）；誘導性多功能幹細胞（西元2006年）。

選殖（細胞核轉移）

漢斯・德瑞希（**Hans Driesch**，1867~1941 年）
漢斯・斯佩曼（**Hans Spemann**，1869~1941 年）
羅伯特・布利格斯（**Robert Briggs**，1911~1983 年）
湯瑪士・金恩（**Thomas J. King**，1921~2000 年）
約翰・戈登（**John Gurdon**，1933 年生）
伊恩・威爾穆特（**Ian Wilmut**，1944 年生）

1996 年，世界最出名的綿羊桃莉（Dolly），誕生於蘇格蘭愛丁堡的羅斯林研究所（Roslin Institute）。牠是伊恩・威爾穆特利用細胞核轉移技術，或稱複製（cloning，選殖）技術製造出來的一頭綿羊。桃莉使許多非生物學家認識核轉移技術，不過核轉移技術首次獲得成功，是早在 100 多年前的事情。1885 年，漢斯・德瑞希從海膽胚胎中分離出兩個細胞，使其各自獨立生長，作為親本個體的無性繁殖株。1828 年，漢斯・斯佩曼首次提出核轉移的觀念並著手生產無性繁殖株，他以已分化的體細胞或未分化的胚胎細胞為材料，將這些細胞的細胞核轉移至細胞核已被移除的供體細胞（donor cell）中，製造出遺傳背景完全相同的細胞。

1952 年，費城癌症研究中心的羅伯特・布利格斯和湯瑪士・金恩檢驗斯佩曼提出的觀念，並加以證實，他們以未分化細胞成功複製出豹蛙（northern leopard frog）。1962 年，約翰・戈登利用由分化完成的腸道細胞細胞核複製出非洲爪蟾（South African frog），證實細胞的遺傳潛能並不因功能分化而減退。來自戈登的校長對於他想要成為科學家的夢想，曾經寫下「荒謬至極」的評語，然而戈登在 2012 年獲得諾貝爾獎。

1993 年上映的轟動電影《侏儸紀公園》（*Jurrasic Park*）就是以複製恐龍為題材進行拍攝。雖然電因情節中有些與科學不符之處受到批評，仍成功引起大眾對複製化提的興趣，票房也獲得巨大迴響。

雖然先前經歷許多失敗，桃莉是人類史上第一次成功複製哺乳類動物。有些人認為牠的誕生是科學史上最重大的突破，證明體細胞也可以重新編程（reprogramming），形成新的細胞。此外，桃莉一生生下四隻後代，然而在桃莉帶來的希望被完全理解之前，牠的細胞已經開始老化，六年後病痛纏身的牠遭人道安樂死。對許多人而言，對理性和道德倫理的考量，澆熄他們對複製的熱情，他們擔心複製人的出現恐怕亦不遠矣。

單細胞或多細胞生物，只要經過複製，就能產生遺傳背景完全相同的個體。

參照條目　細胞核（西元1831年）；體外人工受精（西元1978年）；誘導性多功能幹細胞（西元2006年）。

胺基酸序列和胰島素

弗德烈克・班廷（Frederick G. Banting，1891~1941 年）
查爾斯・貝斯特（Charles H. Best，1899~1978 年）
弗德瑞克・桑格（Frederick Sanger，1918~2013 年）
赫伯特・波義爾（Herbert Boyer，1936 年生）

　　1920 年代早期，弗德烈克・班廷和查爾斯・貝斯特證實，胰臟的萃取液可以有效治療糖尿病。1923 年，艾利・禮來開始商業化生產精煉過後，以胰島素為活性物質的豬、牛胰臟萃取液，三年後開始生產結晶化的胰島素。

　　1943 年，劍橋大學的英國化學家弗德瑞克・桑格試圖確認胰島素的氨基酸序列。胰島素是當時少數幾種人類有能力純化的蛋白質之一，在英國的連鎖藥局就能買到。經過 10 年的努力，1951 和 1952 年，桑格確定胰島素具有雙胜肽（peptide）鏈結構：A 鏈由 21 個胺基酸組成；B 鏈則具有 30 個胺基酸，而且胰島素是第一個胺基酸序列被完全解序的蛋白質，桑格認為人體內所有蛋白質都有獨特的化學序列，由 20 種胺基酸排列而成。桑格的蛋白質研究，尤其是與胰島素相關的研究使他獲得 1958 年諾貝爾獎（1977 年他再度獲得諾貝爾獎，成為史上第一位獲得兩次諾貝爾化學獎的科學家）。

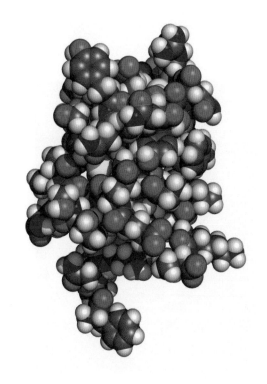

　　胰島素的化學結構確定以後，就可能在實驗室裡合成胰島素，1963 年，科學家也完成這項成就。動物胰島素對於治療糖尿病有很好的效果，雖然和人類的胰島素很相近，但並非完全相同。豬的胰島素和人類胰島素有一個胺基酸的差異，牛的胰島素則有三個，正是如此細微的差異引發糖尿病患者的過敏反應。1978 年，希望之城國家醫學中心的研究人員，和當時成立不久的基因泰克（Genentech）生物科技公司內由赫伯特・波義爾率領的科學家合作，利用生物科技首次合成出人類的蛋白質。過程中將人類體內與產生胰島素相關的一個基因插入細菌的 DNA 中，使基因經過改造的增殖，功能有如細菌工廠，使胰島素的生產源源不絕。1982 年，這種人工合成的胰島素取代禮來生產的動物胰島素。

此圖為胰島素分子的立體模型。依照標示慣例，白色代表氫，黑色（以深灰色代表）代表碳，藍色代表氮，紅色代表氧，黃色代表硫。

參照條目　X射線結晶學（西元1912年）；生物科技（西元1919年）；胰島素（西元1921年）；質體（西元1952年）。

自然界的圖形形成

李奧納多·達文西（Leonardo da Vinci，1452~1519 年）
達西·湯普森（D'Arcy Wentworth Thompson，1860~1948 年）
艾倫·圖靈（Alan Turing，1912~1954 年）

　　李奧納多·達文西早已經發現自然就中存在幾何圖形，500 多年後，蘇格蘭數學生物學家達西·湯普森描述這些圖形。湯普森從物理與數學的角度分析生物的結構，在他 1917 年發表的經典著作《生長與形態》（*On Growth and Form*）中顯示生物間的多種關聯性。

　　英國數學家艾倫·圖靈以更高的理論等級來解釋自然界中的圖案形成。圖靈不是一般的數學家，第二次世界大戰期間，他是英國破解密碼中心，布萊切利園（Bletchley Park）的領導要角。他發明的圖靈機（Turing machine）破解德軍恩尼格瑪機（Enigma）產生的密碼，是同盟國軍隊在大西洋戰役（Battle of Atlantic）的勝敗關鍵。戰後，圖靈負責構思史上第一臺電腦和人工智慧的發展。1952 年，也就是他自殺結束生命前兩年，圖靈把注意力轉到數理生物學（mathematical biology），並發表他生命中唯一一篇與生物相關的科學文章《形態發生的化學基礎》（*The Chemical Basis of Morphogenesis*）（所謂的形態發生通常是指胚胎發育至成熟個體過程中，形態和結構的形成）。圖靈在文章中提出數學模型，以物理定律如何支配某些化學物質的反應，並使之在動物皮膚上散播為基礎解釋自然界天然圖形的形成。他提出一組反應擴散方程式，描述動物身體上的圖形如何形成。

　　這些方程式是解釋動植物各種圖形形成的基礎：例如向日葵和雛菊的種子排列；老虎和斑馬魚身上的斑紋；美洲豹身上的斑點；老鼠腳掌上的毛囊排列。

他的理論認為，這些圖形的形成受到兩種擴散速率不同的化學物質影響，他稱之為形態決定因子（morphogen），其中一種因子具有活化作用，可以使生物體表現出特殊的圖形（例如條紋和斑點）；另一種則具有抑制作用，可抑制活化因子的活動，導致生物體體表呈現留白區域。圖靈提出的圖形形成機制理論高懸 60 年，直到 2012 年，科學家終於找出兩種具有活化和抑制作用的化學物質，就像圖靈提出的形態決定因子。

天使魚和斑馬都具有條紋，美洲豹和瓢蟲都有斑點。根據艾倫·圖靈的理論，這些圖形的形成有賴兩種形態決定因子，一種具有活化作用，另一種具有抑制作用。

參照
條目　動物體色（西元1890年）；細胞功能決定（西元1969年）。

質體

約書亞・列德伯格（**Joshua Lederberg，1925~2008 年**）
史坦利・柯恩（**Stanly N. Cohen，1935 年生**）
赫伯特・波義爾（**Herbert Boyer，1936 年生**）

　　1952 年，威斯康辛大學麥迪遜分校的約書亞・列德伯格發明「質體」（plasmid）一詞，指的是在染色體 DNA 之外，與之分離的 DNA 分子。列德伯格想要利用這個名詞來取代過去常用的寄生生物、共生生物、胞器或基因等名詞。1973 年，科學界對質體的興趣驟然提高，因為質體可視為分子生物學界與基因工程界有力的研究工具，這主要是遺傳學家赫伯特・波義爾和生物學家史坦利・柯恩的貢獻。他們讓科學界看到質體可以使基因在不同物種間傳遞（如從蛙轉殖到大腸桿菌），並證實轉殖基因在新寄主體內一樣能發揮正常功能。在微生物演化出抗性和致病能力的過程中，質體也扮演重要角色。

　　細胞內的質體可以獨立於染色體之外自行複製，通常具有主幹基因（backbone gene）和附屬基因（accessory gene）：主幹基因負責複製，並維持質體的存在；相反的，附屬基因負責的功能則和寄主（質體的寄主為細菌）的生存無關，但其基因產物可以提供寄主一定的生存優勢，包括降解環境汙染物，並利用降解後的物質作為碳源和氮源；或者使寄主對抗生素或重金屬的毒性產生抗性。此外，質體本身也可以進行寄主種間或種內進行轉移。質體轉移是細菌能夠輕易且快速獲得其他特徵的重要機制，得以藉此適應變動的環境。

　　質體在基因工程上具有廣泛應用，如基因選殖、基因療法和重組蛋白的製造。1978 年，基因泰克（Genentech）生物科技公司的創立者波義爾，正是利用這項技術合成人類的胰島素。外源 DNA，例如製造胰島素的基因，與質體接合後送入細菌細胞內，質體在細菌內複製後可以產生大量的重組胰島素。

約書亞・列德伯格在威斯康辛大學實驗室工作的身影，照片攝於 1958 年。除了發現細菌之間可以交換基因，他在人工智慧和太空探險的貢獻也使他成為舉世聞名的科學家。

參照條目 細胞凋亡（程序性細胞死亡）（西元1842年）；抗生素（西元1928年）；細菌遺傳學（西元1946年）；胺基酸序列和胰島素（西元1952年）；細菌對抗生素的抗性（西元1967年）。

神經生長因子

維克多・漢伯格（Viktor Hamburger，1900~2001 年）
莉塔・李維─蒙妲切尼（Rita Levi-Montalcini，1909~2012 年）
史丹利・柯恩（Stanley Cohen，1922 年生）

　　1938 年，莉塔・李維─蒙妲切尼從杜林大學獲得醫學學位，兩年後，墨索里尼發布法令，禁止所有非亞利安裔的義大利人在義大利追求任何專業職涯。因此，她在家鄉設置一個小小的實驗室，並受到維克多・漢伯格的啟發，開始研究雞的胚胎。1947 年，她加入漢伯格的行列，來到位於美國密蘇里州聖路易斯的華盛頓大學，此時漢伯格正在研究神經組織的生長。隔年，李維─蒙妲切尼發現，將一小塊實驗鼠的腫瘤組織移植到翅芽遭移除的雞胚胎上，可刺激附近的神經生長。

　　1953 年，生物學家史丹利・柯恩加入李維─蒙妲切尼的陣容，分離出腫瘤裡的活性物質，他們稱之為「神經生長因子」（nerve growth factor）。神經生長因子是周邊神經系統（peripheral nervous system，腦和脊椎以外的神經系統）和膽鹼性神經正常生長和維持常態的必要因子。1959 年，柯恩前往范登堡大學（Vanderbilt University），他在含有神經生長因子的腫瘤中發現另一種神經生長因子，並成功分離之。他發現的神經生長因子可以刺激皮膚表皮層（epidermal）的生長，使新生的實驗鼠可以

更快張開眼睛，因此被稱為表皮生長因子（epidermal growth factor, EGF）。1986 年，柯恩和蒙妲切尼因為發現神經生長因子，成為諾貝爾獎的共同獲獎人。

　　人體約有 50 種促進生長的因子，由各種不同的組織生成，釋放到血液中，神經生長因子是最先被發現且鑑定的生長因子。生長因子有如細胞間的傳訊分子，可以促進特定細胞的生長。此外，科學家也已經在許多生物，包括植物、昆蟲和脊椎動物身上，找到能夠刺激細胞生長、複製和分化的因子。生長因子可用於治療嚴正和心血管疾病，其中最為人熟知的包括腎臟分泌的紅血球生成素（erythropoietin, EPO），可以刺激紅血球生成。自行車運動和其他耐力運動選手常見的違規增血（blood doping）也使紅血球生成素背負惡名。

自 1953 年起，科學家發現的人體生長因子約有 50 種，其中最有名的就是可以刺激紅血球生成的紅血球生成素，而選手間常見的違規增血使紅血球生成素背負惡名，因為它可以增加輸送到肌肉的氧氣量，使選手有更好的耐力表現。

參照
條目　神經系統訊息傳遞（西元1791年）。

米勒─尤列實驗

路易斯・巴斯德（**Louis Pasteur，1822~1895 年**）
約翰・哈爾丹（**J. B. S. Haldane，1892~1964 年**）
哈洛・尤列（**Harold C. Urey，1893~1981 年**）
亞歷山大・奧帕潤（**Alexander Oparin，1894~1980 年**）
史丹利・米勒（**Stanley L. Miller，1930~2007 年**）

　　地球上生命的起源究竟為何？流傳數千年，認為生物是由非生物物質而來的自然發生論，在 1859 年遭到路易斯・巴斯德推翻。1920 年代，蘇聯生物學家亞歷山大・奧帕潤和英國的演化生物學家約翰・哈爾丹各自提出假說，認為在 40 億年前的地球上，簡單的無機分子可能形成有機分子。

　　1950 年代，科學界對生命起源為何的好奇心與日俱增，這也是 1934 年諾貝爾獎得主哈洛・尤列長久以來的興趣所在，也是尤列和研究生史丹利・米勒在 1952 年進行的實驗主題，兩人於 1953 年發表米勒─尤列實驗。實驗的設計是根據奧帕潤在 1924 年提出的理論，模擬 40 億年前地球大氣層可能的狀態。米勒─尤列實驗讓水、氨氣、甲烷和氫氣的混合液體持續暴露在電火花下，意在模擬早期地球相當常見的閃電風暴。一周後，有機分子出現更重要的（其中 2% 的產物是胺基酸），也就是建構生命的基本元件。

　　接下來幾年，這項實驗的結果接受許多嚴格的分析，其正確性、結果和結論都遭受一連串的挑戰，受質疑之處包括實驗設計與早期大球大氣層組成的相似程度，以及就算這些化學物質已存在，是否能受到遙遠的閃電電擊。其中一項最令人印象深刻的批評指出，早期地球上出現的胺基酸可能來自外太空。1969 年，一塊隕石撞擊澳洲莫契孫（Murchison）地區，科學家發現其中有九成的物質都是胺基酸。正因如此，人類繼續在地球之外找生命的旅程。

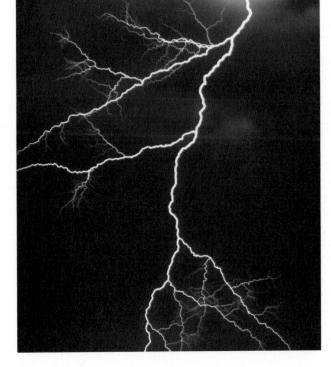

米勒─尤列實驗意在模擬 40 億年前地球的大氣層狀態，實驗結果產生包括胺基酸在內的有機分子。實驗過程中，簡單的分子持續暴露在電火花下，為的是模擬據信在早期地球相當常見的閃電風暴。

參照條目　生命的起源（約西元前40億年）；推翻自然發生論（西元1668年）。

雙股螺旋

萊斯納・鮑林（Linus Pauling，1901~1994 年）
法蘭西斯・克里克（Francis Crick，1916~2004 年）
莫里斯・威爾金斯（Maurice Wilkins，1916~2004 年）
羅莎琳・法蘭克林（Rosalind Franklin，1920~1958 年）
詹姆士・華生（James D. Watson，1928 年生）

1953 年，科學界發現 DNA 的結構之後，長達 60 多年的歸功疑雲雖然仍未散去，然而 DNA 攜帶遺傳物質的重要性毋須懷疑，其為科學界最重要發現的地位仍不動如山。1950 年代，科學界已經知道 DNA 結構的基本元素，包括含氮鹼基——腺嘌呤（adenine, A）、胞嘧啶（cyosine, C）、鳥嘌呤（guanine, G）、胸嘧啶（thymine, T）、尿嘧啶（uracil, U）——糖和磷酸基，然而這些組成成分之間如何鍵結仍是一團迷霧。爭相解開這道謎題的科學家有加州科技中心的萊斯納・鮑林和劍橋大學卡文迪西實驗室（Cavendish Laboratory）由法蘭西斯・克里克和詹姆士・華生率領的研究團隊。

鮑林位居 20 世紀最重要的科學家之列，獲得兩座諾貝爾獎。受到一個錯誤連連的模型誤導，他認為 DNA 分子是三股螺旋結構。1953 年初，華生和克里克聚焦在一個雙股構造的模型上，兩股相互扭轉，且以反向的方式接合，即所謂的雙股螺旋模型，每股分子間以糖和磷酸基間隔。倫敦國王學院的莫里斯・威爾金斯和羅莎琳・法蘭克林以 X 光繞射技術支持華生與克里克建構的模型。1953 年 4 月 25 日，《自然》（Nature）期刊刊登華生與克里克聯名發表的文章，文章中僅在註腳提到威爾金斯和法蘭克林當時「尚未發表」的貢獻。

兩人投稿至《自然》期刊之前，在法蘭克林不知情也未同意的狀況下，華生就得到了她傑出 X 光

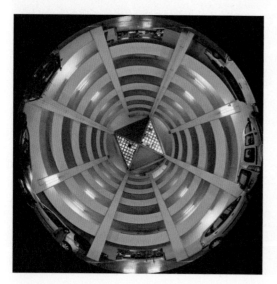

繞射影像的副本，其中一張被許多科學家認為是發現 DNA 雙股螺旋的關鍵。至今，法蘭克林的貢獻對這一世紀大發現的影響和重要性，仍是釐不清的難題，不過無法改變的事實是：她在有生之年都沒有獲得應有的認可，1962 年諾貝爾獎提名人中沒有她的芳名，獲獎人華生、克里克或威爾金斯，甚至連一句感謝都未說出（鮑林也是當年的諾貝爾獲獎人）。1957 年，法蘭克林因卵巢癌病逝，而諾貝爾獎只頒給在世的人。

法國南特公園的七層地下停車場坡道，正是以 DNA 雙股螺旋發想的結構。

參照條目　去氧核糖核酸（DNA）（西元1869年）；DNA攜帶遺傳資訊（西元1944年）；解開蛋白質生化合成的遺傳密碼（西元1961年）。

快速動眼睡眠

亨利·皮耶洪（**Henri Piéron**，**1881~1964 年**）
納森尼爾·克萊特曼（**Nathaniel Kleitman**，**1895~1999 年**）
尤金·阿瑟林斯基（**Eugene Aserinsky**，**1921~1998 年**）

「睡得著，才有作夢的機會」，長久以來，我們相信睡眠是一段不受干擾的時間，身體的運作也變得緩慢。1913 年，法國生理學家亨利·皮耶洪的著作《睡眠的生理問題》（*Le problem physiologique du sommeil*）是科學史上第一本試圖從生理角度解釋睡眠的書籍。皮耶洪同時也在尋找證據證實他的想法：清醒時，腦中累積的某種化學因子（即催眠激素，hypnotoxin）最終會誘發睡眠。

1920 年代，俄羅斯裔美籍生理學家納森尼爾·克萊特曼在芝加哥大學建立全世界第一座睡眠實驗室，將畢生精力都投注在睡眠研究，在當時，睡眠研究根本談不上和熱門的科學研究範疇沾上邊。1939 年，克萊特曼的著作《睡眠與清醒》（*Sleep and Wakefulness*）是科學史上第一本以睡眠為研究主題的專書，至今仍是經典之作，克萊特曼在書中提到睡眠由「休息─活動周期」（rest-activity cycle）所組成，他經常以自己為實驗對象，有次為了研究睡眠剝奪（sleep deprivation）還連續不睡 180 小時。

1953 年，克萊特曼的研究生尤金·阿瑟林斯基以兒童注意力為研究主題，他發現眨眼的次數和注意力流失有關，他的第一位研究對象是自己八歲大的兒子。阿瑟林斯基以電流紀錄兒童的眼瞼運動，並以腦波圖紀錄其腦波變化，結果顯示腦波的變化與作夢有關。阿瑟林斯基繼續相關研究，紀錄成人睡眠過程的腦波圖以及眼球運動，他發現一晚有好幾次，受試對象的眼球會來回移動。這就是所謂的「快速動眼睡眠」（rapid eye movements, REM），而且快速動眼睡眠期與作夢有關（說來諷刺，1998 年阿瑟林斯基因為駕車撞上路樹而喪命，正是因為他開車開到睡著）。

睡眠並非一段靜止沒有變化的期間，而是由許多階段所組成，快速動眼睡眠期大概佔了整體睡眠時間的 20 至 25%，約 90 至 120 分鐘，並可分成四到五個周期；新生兒有八成以上的睡眠時間都處於快速動眼期。快速動眼期的生物意義在於維持個體推理的能力──或許也和記憶連結或新生兒的中央神經系統發育有關──不過目前我們已經知道，如果失去快速動眼期，會導致生理和行為的異常狀態。

成人的整體睡眠時間只有 20 至 25% 是快速動眼睡眠期，然而快速動眼睡眠期卻佔新生兒整體睡眠時間的八成。此圖為赫曼·科納奧夫（Hermann Knopf，1870~1928 年）於 1928 年的畫作，圖中有一名睡夢中的嬰孩。

參照條目 近日節律（西元1729年）。

獲得性免疫耐受性與器官移植

法蘭克・伯內特（Frank Macfarlane，1889~1985 年）
彼得・梅達華（Peter B. Medawar，1915~1987 年）

　　1940 年代，不列顛戰役期間，英國生物學家彼得・梅達華受召前往探視一名因墜機在牛津地區梅達華家附近，嚴重燒傷的空軍士兵。這次事件開啟他和同事一連串以皮膚移植，和其持續性為主題的研究。他們發現，如果燒傷的病人接受自己的皮膚移植（自體移植，autograft），則持續性沒有問題；相反的，如果移植的皮膚來自和病人沒有親屬關係的捐贈者，那麼移植無法持久，兩周內病人就會產生排斥現象，後續的移植會造成排斥現象更快發生。梅達華推測這種現象背後牽涉免疫反應，後來的研究發現利用類皮質酮藥物可以抑制這種反應，延後排斥現象發生的時間。

　　同年代，另一位獨立研究的澳洲病毒學家法蘭克・伯內特對孕期中的免疫耐受性（immue telerance）感到興趣，胎兒和胎盤對孕婦而言都是外來組織，卻不會遭到母體的免疫系統排斥。他提出「自體」與「非自體」的觀念，用以解釋自體免疫（autoimmunity）現象，即人體對自己的組織產生抗體，視之為非自體組織，進而準備攻擊。

　　伯內特提出有關「獲得性免疫耐受性」（acquired immunological tolerance）的理論基礎。1953 年，梅達華針對這項理論提出支持性的實驗證據，成功完成器官移植，為此，兩人同獲 1960 年諾貝爾獎。梅達華確認在胚胎發育期間，及胎兒出生後短暫時間內，免疫細胞開始發育，可以消滅外來（非自體）細胞。1953 年，梅達華進行一項關鍵的實驗，他將成鼠的組織細胞注入發育中的鼠胚胎中。接受注射的實驗鼠出生後，可以接受該成鼠的皮膚移植；如果以其他無親緣關係鼠的皮膚進行移植，實驗鼠會產生排斥現象。實驗結果證實獲得性免疫耐受性的存在，也為後代發展抑制器官、組織移植排斥反應的研究奠定基礎。

美國約在 1998 年發行的郵票，推廣器官及組織捐贈。可供移植的器官包括腎臟、心臟、肺臟、胰臟和腸，可供移植的組織則有角膜、心臟瓣膜、硬骨、軟骨和韌帶。

參照條目　胎盤（西元1651年）；先天性免疫（西元1882年）；後天性免疫（西元1897年）；艾爾利希的側鏈說（西元1897年）。

肌肉收縮滑動纖維理論

湯瑪斯·赫胥黎（**Thomas Henry Huxley**，1825~1895 年）
阿道斯·赫胥黎（**Aldous Huxley**，1894~1963 年）
艾倫·哈德金（**Alan L. Hodgkin**，1914~1998 年）
安德魯·赫胥黎（**Andrew F. Huxley**，1917~2012 年）
休伊·赫胥黎（**Hugh E. Huxley**，1924~2013 年）

不管是章魚用觸手攫抓獵物，或是短跑明星的 100 公尺短跑，所有動物肌肉收縮的基本機制都是一樣的。1954 年，兩位同姓赫胥黎但彼此並非親戚的英國生物學家，各自發現骨骼肌（即隨意肌）的收縮機制，並接連將其發現投稿至《自然》期刊。

年紀較長的安德魯·赫胥黎出身世家，家族成員包括生物學家湯瑪斯·赫胥黎（是其祖父）；作家阿道斯·赫胥黎（其同父異母的兄弟）。相反的，休伊·赫胥黎則出生中產階級家庭。兩位赫胥黎都是劍橋大學的學生，兩人的研究也同樣被第二次世界大戰所中斷。戰後，安德魯和艾倫·哈德金合作，研究神經的動作電位，兩人也因此共同獲得 1963 年頒發的諾貝爾獎。1952 年，他利用自己製造的顯微鏡，確定肌肉收縮的模式。1948 年，休伊重拾博士論文，利用 X 光繞射技術和電子顯微鏡的幫助，專注研究骨骼肌的結構和功能。1952 年，休伊前往麻省理工學院（Massachusetts Institute of Technology），繼續從事相同的研究。1954 年，他發表「肌肉收縮滑動纖維理論」（Sliding Filament Theory of Muscle Contraction），以不同於安德魯的實驗方法，得出相同的基本理論。

骨骼肌由彼此平行排列的纖維組成，每一條肌肉纖維（即肌肉細胞）就是一條肌原纖維（myofibril），外觀具有條紋，由數千個重複排列的肌小節（sarcomere）組成，肌小節就是肌肉的收縮單位。每一個肌小節內有一系列的較細的肌動蛋白（actin）和較粗的肌凝蛋白（myosin），彼此平行排列。肌肉收縮時，較細的肌動蛋白會改變長度，肌凝蛋白的長度則維持不變。休伊認為，當肌動蛋白滑經肌凝蛋白的時候會造成肌肉的張力。

這座位於賽普勒斯帕福斯（Pathos）的雕像，亞特拉斯拉緊肌肉。亞特拉斯經常以肩上扛著地球的形象出現，不過在希臘神話，扛著地球是對他的懲罰，要他背負天堂的重量。

參照條目　動物運動（西元1899年）；X射線結晶學（西元1912年）；電子顯微鏡（西元1931年）；動作電位（西元1939年）。

核糖體

阿爾伯特・克勞德（**Albert Claude**，**1898~1983** 年）
喬治・帕拉德（**George Palade**，**1912~2008** 年）

　　細胞分離的技術和電子顯微鏡的發明，是打開生物學新疆界的利器，使科學家得以窺看細胞內部，了解胞器的各項功能。1930 年，於洛克斐勒大學工作的比利時生物學家阿爾伯特・克勞德，發明細胞分離的技術，將細胞磨碎，使細胞內容物得以釋放出來，並以不同的速度離心，根據重量將細胞內容物區分開來。1955 年，克勞德的學生喬治・帕拉德把細胞分離技術發展得更上一層樓，這位羅馬裔美籍科學家利用電子顯微鏡研究分離出來的細胞內容物。帕拉德是史上第一位發現細胞內有許多「小顆粒」的科學家，1958 年，這些小顆粒被命名為「核糖體」（ribosome），是細胞內蛋白質的合成場所。克勞德和帕拉德（帕拉德又常被尊稱為現代細胞生物學之父，是史上最具影響力的細胞生物學家）因此共同獲得 1974 年諾貝爾獎。

　　蛋白質工廠。所有生物的細胞內都具有核糖體，受到遺傳密碼的調控，有如工廠一般製造著蛋白質。細胞合成蛋白質的速率很快，光是胰臟裡就有幾百萬個核糖體。DNA 將指令傳給傳訊 RNA（mRNA），以製造特定的蛋白質，接著，轉送 RNA（tRNA）把特定的胺基酸帶到核糖體內，依序加入形成蛋白質長鏈。

　　真核生物（動物、植物和真菌）和原核生物（細菌）細胞內的核糖體結構、功能都很相似。真核生物的核糖體黏附在粗糙膜狀的內質網（endoplasmic reticulum）上；原核生物的核糖體則懸浮在液狀的細胞質當中。既然各界生物體內都具有核糖體，表示核糖體早在生命演化之初就已存在。帕拉德確認核糖體具有大小兩個次單位，且原核生物與真核生物的核糖體密度有些微差異，知道這一點對治療細菌感染有極大助益，某些抗生素，例如紅黴素（erythromycin）和四環素（tetracycline）會選擇性抑制細菌蛋白質的合成，而不會影響病人細胞內的核糖體。

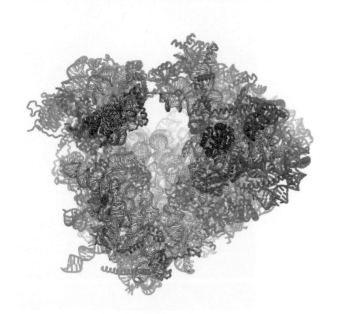

核糖體最主要的功能就是製造蛋白質。此圖為真核生物核糖體的模型，結構和原核生物的核糖體不同。

參照條目 原核生物（約西元前39億年）；真核生物（約西元前20億年）；細胞核（西元1831年）；細胞學說（西元1838年）；抗生素（西元1928年）；電子顯微鏡（西元1931年）；溶體（西元1955年）；解開蛋白質生化合成的遺傳密碼（西元1961年）。

溶體

亞歷克斯・諾維可夫（**Alex B. Novikoff，1913~1987 年**）
克里斯欽・迪・杜維（**Christian de Duve，1917~2013 年**）

比利時魯汶大學的細胞學家、生化學家克里斯欽・迪・杜維，利用超速離心法（Ultracentrifugation）分離細胞內容物，並進行檢驗。1949 年，當他正在檢驗肝臟細胞內的胰島素活動，卻因眼前意外觀察的景象而分心。把細胞放入離心機之前，他會先用搗杵或電動攪拌器弄碎細胞細胞，使其均勻化，接著加入酸性磷酸酶（acid phosphatase）。然而讓他吃驚的是，經過電動攪拌器攪碎的細胞分離物質喪失大部分的細胞活性。1955 年，他進一步研究發現一種過去從未發現的胞器，形狀如囊，外層有膜圍繞。

這種新發現的胞器裡具有溶解性物質，迪・杜維稱之為「溶體」（lysosome）。他與電子顯微鏡學家亞歷克斯・諾維可夫合作，在顯微鏡下確定溶體的存在。此後，迪・杜維再也沒有回頭研究胰島素和肝臟細胞，並於 1974 年因為發現溶體而獲得諾貝爾獎。

細胞的消化系統。就健康或生病的個體而言，溶體都扮演著重要的角色。發揮正常功能時，溶體內約有 50 種酸水解酵素，可以分解蛋白質、核酸、碳水化合物和脂肪。當科學界為植物細胞內有沒有溶體搞得衝突不斷時，可以確定的是所有的動物細胞都具有溶體，在負責對抗疾病細胞中，例如白血球，溶體的數量尤其多。溶體有如細胞內的消化系統，分解從外在環境進入細胞內的物質，例如病毒和細菌；溶體同時扮演細胞的管家，負責除掉多餘或老舊的胞器；此外，溶體還能在細胞挨餓期延長時，擔負起保護細胞的責任，透過自噬作用（autophagy），溶體可以消化細胞內容物，將分解過後的物質經由新陳代謝重新回收，合成細胞生存所需的分子。

如果溶體發揮正常功能，分解該被降解的物質，那麼這些物質會累積在細胞內，造成細胞功能異常或胞器受損。目前已知約有 50 種罕見的遺傳性溶體儲積症（lysosomal storage disease），例如高歇氏病（Gaucher's disease）和戴—薩克斯症。

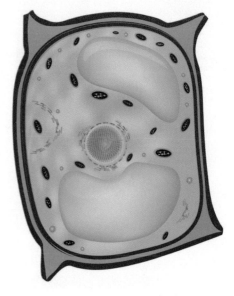

植物細胞內部構造圖，橘色小球即為溶體。植物細胞具有細胞壁，是和動物細胞不同的地方。

參照條目 新陳代謝（西元1614年）；肝與葡萄糖代謝（西元1856年）；酵素（西元1878年）；先天性代謝異常（西元1923年）；核糖體（西元1955年）。

產前基因檢測

約翰·愛德華（John H. Edwards，1928~2007 年）
朱賽佩·西蒙尼（Giuseppe Simoni，1944 年生）

　　每 200 名活產的新生兒當中，就可能有一名新生兒的染色體發生異常，雖然染色體不正常的胎兒多數在出生前就已經死亡。造成胎兒染色體不正常的原因包括孕婦超過 35 歲、曾產下患有先天缺陷的孩子，或者父母親的家族有染色體異常的遺傳問題。現在有許多常見的檢驗可以篩檢或診斷出胎兒的不正常基因。懷孕三個月後，可以利用超音波檢驗胎兒是否有明顯的外表缺陷。

　　羊水檢驗可回溯至 1870 年代晚期。1956 年，約翰·愛德華認為可以利用羊膜穿刺術（amniocentesis）進行「產前遺傳性疾病檢測」（antenatal detection of hereditary disorder），檢查胎兒的染色體是否成對排列。羊膜穿刺術通常在孕期 15 至 20 周時進行，可檢測唐氏症（Down syndrome，即三染色體 21 症）、脊柱裂（spina bifida）、囊腫纖化症和戴—薩克斯症。

　　除了羊膜穿刺術以外，還有另一種檢驗方法，即絨毛膜取樣（chorionic villus sampling, CVS），通常孕期第 10 至 12 周之間進行，可以更早發現胎兒是否有異樣。人類史上首次進行絨毛膜取樣的時間是 1983 年，由生物細胞中心的義大利生物學家執行，絨毛膜取樣可以偵測 20 種以上的遺傳異常現象。

　　絨毛膜是胎膜的一部分，位於胎盤內壁，絨毛是其上微小的指狀突起，可取樣研究。絨毛是胎兒產生的構造，因此攜有胎兒的遺傳組成內容。

　　2011 年，出現新的檢測方法「游離 DNA 檢驗」（cell-free DNA），這種方法和羊膜穿刺術及絨毛取樣法不同，是非侵入性的檢驗方法，懷孕 10 周的孕婦只需要抽血檢驗即可。游離 DNA 檢驗指檢驗血液中游離的 DNA 碎片，因此只是一種篩檢的方法（例如篩檢唐氏症），並不是檢驗遺傳缺陷的方法。

孕婦懷孕過程中有兩種方法可以檢驗胎兒是否罹患唐氏症：利用超音波篩檢，可以判斷胎兒是否成罹患唐氏症的高風險群；或利用診斷式檢驗，例如羊膜穿刺或絨毛取樣，可以確定胎兒是否患有唐氏症。

參照條目　胎盤（西元1651年）；優生學（西元1883年）；先天性代謝異常（西元1923年）。

DNA 聚合酶

法蘭西斯・克里克（Francis Crick，1916~2004 年）

亞瑟・孔柏格（Arthur Kornberg，1918~2007 年）

詹姆士・華生（James D. Watson，1928 年生）

　　1953 年，華生和克里克聯名發表描述 DNA 化學結構的經典論文，一開始，有許多科學家對其重要性表示懷疑。華生和克里克在論文中提到 DNA 複製的機制，還需要更進一步的研究才能解開。美國密蘇里州聖路易斯，華盛頓大學的微生物系的生化學家亞瑟・孔柏格則認為，這是一篇相當重要的論文。因此，他開始研究生物體如何合成核酸，尤其是構成 DNA 的核酸。他的研究以相對簡單的生物：大腸桿菌為材料，1956 年，他發現不同生物用來組合 DNA 的酵素，也就是所謂的 DNA 聚合酶 I（DNA polymerase I），彼此間有些差異。孔柏格發表一篇相關的論文，一開始遭到退回，直到 1957 年才獲得接受，並公開發表在聲望極高的《生物化學期刊》（*Journal of Biological Chemistry*），1959 年他因確定 DNA 生化合成的機制，而成為諾貝爾獎的共同獲獎人。

　　生物影印機。DNA 聚合酶 I，又簡稱 pol I，在生物生存的過程中扮演重要角色，因此這項發現具有重大意義，讓我們得以知曉 DNA 如何複製及修復。在細胞開始分裂之前，pol I 先行複製細胞的所有 DNA，細胞分裂後，每一個子細胞都能獲得和親本細胞一模一樣的 DNA 副本，遺傳資訊也藉著這樣的方式代代相傳下去。孔柏格發現 pol I 可以讀取完整的 DNA 長鏈，並以其為模板複製出和模板一模一樣的 DNA，就像影印機的功能。

　　然而，生物體內的影印機並非盲目地進行複製而不問內容，DNA 聚合酶可分為七個次型，其中 pol I 能夠發揮校對的功能，找出 DNA 模板上的錯誤，移除錯誤並校正，因此產生鹼基序列完全正確的新股 DNA。其他的 DNA 聚合酶只有複製功能，沒有修復的功能，因此基因體中若有突變則會一直維持下去，細胞有可能因此死亡。

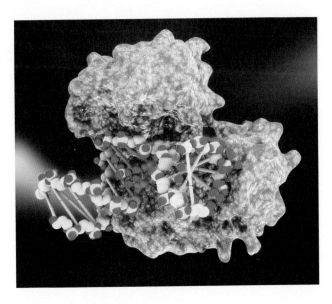

DNA 聚合酶的模型。DNA 聚合酶可分為七個次型，其中 pol I 負責品管，讀取 DNA 模板，校正錯誤後才會開始複製。

參照條目 去氧核糖核酸（DNA）（西元1869年）；細菌遺傳學（西元1946年）；雙股螺旋（西元1953年）；分子生物學的中心法則（西元1958年）；聚合酶鏈鎖反應（西元1983年）。

第二傳訊者

厄爾‧薩塞蘭（**Earl W. Sutherland, Jr.**，1915~1974 年）

　　獵物在野外面對捕食者威脅的時候，有兩個選擇：要不就是打，要不就是逃。為了準備所有行動，獵物的心跳速率、呼吸速率和血糖含量都會增加，隨意肌也開始活化。這些遭遇壓力而產生的身體反應藉著腎上腺分泌腎上腺素而達成。碳水化合物中所含的糖分可充當立即性的能量來源，或儲存在肝醣及肌肉中留待後用。當腎上腺素釋放到血液中，會和肝臟或肌肉表面的受器結合，這種結合就像是訊號彈，引發一連串生化反應，使葡萄糖的釋放達到高峰。整個過程可分為三個階段：第一階段為接受（reception），指荷爾蒙與受器結合；第三階段是回應（response），指葡萄糖的釋放，然而第二個階段究竟發生什麼事，此時仍然是個謎。

　　美國藥理學家厄爾‧薩塞蘭曾在 1940 至 1950 年代研究過這些反應，並發現肝醣磷酸化酶（glycogen phosphorylase）參與其中。然而，當他將肝醣磷酸化酶和腎上腺素加入試管中的肝臟切片時，卻沒有產生肝醣。薩塞蘭想要找出失落的第二階段的傳導作用（transduction）究竟發生什麼事，並找出是什麼化學物質將肝細胞表面的訊號荷爾蒙（即第一傳訊者）負責傳遞到細胞內部。

　　這個負責連接第一階段與第三階段的化學物質，也就是所謂的第二傳訊者（second messenger）就是環腺苷單磷酸（cyclic adenosine monophosphate, cAMP），薩塞蘭在 1956 至 1957 年間連續發表科學論文，描述整個反應的過程：腎上腺素受器活化位於肝細胞表面的腺苷酸環化酶（adenylyl cyclase），接著促進三磷酸腺甘酸（ATP）轉變為 cAMP。經過一連串的酵素催化過程，肝醣磷酸化酶受到活化，開始將肝醣分解為葡萄糖。薩塞蘭也因為證明環腺苷單磷酸在生物體中扮演的角色，而獲得 1971 年的諾貝爾獎。

　　作為第二傳訊者，環腺苷單磷酸參與許多不同的細胞活動，包括能量的新陳代謝，細胞分裂與分化，離子活動和肌肉收縮，目前已知其可參與動物、植物、真菌和細菌體內的訊號傳導。

生物遭遇威脅時會產生打或逃反應。不管是哪種選擇，生物體內會釋放腎上腺素，刺激血糖增加。肝臟細胞表面的受器活化，至釋放富含能量的葡萄糖之間的連結，則是由第二傳訊者（即環腺苷單磷酸）來完成。

參照條目　新陳代謝（西元1614年）；肝與葡萄糖代謝（西元1856年）；酵素（西元1878年）；負回饋（西元1885年）；人類發現的第一種荷爾蒙：胰泌素（西元1902年）。

蛋白質的構造與摺疊

克里斯欽・安芬森（Christian B. Anfinsen，1916~1995 年）

　　蛋白質發揮作用時，通常必須先辨識其他分子，並與之結合，這些交互作用要能夠發生，首要是蛋白質的形狀能與目標分子結合。例如抗體和抗原之間的交互作用，以及類鴉片受器（opioid receptor）與嗎啡或海洛因的結合。

　　所有的蛋白質都具有三至四個結構層級：第一級結構指的是簡單的長鏈狀胺基酸；第二級結構會產生摺疊或線圈；第三級結構是三維立體結構；第四級結構則是指兩種或多種以上的胜肽結合在一起，形成一個大型的蛋白質。只有胺基酸鏈摺疊成三維立體構造時，蛋白質才能發揮生物功能。

　　從 1950 年代中期起，在美國國家健康研究院工作的美籍生化學家克里斯欽・安芬森便開始研究蛋白質結構與其功能間的關係。為此，他選擇可以分解核糖核酸（RNA）的核糖核酸酶（ribonuclease）為研究材料，核糖核酸酶性質穩定、體積小，又已經受到廣泛研究，且輕易就能買到純化好的商業產品。1957 年，安芬森確認核糖核酸酶摺疊出三維構造的過程中如果受到干擾，其生物功能便會受到影響，且會自發性地重新摺疊出原本具有完整功能的構型，此時酵素活性也會回復。許多其他的蛋白質摺疊過程受擾時也會發生和核糖核酸酶一樣的反應。

　　根據實驗結果，安芬森做出結論，認為使蛋白質摺疊成最後立體結構的資訊，就在其第一級結構中，也就是胺基酸的序列。此外，根據安芬森提出的「熱動力學假說」（thermodynamic hypothesis），核糖核酸酶能夠維持其立體結構，是因為這樣的結構最穩定。1927 年，安芬森因為找出胺基酸序列與蛋白質活性結構的關係，而獲得諾貝爾化學獎。

　　許多疾病，例如阿茲海默症、帕金森氏症和杭丁頓氏舞蹈症，都是因為患者體內累積過多錯誤摺疊的蛋白質，即澱粉樣蛋白（amyloid protein），這種蛋白質會隨著年紀而增加，可能也和遺傳有關。

此圖為免疫球蛋白 M（immunoglobulinmmunog-lobulin M）的構型，這是人類循環系統中最大型的抗體，當人體有感受，率先出現的就是這種蛋白質，通常也是用來判斷感染性疾病的依據。

參照條目 酵素（西元1878年）；艾爾利希的側鎖說（西元1897年）；先天性代謝異常（西元1923年）。

生物能量學

魯道夫・克勞修斯（**Rudolf Clausius**，**1822~1888 年**）
威廉・湯姆森（**William Thomson**，**1824~1907 年**）
漢斯・克雷伯斯（**Hans A. Krebs**，**1900~1981 年**）
漢斯・孔伯格（**Hans Kornberg**，**1928 年生**）

　　生物能量學描述物體如何獲取環境中的能量，來支應體內需要耗能的各種活動，包括利用三磷酸腺甘酸（ATP）提供化學反應所需的能量。生物透過自營（autotroph）或異營（heterotroph）的方式獲得能量。自營生物，包括植物和藻類，利用高效能的光合作用將陽光中的能量轉變為 ATP；異營生物則相反，攝入外在的營養物質後，分解其中複雜的有機分子以獲得所需的能量。

　　既然地球上有各式各樣的生物，若生物體要產生能量，必然有許多不同的機制，這也是合理的推想。但事實並不然。細菌分解葡萄糖的機制和其他高等生物並沒有不同。所有生物在能量新陳代謝的過程中，都以 ATP 作為中間物質。所謂的新陳代謝其實是一種集合名詞，泛指分解複雜的化學物質以產生能量，製造 ATP 的化學反應，這些化學反應也需要消耗能量和 ATP，才能將簡單的分子組合成複雜的分子（即合成代謝，anabolism）。

　　西元 1957 年，漢斯・克雷伯斯和漢斯・孔伯格兩位德裔英國生化學家發表 85 頁的小冊子《生物體內的能量形成》（*Energy Transformations in Living Matter*），是史上第一本以熱力學為基礎，討論生物學及生物化學的刊物。熱力學（即能量傳導，transformations of energy）一共包含兩個定律，發展過程中經過許多科學家的努力，包括 19 世紀的威廉・湯姆森〔即克爾文勛爵（Lord Kelvin）〕和魯道夫・

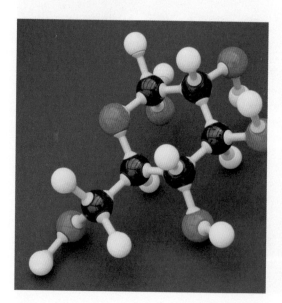

克勞修斯分別在 1848 及 1850 年所做的貢獻。熱力學第一定律說明宇宙間所有能量守恆，不會變多也不會變少，只會在不同形式間轉換：營養物質中的化學能量轉變為合成代謝過程中用來處理食物的能量，並支應著生物的生存。熱力學第二定律說明能量的轉換效率很差，因為有些能量的損失不可避免，也無法拿來使用，運動過程中體熱的散出就是一例。生物能量學所指的能量平衡，即指生物體在能量獲得與消耗間的和諧狀態。

葡萄糖是能量的第二級來源，也是 ATP 製造過程中的中間產物，人類和細菌利用相同的生化反應分解葡萄糖，此圖是 α-D- 葡哌喃糖（alpha-D-glucopyranose）的分子結構，由圓球和短桿組成立體結構，白球代表氫，黑球代表碳，紅球代表氧。

參照條目 新陳代謝（西元1614年）；光合作用（西元1845年）；酵素（西元1878年）；粒線體與細胞呼吸（西元1925年）；能量平衡（西元1960年）。

分子生物學的中心法則

法蘭西斯・克里克（**Francis Crick**，**1916~2004** 年）
詹姆士・華生（**James D. Watson**，**1928** 年生）
霍華・田明（**Howard Temin**，**1934~1994** 年）
大衛・巴爾蒂摩（**David Baltimore**，**1938** 年生）

1958 年，華生和克里克發現 DNA 的雙股螺旋結構之後，克里克提出分子生物學的中心法則，並於 1970 年發表在《自然》期刊。就其基本面而言，分子生物學的中心法則即指遺傳資訊如何以單向的方向，從 DNA 轉錄（transcription）成為 RNA，再從 RNA 轉譯（translation）為蛋白質。

DNA 上的序列經過轉錄形成傳訊 RNA（mRNA）：mRNA 以 DNA 的雙股為模板，轉錄出新的 mRNA。接著 mRNA 離開細胞核，移動到細胞質中與核糖體結合，再由核糖體解讀 mRNA 以三個鹼基為一組形成的密碼子（condon），藉此依序將對應的胺基酸連結至逐漸增長的胜肽鏈。最後一個步驟則是依賴可靠的 DNA 複製，透過有絲分裂，使子細胞獲得相同的遺傳物質。

此中心法則建立之時，並沒有人想過 DNA 能夠逆向變回 RNA。然而 1970 年，威斯康辛大學麥迪遜分校的霍華・田明和麻省理工學院的大衛・巴爾蒂摩各自發現反轉錄酶（reverse transcriptase）的存在，擾亂的分子生物學的中心法則，兩人也因此成為 1975 年諾貝爾共同獲獎人。後續研究發現反轉錄酶位於反轉錄病毒（retrovirus）中，例如人類免疫不全病毒（humna immunodeficiency virus, HIV），可將 DNA 反轉錄為 RNA。此外，克里克建立的分子生物學中心法則還有一條例外：並非所有的 DNA 都與合成蛋白質有關。人體中約有 98% 的 DNA 是非編碼序列（non-coding sequence），被稱為廢物 DNA（junk DNA），至今仍不能確定其生物功能。

此外，中心法則也引起語義學的紛爭。1998 年，克里克的自傳《瘋狂追尋：科學發現之我見》（*What Mad Prusuit: A Personal View of Scientific Discovery*）出版，他在書中提到「中心法則」一詞的使用未免過於輕率，回想起來，假使當時使用「假說」一詞應該更為妥當。所謂的中心法則意指無法撼動，不容懷疑的真理，在這個例子中顯然不適用。

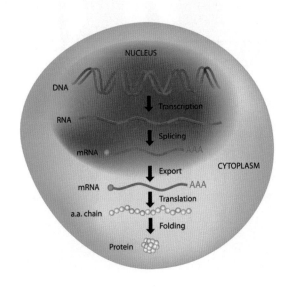

此圖說明遺傳資訊由 DNA 演變至 RNA，再演變至胺基酸序列的過程，胺基酸結合後即形成蛋白質。

參照條目 去氧核糖核酸（DNA）（西元1869年）；有絲分裂（西元1882年）；雙股螺旋（西元1953年）。

仿生學和半機械人

內森·克萊恩（Nathan S. Kline，1916~1983 年）
傑克·史提爾（Jack Steele，1924~2009 年）
曼菲德·克萊恩斯（Manfred E. Clynes，1925 年生）
馬丁·凱登（Martin Caidin，1927~1997 年）

　　仿生男女機器人和半機械人（cyborg）融合生物學和科技原理，自 1970 年代起，一直是小說、電視和電影裡為人熟知的角色。「仿生學」（bionics）一詞出現於 1985 年，由美國空軍軍醫傑克·史提爾所創，用來形容各式各樣「彷彿具有生命」或結合生物學和電子學原理的產品。兩年後，身為科學家投資人的曼菲德·克萊恩斯和心理藥物學（psychopharmacology）領域的先驅內森·克萊恩創造「半機械人」一詞，象徵可以生存在外星環境的強化人。馬丁·凱登於 1972 年發表的小說《半機械人》成為電視影集《無敵金剛》（*The Six Million Dollar Man*，1974~1978 年）和《玄機妙算》（*The Bionic Woman*，1976~1978 年）的發想來源。說到最有名的半機械人，莫過於連續出過好幾集的「魔鬼終結者」

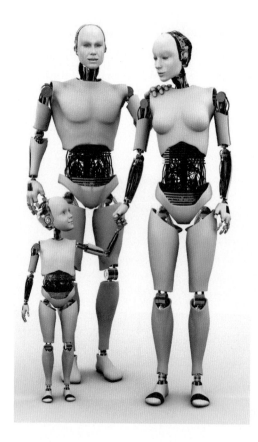

（terminator）。所謂的半機械人其實就是心智體力都經過強化調整的生物體，仿生人和半機械人是經常交替使用的名詞。

　　但就科技和醫療層面的應用來說，仿生學有不同的意義。在科學界和科技界，所謂的仿生學指的是應用自然界存在的生物方法和系統為基礎，設計工程系統，意在使用其功能而不在模仿其結構，據此衍生出來的產品包括：魔鬼粘（Velcro，1948 年），應用牛蒡芒刺黏附在人類衣物和動物毛髮上的原理；抗汙防水的纖維和塗料是根據蓮葉的防水功能：蓮花效應（lotus effect，1990 年代）而發展出來的產品；聲納和超音波影像（ultrasound imaging）則是模仿蝙蝠的回聲定位（echolocation）。

　　在生物醫學的領域，仿生學著重的目標則在以機械性或合成性的構件，取代已經喪失或耗損的人體器官和身體構造，相反的，人工彌補術（prosthesis）製造出來的義肢並不具備獨立運作的功能。自 1970 年代起，耳蝸移植樹已經成功幫助許多失聰人士；2004 年起，功能俱全的人工心臟也已經問世。目前科學界正致力研究仿生手腳的發展。

未來由仿生父母和仿生兒組成核心家庭，是否需要重新定義？

費洛蒙

阿道夫·布泰南（**Adolf Butenandt**，**1903~1995 年**）
瑪莎·麥克林塔（**Martha McClintock**，**1947 年生**）

　　蛾的求偶得先從遠距離說起。準備生殖的雌蛾會釋放出訊號，讓遠在 10 公里外的雄蛾也能接收到，這究竟是什麼樣的訊號？1959 年，在慕尼黑馬克斯普朗克協會研究 20 多年的阿道夫·布泰南，移除 50 萬隻雌家蠶（Bombyx mori）位於腹部末端的腺體，終於分離出他稱之為「雌蠶蛾性費洛蒙」（bombykol）的化學物質。當雄蛾接觸到這種費洛蒙，會開始狂野地振翅，跳起所謂的「鼓翼舞」（flutter dance）。1939 年，布泰南發現費洛蒙能夠觸發同種個體社會性行為，而榮獲諾貝爾化學獎。

　　化學感覺（chemical sens）是所有生物體（包括細菌）內最古老，發展也最健全的感覺。一旦外勤蟻發現食物，便會沿路留下費洛蒙記號，讓其他螞蟻也能循著記號找到食物；蜂后離巢尋找交配對象時，會釋放出費洛蒙吸引雄蜂前來保護蜂巢（亞洲象和 140 種蛾都會釋放費洛蒙）；昆蟲，例如蛾和蝴蝶的雄性個體，都能透過觸角上羽毛狀的嗅覺接受器接收費洛蒙。

　　哺乳類、爬蟲類和兩棲類動物，則透過位於鼻隔（nasal septum）的犁鼻器（vomeronasal organ）來接收費洛蒙訊息，並將訊息傳導到腦部。1971 年，當時仍是衛斯理學院（Wellesley College）研究生的瑪莎·麥克林塔發表報告，指出當女性研究生彼此住得很靠近，月經周期會發生同步化的現象，也就是所謂的「麥克林塔效應」（McClintock effect）。她還收集處於不同月經階段的女性腋下化合物，透過分析顯示其月經周期的變化。麥克林塔效應的真實性不斷受到挑戰，科學家質疑她所使用的實驗方法和分析方式。此外，費洛蒙分子是否真的存在，以及成人是否具有犁鼻器，至今一直是科學界懸而未決的謎題。

費洛蒙在昆蟲交配過程中扮演重要角色，雄蛾可以飛行好幾公里，只為追隨雌蛾釋放至空中的費洛蒙。為了控制昆蟲族群，科學界已發展出費洛蒙陷阱。此圖描繪阿道夫·布泰南用來分離費洛蒙所使用的材料：家蠶。

參照條目　昆蟲（約西元前4億年）；昆蟲的舞蹈語言（西元1927年）；嗅覺（西元1991年）。

能量平衡

尼可拉斯・克萊門茲（**Nicholas Clément**，1779~1842 年）
克洛德・貝爾納德（**Claude Bernard**，1813~1878 年）

　　為了保持健康，生物體會力求保持體內恆定，這是 1854 年由克洛德・貝爾納德提出的觀念，描述生物保持體內狀態穩定且持續的現象。體內恆定的範圍通常包括體溫和體內的酸鹼值（pH 值），此外，生物體內的能量也需保持恆定。生物能量學（Bioenergetics）是研究生物體內能量如何流動的學科，為了達到能量平衡狀況，我們攝入的能量必須相當於消耗的能量。生物體攝入多少能量與飲食有關，包括食物的能量（卡，calories）和食物量。能量消耗則是根據生物體的體力消耗和內在產生的熱能有關。內在產生的熱能包括：基礎代謝率，指生物在休息狀態時維持重要器官和系統持續正常功能所需的能量；攝食產熱效應（thermic effect of food），包括生物體消化食物產生能量、儲存能量所消耗的能量。

　　不消多說，攝入的能量超過消耗的能量時就會造成體內能量不平衡，通常都是攝食過量和久坐的生活形態所引起。多餘的能量主要以脂肪的形態儲存，導致體重增加。相反的，攝食不足、消化功能不正常或其他疾病影響時，會造成攝入的能量低於消耗的能量。

　　1960 年代，國際單位制建立一系列適用商業及科學界的標準單位，受到廣泛認同，幾乎被美國之外的所有國家採用。與食物相關的能量單位包括焦耳（J）或千焦耳（kilojoule, kJ）。歐盟國家的

食物標示採用千焦耳及公制單位的卡或千卡（kilocalorie, kcal）；美國則使用大卡（Cal，1 大卡 = 1 kcal 或 4.2 kJ）。所謂一大卡，相當於使一公斤上升攝氏一度所需的能量。究竟是誰率先以「卡」來描述食物的營養價值，目前依然眾說紛紜，其中最主要的競爭者包括 1824 年的尼可拉斯・克萊門茲。

焦耳為國際通用的能量單位，是以英國醫生詹姆斯・焦耳（James Prescott Joule，1818~1869 年）命名的單位。焦耳在 1845 年發明「熱儀」（heat appartus），用來估測熱功當量（mechanical equivalent of heat），也就是使固定水體積上升攝氏一度所需的功。

參照條目　新陳代謝（西元1614年）；體內恆定（西元1854年）；生物能量學（西元1957年）；最適覓食理論（西元1966年）。

206

西元 1960 年

黑猩猩使用工具

路易斯·李奇（Louis Leakey，1903~1972 年）
珍·古德（Jane Goodall，1934 年生）

　　人類使用工具的能力可回溯至我們的老祖宗，且一直以來我們都相信，製作工具是人類獨有的技能。然而 1960 年代，時年 26 歲，沒有大學學歷的珍·古德第一手觀察結果問世之後，推翻這項獨尊人類的觀念。

　　1934 年，古德出生於英國，孩提時代就對動物和非洲抱持無比的熱情。1958 年，著名的古生物學家路易斯·李奇雇請古德到肯亞擔任他的祕書。古德能夠整理李奇的筆記，以重點的方式呈現，如此的能力使李奇留下深刻印象。李奇派古德前往位於坦尚尼亞的岡貝溪禁獵保育區（Gombe Stream Game Preserve，今日的岡貝溪國家公園）觀察黑猩猩。1960 年，抵達目的地僅僅三個月，古德便有兩項驚人發現。在此之前，人們一直以為黑猩猩是植食性動物，但牠們偶爾會吃些昆蟲；此外，她還觀察到猴子會團體打獵，一起吃肉，獵捕幼小的野豬和體型較小的猴子。

　　更驚人的發現是：牠們會使用工具！有一回，古德正在觀察黑猩猩吃最愛的白蟻，她發現黑猩猩以厚實的草刃在白蟻丘上挖洞，並不斷將草枝伸入洞中，再拉出覆滿白蟻的草枝，接著用嘴唇抹下草枝上的白蟻，然後吃下肚。

　　其他科學家還發現黑猩猩會利用棍棒刮取食物，就像人類使用湯匙一樣。有些黑猩猩還會利用樹葉來盛取高處樹洞中的水分：先取一把樹葉，咀嚼之後放入水池中吸取水分。黑猩猩還具有初步的工具製作技巧：先從樹上拔下樹枝，摘光樹枝上的樹葉，利用光溜溜的樹枝來抓昆蟲。還有人觀察到非洲的黑猩猩會用石頭敲開堅果，李奇在筆記本上這麼寫著：「如今，我們必須重新定義人和工具的意義，或者接受黑猩猩跟人類一樣的事實。」

在珍·古德發現黑猩猩會利用工具取食取水之前，我們一般認為只有人類會使用工具。根據工具的不同定義，有研究報告指出其他哺乳類、魚類、頭足類和昆蟲，也會使用工具。

參照條目　靈長類動物（約西元前6500萬年）；晚期智人（約西元前20萬年）。

細胞衰老

亞歷克西・卡雷爾（**Alexis Carrel**，**1873~1944 年**）
李奧納多・海佛列克（**Leonard Hayflick**，**1928 年生**）

　　20 世紀前半葉，科學界普遍認為動物細胞可以無限制地生長。1912 年，於洛克斐勒研究中心工作的諾貝爾獎得主，法國外科醫生亞歷克西・卡雷爾以培養基培養已持續生長 34 年的雞心臟細胞進行實驗，然而所謂的細胞不死傳說在 1962 年走到盡頭，當時費城威斯達研究所（Wistar Institute）的美國細胞生物學家李奧納多・海佛列克發現多數人類細胞具有一定的自然極限，分裂 40 至 60 次後就會衰老、死亡，這就是所謂的「海佛列克極限」（Hayflick limit）（據信，卡雷爾培養的雞心細胞的不死傳說，可能是因為加入新鮮細胞）。有些細胞，例如人類的精卵、多年生植物、海綿、龍蝦、水螅和癌細胞都不會死亡，難以殺死，可以無限分裂，這些細胞和其他細胞有什麼不一樣？

　　我們體內每個細胞的細胞核類都有含 DNA 的染色體，紡錘狀的染色體兩端具有端粒（telomere），可以避免染色體末端插入另一染色體當中形成連結。然而，端粒還有另一個功能：細胞衰老。端粒就像是細胞的時鐘，設定細胞衰老和死亡的速率。每當正常細胞經歷有絲分裂，端粒就會變短一些，當端粒短到一定的程度，細胞便會死亡，限制細胞分裂的次數，也許能藉此避免細胞發展成癌細胞。

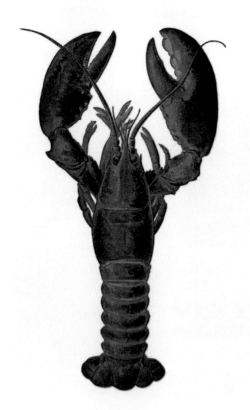

　　相反的，癌細胞經歷細胞分裂後端粒反而變長，這是因為端粒酶（tolemerase）的作用。正常細胞也具有端粒酶，但是負責其活性的基因受到抑制，截至目前為止，科學家針對這樣的現象提出幾個可能性，然而未有任何解釋受到證實。許多具有抗癌潛力的藥物，正在接受測驗，視其是否能預防癌細胞形成端粒。相反的，活化端粒酶也許具有抗衰老的療效，可謂現代的「青春之泉」，或者能治療與提早衰老有關的狀況，然而這項誘因的背後必須承擔癌細胞發展的風險。

根據估計，龍蝦的壽命有 60 年，終生持續生長，身體不會虛弱，生殖力也未曾稍減。龍蝦之所以能夠長生不老，並非飲下青春之泉，而是因為成年後體內還能產生端粒酶。

參照條目 有絲分裂（西元1882年）；海拉細胞的不死傳奇（西元1951年）；細胞周期檢查點（西元1970年）。

解開蛋白質生化合成的遺傳密碼

喬治・伽莫夫（George Gamow，1904~1968 年）
法蘭西斯・克里克（Francis Crick，1916~2004 年）
羅莎琳・法蘭克林（Rosalind Franklin，1920~1958 年）
羅伯特・霍利（Robert W. Holly，1922~1993 年）
哈爾・柯拉納（Har Gobind Khorana，1922~2011 年）
馬歇爾・尼柏格（Marshall Warren Nirenberg，1927~2010 年）
詹姆士・華生（James D. Watson，1928 年生）
約翰・馬太（J. Heinrich Matthaei，1929 年生）

　　克里克、法蘭克林和華生於 1953 年確認 DNA 的雙股螺旋構造，其中包含四個鹼基：腺嘌呤（adenine, A）、胸嘧啶（thymine, T）、胞嘧啶（cyosine, C）、鳥嘌呤（guanine, G），RNA 則以尿嘧啶（uracil, U）取代胸嘧啶。然而 DNA 分子包含的遺傳資訊，究竟如何轉變成蛋白質的合成？

　　俄羅斯醫生喬治・伽莫夫提出密碼子（condon）的理論，人體用來建構蛋白質的胺基酸共有 20 種，而三個鹼基組成的密碼子，可對應 64 種胺基酸，足堪使用。1961 年，美國國家衛生研究院的馬歇爾・尼柏格和約翰・馬太試圖了解再反應物中逐次加入一個核酸，究竟會形成哪種胺基酸。UUU 密碼子可產生苯丙胺酸（phenylalanine），是科學界第一個解開的基因密碼。不久，科學家發現 CCC 可產生脯胺酸（proline）。威斯康辛大學麥迪遜分校的哈爾・柯拉納試驗更複雜的密碼子序列，發現兩組重複的 UCUCUC 會產生絲胺酸（serine）——白胺酸（leucine）——絲胺酸剩餘的密碼子所代表的胺基酸，也陸續被科學家找出。

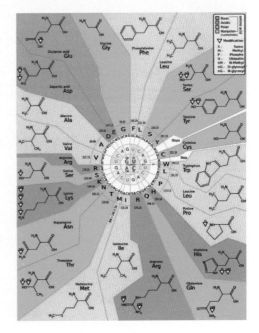

　　1964 年，康乃爾大學的羅伯特・霍利發現轉送 RNA（tRNA）的化學結構，因此找出傳訊 RNA（mRNA）與核糖體之間的連結關係。攜帶製造蛋白質的訊息先與 tRNA 結合，再進入核糖體內配合 mRNA 的轉譯過程。每一個 tRNA 只能辨認一組密碼子，也只能與一種胺基酸結合，蛋白質形成的過程中，胺基酸依次逐個加入。尼柏格、柯拉納和霍利同為 1968 年諾貝爾獎獲獎人。

　　除了些許變異，各種生物所使用的遺傳密碼非常相似，根據演化論的觀點，早在地球上生命起源之初，遺傳密碼就已經建立。

此圖為密碼子（三個鹼基組成一個密碼子）與胺基酸的對應關係。

 參照條目　去氧核糖核酸（DNA）（西元1869年）；DNA攜帶遺傳資訊（西元1944年）；雙股螺旋（西元1953年）；核糖體（西元1955年）；分子生物學的中心法則（西元1958年）；生物資訊學（西元1977年）；基因體學（西元1986年）；人類基因體計畫（西元2003年）。

操縱子模型調控基因

賈克・莫諾（Jacques Monod，1910~1976 年）
弗朗索瓦・傑考布（François Jacob，1920~2013 年）

　　細胞絕不會浪費能量，且花費相當能量在合成蛋白質上。因此，合成不需要的蛋白質對細胞而言是極沒有效率又浪費能量的作為。弗朗索瓦・傑考布和賈克・莫諾兩位於巴黎巴斯德研究所工作的法國生物學家，以常見於動物及人類腸道內的大腸桿菌為模式生物，確認真核細胞內蛋白質合成的調控過程。

　　葡萄糖是高效能的能量來源，是大腸桿菌最常使用的能量來源。如果使用乳糖（milk sugar）作為替代的能量來源，必須先利用 β-半乳糖苷酶（β-galactosidase）將乳糖分解為兩個簡單的醣類分子，即葡萄糖和半乳糖（galactose）。當傑考布和莫諾以葡萄糖培養大腸桿菌時，大腸桿菌只會產生三個單位的 β-半乳糖苷酶；然而，當能量來源為乳糖時，僅僅 15 分鐘內，β-半乳糖苷酶的生產量就增加 1000 倍。兩人於 1961 年進行的經典實驗，證實無法以誘導的方式促使細胞產生 β-半乳糖苷酶，細胞需要這種酵素時，必須藉由乳糖操縱子（lac operon）的開啟，細胞才會開始生產 β-半乳糖苷酶。

　　乳糖操縱子由三個基因體成，促使細胞產生況至乳糖分解及其利用的酵素。此外，乳糖操縱子還

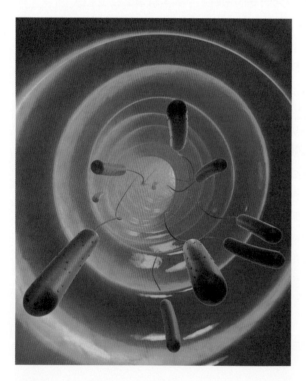

會誘使細胞產生所謂的抑制蛋白質（repressor），可以關閉乳糖操縱子的功能，正常狀況下，在沒有乳糖的環境中，乳糖操縱子的功能是關閉的，此時細胞不需要 β-半乳糖苷酶，也不需要生產這種酵素。當乳糖出現，抑制蛋白質的功能失效，乳糖操縱子開始將 DNA 轉錄為 mRNA，以便細胞開始生產能夠利用乳糖的酵素。乳糖經分解後，細胞內的乳糖含量降低，不再需要生產額外的 β-半乳糖苷酶，此時抑制蛋白質的功能回復，關閉乳糖操縱子。傑考布和莫諾在第二次世界大戰期間都接受法國最高等級的授勛，且因為證實操縱子的調控機制，因而共同獲得 1965 年諾貝爾獎。

大腸桿菌於動物腸道內的示意圖，傑考布和莫諾以大腸桿菌為實驗材料，研究酵素生成的基因調控機制。

參照條目　原核生物（約西元前39億年）；新陳代謝（西元1614年）；酵素（西元1878年）；一基因一酵素假說（西元1941年）；雙股螺旋（西元1953年）；分子生物學的中心法則（西元1958年）。

節儉基因假說

詹姆士・尼爾（James V. Neel，1915~2000 年）

世界上許多國家正面臨人口肥胖的問題。美國有三分之二的成人體重過重，其中二分之一為肥胖人口。肥胖已無可避免地成為全世界的主要死因，並與第二型糖尿病（Type 2 diabetes）及心臟病有極大關聯。1962 年，密西根大學醫學院著名的醫學遺傳學家，詹姆士・尼爾提出「節儉基因假說」（thrifty gene hypothesis），據以解釋某些人種（例如美洲原住民）特別容易產生肥胖和糖尿病的原因，加上當時科學界已知第一型糖尿病（胰島素依賴型糖尿病，insulin dependent diabetes）與第二型糖尿病（非胰島素依賴性糖尿病，non-Insulin-dependent diabetes）致病機制的差異，同時也有許多理論提到導致肥胖的因子，尼爾據此修改原本的假說，在 1990 年提出更廣泛，且非專指糖尿病的節儉基因假說。

吃，並非總是不好的事，事實上，吃是有好處的，包括提供身體可以長期儲存的能量。人類演化的過程中，饑荒、氣候惡劣或缺乏獵物等因素，都使過著狩獵採集生活的人類面臨食物供給的問題。人類演化出複雜的生理機制和基因系統（例如尼爾提出的節儉基因），藉以保護自己度過挨餓時期，並儲存身體的脂肪。此外，冬天時，體脂肪具有保暖的功能，既具有絕緣作用，脂肪燃燒時還可以產生體熱，對早期自非洲遷徙到寒冷氣候區——尤其是歐洲北部——的人類而言具有莫大的好處。脂肪還可以提供物理保護，例如懷孕婦女體內增厚的脂肪層可以保護胎兒，並提供保暖作用。

節儉基因假說自發表以來，不斷面臨挑戰，尤其科學家至今仍無法證實節儉基因的存在。對於肥胖，科學界提出更簡單，更容易被接受的解釋：過去幾世紀以來，許多機械的發展大幅減低人類的勞力付出。事實上，所有專家都認同肥胖如此普遍的原因乃是因為我們缺乏活動，加上市面上充斥許多饒富吸引力，卻一點也不健康的食物。

A LITTLE TIGHTER

英國漫畫家湯瑪士・羅蘭德森（Thomas Rowlandson，1756~1827 年）於 1791 年所繪，說明 18 至 19 世紀女性藉著束腰的幫助，來達到 19 吋的曼妙腰圍。

參照條目 瘦素（西元1994年）。

《寂靜的春天》

保羅‧穆勒（Paul Müller，1899~1965 年）
瑞秋‧卡森（Rachel Carson，1907~1964 年）

　　1962 年，《寂靜的春天》（Slient Spring）一書出版，喚起美國的環境運動。曾任美國魚類及野生動物管理局科學編輯的海洋學家瑞秋‧卡森，先前也曾出版一系列有關自然史的書籍，包括名列《紐約時報》暢銷書 86 周的《大藍海洋》（The Sea Around Us，1951 年）。

　　《寂靜的春天》成書費時四年，書中提出證據直指殺蟲劑對環境有害，影響範圍超過目標昆蟲，也影響魚類、鳥類，甚至人類。卡森認為這些化學物質根本就是殺生劑（biocide），書名暗指原該在春天鳴唱的鳥類因殺蟲劑而死，致使春天黯然無聲。她不認為殺蟲劑應全面禁用，然而人類必須以更負責任的態度，謹慎管制殺蟲劑的使用，並且對於殺蟲劑造成環境衝擊需有更深層的意識。

　　眾多殺蟲劑之中，她對 1939 年由保羅‧穆勒所發明的 DDT 尤其注意。第二次大戰期間，DDT 有效殺滅太平洋地區的瘧疾的病媒：瘧蚊，並控制歐洲地區引起斑疹傷寒的蟎類族群。單獨使用在作物上，DDT 殺滅害蟲族群的時間可達數周，甚至數月。然而，含有 DDT 的逕流經常隨之流入附近的水道，致使魚類死亡，自 1972 年起，也影響以魚類為食的美國代表性動物白頭海鵰（bald eagle）。DDT 干擾白頭海鵰體內鈣的新陳代謝，使無法產生堅硬的卵殼，致使白頭海鵰孵卵過程中常壓破自己所產的卵。白頭海鵰、遊隼（peregrine falcon）和褐鵜鶘（brown pelican）的數量因此急遽下降，被列入瀕危物種名單。

　　儘管遭受化學工業的猛烈抨擊，《寂靜的春天》一書仍受到科學界和大眾的一致讚揚。1970 年，美國成立環境保護局（EPA），1972 年美國禁用 DDT，此後世界各國也幾乎禁絕 DDT 的使用。白頭海鵰的族群也回升到健康狀態。而對禁用 DDT，批評的人士則認為此一策略造成每年有數百萬人因瘧疾而死。

科學家普遍認為 DDT 分解過後的產物 DDE，是造成包括白頭海鵰在內的許多鳥類，卵殼變薄的元凶。變薄的卵殼無法承受親鳥的體重。

參照條目　食物網（西元1927年）；影響族群成長的因子（西元1935年）；綠色革命（西元1945年）；生物放大作用（西元1979年）；臭氧層損耗（西元1987年）。

雜交種與雜交帶

恩斯特・梅爾（Ernst Mayr，1904~2005 年）

1942 年，演化生物學家恩斯特・梅爾依據物種間的混種繁殖能力，及是否能產下有生殖力的後代，作為界定「種」的定義。他認為當同種族群間出現地理隔離，隨著時間，兩者會逐漸形成生殖屏障，也就是他所謂的種化過程。梅爾在 1963 年出版的《物種和演化》（*Animal Species and Evolution*）書中提到，當親緣相近的兩物種相遇、繁殖，產下的雜交後代，其外型與兩種親本動物各不相同。因此，雜交後代通常不具有繁殖能力，可避免不同物種間的基因交流，保持物種間的明確界限。

雜交帶（Hybird）指的是兩物種分布地帶的重疊區域，寬度介於幾百呎至幾哩之間，介於兩種親緣相近但遺傳背景不同的物種族群（包括雜交種）之間。演化生物學家一直對雜交帶深感興趣，畢竟雜交帶可能提供自然界這三種物種的種化線索。如果造成種化的生殖屏障增強，雜交現象便會終結，自然界的雜交種個體也會越來越少。相反的，如果生殖屏障減弱或崩潰，兩種親本物種個體間便可以自由繁殖，和不孕的雜交種不同，親本物種的基因庫（gene pool）可以混合，使兩個物種間的隔閡越來越少，最終融合在一起，形成單一物種。此外，三種物種也有可能維持現狀，雜交帶依然存在，生殖屏障維持完整，兩物種繼續繁殖出雜交種。

動植物界都存在雜交種與雜交帶的例子，不管是在自然界或是園藝手法的介入，植物雜交的速度都比動物快，植物的雜交種通常仍具有繁殖能力。至於動物的雜交種，例如獅和虎雜交產下的獅虎（linger）及貽貝（mussel）在世界各地都有自然雜交的現象。然而，並非所有雜交都能成功，人類原本讓義大利蜂（European honeybee）與非洲蜂（African bee）雜交，意圖培育出更溫馴，容易受控的雜交種，結果卻培育出殺人蜂（killer bee）。

同屬的不同物種交配產下的後代即為雜交種，例如獅和虎交配產下獅虎。雜交種具有兩種親本物種的特色，通常沒有生育能力，可避免物種間的基因交流，保持物種的獨特性。

參照條目　達爾文的天擇說（西元1859年）；演化遺傳學（西元1937年）；生物種與生殖隔離（西元1942年）；斷續平衡（西元1972年）。

腦側化

懷爾德‧潘菲爾德（Wilder Penfield，1891~1976 年）
赫伯特‧賈斯柏（Herbert Jasper，1906~1999 年）
羅傑‧斯佩里（Roger Wolcott Sperry，1913~1994 年）
麥可‧葛詹尼加（Michael Gazzaniga，1939 年生）

　　1940 年代，麥吉爾大學蒙特婁神經研究所，著名的加拿大神經外科醫生懷爾德‧潘菲爾德藉由手術破壞嚴重癲癇患者的腦部特定區域作為治療方法。術前，他以微弱的電流刺激患者運動皮質（motor cortex）及感覺皮質（sensory cortex），他的同事赫伯特‧賈斯柏則負責紀錄經電流刺激後，發生反應的身體部位。兩人共同建立體感小人圖（homunculus map），指出運動皮質和感覺皮質特定區域與身體部位的對應關係。

　　1960 年代於加州理工學院進行的研究，對於腦側化（即功能特化）提出更進一步的洞悉。大腦左右半球在外觀上看來幾乎一模一樣，但負責的功能卻相當不同。一般而言，兩個腦半球透過厚實的神經纖維帶：胼胝體（corpus callosum），進行互相溝通。自 1940 年代起，癲癇的治療多以胼胝體為目標，導致病人產生腦裂（split-brin）現象，如今這樣的手術方式已經相當罕見。精神生物學家羅傑‧斯佩里及其研究生麥可‧葛詹尼加測試腦裂病人及猴子的左右腦半球功能。約在 1964 年，他們發現兩個腦半球都具有學習功能，任一腦半球的學習經驗或經歷，與另一腦半球無關。

　　根據這些研究的結果，科學家做出結論：左右腦半球各具有特定的功能。左腦主要負責分析、詞彙和語言相關的任務；右腦主責感官、創意、情感和臉部辨識。斯佩里因其在裂腦現象上的發現，獲得 1981 年諾貝爾獎。

　　我們常把人分為左腦思考者或右腦思考者。左腦思考者邏輯性較強、思考方式偏重事實導向、線性思考，注意事務的結構與歸因；右腦思考者是感覺導向的人，思考方式重直覺，較有創意和音樂性。雖然這在派對上是個有趣的話題，但目前並沒有任何明確相關的解剖學或生理學證據，多數科學家仍視之為謎團。

常見的說法是，左腦負責分析、結構性思考，右腦則和創意有關，但神經科學家不認為完全如此。

參照
條目　大腦功能定位（西元1861年）。

動物利他行為

查爾斯·達爾文（Charles Darwin，1809~1882 年）
威廉·漢米爾頓（William D. Hamilton，1936~2000 年）

　　利他行為（altruism）——即無私地為他人奉獻——在許多文化裡都是高尚的美德，而「黃金定律」（Golden Rule）也是許多宗教的核心價值。人類的利他行為即指意圖幫助別人而產生的行為；然而沒有思考意識的動物也會產生利他行為，分析動物的利他行為時，動物學家著眼於行為造成的結果，而非行為本身的意圖。

　　此外，有些對受惠者有好處的利他行為，卻需要執行利他行為的動物付出相當代價。從演化的觀點來看，這樣的行為似乎違背達爾文的天擇說，天擇說認為動物行為目的在於增加自身生存和繁殖的機會，使自己獲得競爭優勢，生物能夠成功演化，靠的是盡可能在演化的過程中留下越多基因越好。然而工蜂的演化過程中失去生殖能力，存在的目的也只剩下守護蜂巢，保護唯一具有生殖能力的蜂后，至死方休。

　　1964 年，20 世紀最重要的演化理論學家威廉·漢米爾頓，提出「總適存度」（inclusive fitness）或稱「親擇」（kin selection）的理論，用以解釋動物的利他行為。漢米爾頓認為親緣關係相近且沒有生殖能力的雌性工蜂，生活在同一族群，會促使牠們產生確保彼此生存的行為，廣義來說，也就是確保具有生殖能力的蜂后能夠繼續生存，藉著蜂后將牠們的基因傳衍下去，而不需靠一己之力。同樣地，

綠猴（vetvet monkey）、松鼠和旅鶇（American Robin）發現有捕食者出現時，通會發出警告聲提醒同伴，卻冒著暴露自己所在位置的風險。吸血蝙蝠蝠和族群中挨餓的個體共享血餐。利他行為也會出現在非同種個體間，彼此互利，稱之為交互利他行為（reciprocal altruism），好比「你幫我搔背，我就幫你搔背」。

　　然而從演化的觀點出發，很難解釋狗為什麼會收養無依的貓或松鼠？海豚為什麼會拯救遭受鯊魚攻擊的人類？或許就只是單純的行善吧。

親擇理論預測動物會對同種個體產生利他行為，此外有研究指出，個體間的親緣關係越相近，利他的程度就越明顯。

參照條目　達爾文的天擇說（西元1859年）。

最適覓食理論

羅伯特・麥克阿瑟（**Robert MacArthur，1930~1972 年**）
艾力克・皮安卡（**Eric Pianka，1939 年生**）

　　不同動物各有不同的覓食方法。社會性昆蟲學習如何覓食，從過去的經驗中修正自己的行為；人類以外的靈長類動物則會學習同儕或長輩的行為。相反的，黑腹果蠅（Drosophilia melanogaster）的覓食行為則受遺傳影響。

　　自然界的成本效益分析。 1966 年，普林斯頓大學的羅伯特・麥克阿瑟和艾力克・皮安卡根據成本效益分析的經濟原則，發展出「最適覓食理論」（Optimal Foraging Theory）。動物會找尋能夠提供最大熱量，同時又最不需要耗費體力的食物來源。覓食要付出的代價包括搜尋、獵捕、攝食和消化，覓食的輕鬆程度還與被被捕食者發現的風險有關。美國猶他州西南方錫安山谷（Zion Canyon）裡的騾鹿（odocoileus hemionus），在開闊的環境中覓食。雖然開闊環境裡的食物遠比森林中少，覓食也要花費更多能量，然而遠離讓山獅（Puma concolor）隱匿行跡的森林，在開闊空間覓食較不容易受到山獅攻擊。

　　最適覓食理論敘述的是最理想的覓食行為，然而在自然界中理想狀況不見得總是存在，動物覓食時必須面對許多限制和取捨。如果選擇過於專一或特定的食物，則覓食的時候必須花費更多能量；相反的，不挑食的動物則可能吃到較無利於生存的食物。

　　覓食行為的成本效益也會受到特定地區獵物數量的影響。如果獵物密度過低，動物必須耗費許多時間覓食，一旦發現任何獵物，便可能出現飢不擇食的現象。不過，在獵物密度高的地區雖然可以立即捕捉獵物，但必須花費大把體力獵殺、進食和消化，動物可選擇本益比最高的方式覓食。

動物覓食的獲益比需加入代價的考量，也就是暴露在捕食者視線下的風險。例如照片的騾鹿不在食物豐沛的森林覓食，而選擇在開闊地區覓食，因為在森林覓食的風險是容易遭受隱身在森林中的山獅攻擊。

參照
條目　新陳代謝（西元1614年）；生物能量學（西元1957年）；能量平衡（西元1960年）。

細菌對抗生素的抗性

　　1940 年代，青黴素問世，開始治療感染性疾病的新世代。此前，醫界對致死率極高的感染性疾病束手無策。青黴素是人類發現的第一種抗生素，是細菌或真菌所產生的物質，可以殺死其他微生物，或抑制其他微生物的生長。許多抗生素都是以自然界的抗生素或實驗室研發的藥物為基礎，再進行化學修事而發展出來的產品。

　　希望破滅。早年，許多專家相信抗生素可以滅除長久以來糾纏人類及動物的疾病，使這些疾病沒入歷史洪流中。可惜，許多感染性微生物逐漸對抗生素發展出抗藥性，澆熄科學界這股熱情。1967 年，澳洲出現第一起由抗青黴素葡萄球菌引發的肺炎病例；而近來的研究報告更為驚人：造成院內感染的細菌，現已有七成至少對一種抗生素具有抗性。

　　細菌的抗性來自於兩種機制：突變與水平基因傳遞。一般而言，當抗生素與關鍵的細菌蛋白質產生結合，通常可以阻止細菌蛋白質發揮功能。如果功能遭到抑制的細菌蛋白質與細菌製造必須蛋白質的 DNA 合成，或與細胞壁合成有關，那麼細菌會因此死亡；然而，如果細菌的 DNA 發生突變，干擾抗生素與該蛋白質的結合，那麼細菌便能存活下來。經過天擇，存活下來的突變株細菌具有更好的競爭力和生存機會。至於透過水平基因傳遞（即基因交換）而獲得抗性的細菌，則是由其他具有抗性的微生物身上獲得具有抗性的基因或 DNA，水平基因傳遞與演化無關，因為沒有出現任何新的 DNA。

　　具有抗性的細菌可以抑制抗生素的化學性質，阻止抗生素和細菌結合，或阻止抗生素靠近細菌的

細胞壁，不讓抗生素積累在細胞壁上。細菌產生抗性之後可能會出現以下狀況：治療時必須使用更高、更危險的抗生素劑量；可能需要使用更昂貴的藥物；或者，病人無法恢復健康。

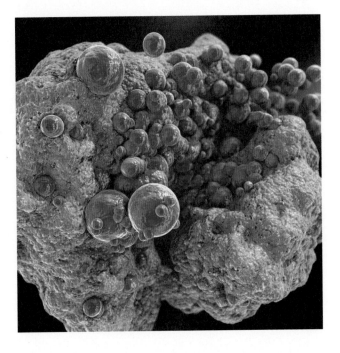

1959 年，二甲苯青黴素（methicillin）問世，幾年後有關抗二甲苯青黴素金黃葡萄球菌（methicillin-resistant Stapholococcus aureus, MRSA，如圖）的報告出爐，其抗性是經由質體水平基因傳遞而來。

 參照條目 原核生物（約西元前39億年）；真菌（約西元前14億年）；達爾文的天擇說（西元1859年）；染色體上的基因（西元1910年）；抗生素（西元1928年）；細菌遺傳學（西元1946年）；質體（西元1952年）；人類微生物體計畫（西元2012年）。

內共生理論

康斯坦丁・梅列施柯斯基（**Konstantin Mereschkowski，1855~1921 年**）
琳・馬古利斯（**Lynn Margulis，1938~2011 年**）

內共生理論之所以可以幫助我們了解演化，是因為它解釋真核生物——動植物、真菌和原生動物——細胞內的胞器起源。共生關係可發生在各種層級的生物關係之間，是兩種生物以互利共生的方式一起生存，例如昆蟲幫助植物授粉，或腸道共生菌幫助寄主消化食物。真核細胞內，粒線體和葉綠體是負責替細胞產生能量的胞器。粒線體是細胞行呼吸作用的所在，利用氧氣將分解有機分子，形成三磷酸腺甘酸（Adenosine triphosphate, ATP）；植物細胞內的葉綠體則是光合作用的發生場所，利用太陽的能量、水和二氧化碳製造能量。

一次加入一種胞器。根據內共生理論，具有粒線體的小型細菌（例如 α 變形菌，alpha proteobacteria）被原始的真核細胞（原生生物，protist）吞噬，接下來兩者的共生關係中，細菌（今日被稱為共生生物，symbiont）貢獻負責產生能量的粒線體，而真核細胞則提供細菌保護和營養來源；一如真核細胞吞噬具有光合作用能力的藍細菌（cyanobacteria），藍細菌則演化為葉綠體。當與細菌存在初級共生關係（primary endosymbiosis）的真核細胞被另一種真核細胞吞噬，此時便發生次級共生關係（secondary endosymbiosis），真核細胞內也因此出現越來越多胞器，助其拓展生存環境。

1905 年，反對達爾文理論，且推崇優生學的俄羅斯植物學家康斯坦丁・梅列施柯斯基首次提出葉綠體的內共生理論，至 1920 年，這項理論拓展至粒線體上。直到 1967 年，藉由琳・馬古利斯再次提出，內共生理論才受到科學界的注意。馬古利斯是麻州大學阿模斯特學院的生物學教授，也是太空人卡爾・薩根的前妻，她的科學論文在發表前曾被 15 個期刊拒絕，然而現今看來，她提出的理論為共生學領域立下里程碑。

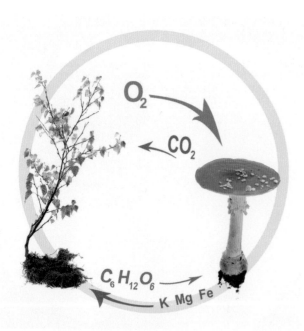

長柄紅蕈（amanita muscaria）與樺樹共生關係的示意圖。樺樹提供長柄紅蕈糖和氧氣，長柄紅蕈則為樺樹提供礦物質和二氧化碳。

參照條目 原核生物（約西元前39億年）；真核生物（約西元前20億年）；光合作用（西元1845年）；生態交互作用（西元1859年）；粒線體與細胞呼吸（西元1925年）；原生生物的分類（西元2005年）。

多重儲存記憶模型

亞里斯多德（**Aristotle**，西元前 **384~322** 年）
威廉‧詹姆斯（**William James**，1842~1910 年）
理查‧阿特金森（**Richard Atkinson**，1929 年生）

幾千年來，記憶一直引起科學家和哲學家的好奇心。亞里斯多德認為記憶刻印在腦裡，就像刻在蠟版上的文字一樣。他在動物的記憶和人類的回憶之間，畫一條清楚的界線。動物可以記得去哪裡找食物；而人類則是透過回憶，在記憶裡搜尋能夠幫助憶起現在、過去和未來的線索。

1890 年，美國生理學家、哲學家威廉‧詹姆斯首次提出兩種記憶系統的理論：初級記憶，即現在所稱的短期記憶（short-term memory, STM），是記憶最初的儲存庫，並可以持續接受意識狀態的檢查。短期記憶的資訊只能維持幾秒到幾分鐘；次級記憶，即現在所稱的長期記憶（long-term memory, LTM），資訊儲存時間無限，需要時可以隨時進入意識狀態。

1968 年，史丹佛大學的理查‧阿特金森和理查‧謝弗林提出「多重儲存模型」（multi-store model）理論，是第一個針對記憶處理資訊的過程提出全面性架構的理論。阿特金森—謝弗林理論認為資訊由感官記憶（sensory memory, SM），進入短期記憶，再進入長期記憶。感官記憶來自環境資訊，通常是視覺或聽覺資訊，可以維持幾毫秒至幾秒的時間。我們不斷接受感官資訊的轟炸，幸好只有一小部分的感官資訊會進入短期記憶，或稱工作記憶（working memory）。感官記憶和短期記憶都有儲存限制。短期記憶中的資訊只會留存 20 至 30 秒，已足夠滿足立即性的需求，好比記憶電話號碼，接著很快就被遺忘。長期記憶的資訊可以留存幾天至幾年的時間，獨立於意識狀態之外，需要時可以隨時進入工作記憶。

神經科學家相信短期記憶和長期記憶中的資訊儲存在大腦皮質（cerebral cortex）。從演化的觀點來看，組織短期記憶和長期記憶中的資訊，並延遲兩者間的資訊傳遞，可以使長期記憶逐漸與我們既有的知識和經驗整合，建立更有意義的連結，對生存而言或許可以提供幫助。

科學家已發現海豚擁有驚人的長期記憶，至少可維持 20 年，比大象的長期記憶還長。海豚一生中會有好幾次，離開原有的群體，加入其他群體，長期的社交記憶對牠們而言非常有利。

參照條目　大腦功能定位（西元1861年）；神經元學說（西元1891年）；聯想學習（西元1897年）。

下視丘：腦垂體軸

傑佛瑞・哈利斯（**Geoffrey W. Harris**，1913~1971 年）
羅莎琳・雅洛（**Rosalyn Yalow**，1921~2011 年）
羅傑・吉耶曼（**Roger Guillemin**，1924 年生）
安德魯・沙利（**Andrew V. Schally**，1926 年生）

　　腦垂體（pituary gland）大小有如一顆葡萄，位於腦的基部，由前葉和後葉組成：前葉可分泌六種荷爾蒙；後葉可分泌兩種荷爾蒙。腦垂體前葉分泌的荷爾蒙可刺激內分泌腺，調節其荷爾蒙分泌。1930 年，英國解剖學家傑佛瑞・哈利斯提出假說，認為位於腦垂體上方的下視丘（hypothalamus）可藉著分泌荷爾蒙來調控腦垂體，然而他未能找出下視丘所分泌的荷爾蒙來證明自己的假說。腦垂體雖小，卻控制許多身體的基本功能和情緒。1950 年代晚期至 1960 年代，羅傑・吉耶曼和安德魯・沙利——兩人原在德州休士頓貝勒大學共同研究，後來成為彼此的對手——成功找出數種下視丘分泌的荷爾蒙。下視丘基部分泌荷爾蒙，經由血管抵達腦垂體前葉，刺激或抑制特定荷爾蒙的分泌。

　　1968 年，科學家找出第一種下視丘荷爾蒙：促甲狀腺素釋素（Thyrotropin-releasing hormone, TRH），成功從人體中將其分離出來，確認其化學性質。促甲狀腺素釋素可刺激促甲狀腺素（thyroid-stimulating hormone, TSH）的分泌。促甲狀腺素經由血液運送抵達甲狀腺，刺激甲狀腺分泌甲狀腺素。下視丘與腦垂體前葉並非獨立運作，而會接收來自身體各處的神經訊號或負回饋訊息，據以調節是否要繼續分泌促甲狀腺素釋素和促甲狀腺素。下視丘分泌的荷爾蒙還包括促黃體素釋放因子（luteinizing hormone-releasing factor）、促腎上腺皮質素釋素（adrenocorticotropin-releasing hormone）和生長激素。

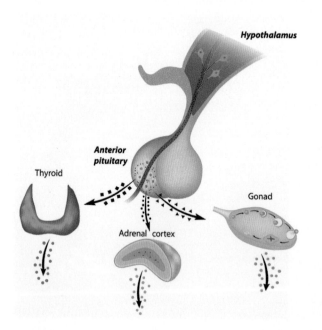

　　神經內分泌學著重在中央神經系統與內分泌腺之間的交互關係，吉耶曼和沙利可謂神經內分泌學的創立者，共同獲得 1977 年諾貝爾獎，兩人也與發明放射性免疫測定法（radioimmunoassay）的羅莎琳・雅洛共同分享諾貝爾獎。

此圖為下視丘：腦垂體軸示意圖。下視丘分泌的荷爾蒙，能夠刺激或抑制腦垂體的荷爾蒙分泌。而腦垂體分泌的荷爾蒙經由血液運輸，前往各個內分泌腺刺激特定荷爾蒙的分泌。

參照條目 神經系統訊息傳遞（西元1791年）；體內恆定（西元1854年）；負回饋（西元1885年）；人類發現的第一種荷爾蒙：胰泌素（西元1902年）；甲狀腺與變態（西元1912年）。

系統生物學

路德維希・馮・柏特蘭菲（Ludwig von Bertalanffy，1901~1972 年）

　　所謂「系統」，指的是由一群彼此間有交互作用，且互相依存的構件所組成的複合性整體結構。研究人員以微觀或巨觀的方式來研究系統。生物學家以活體生物為研究對象時，傳統上，會聚焦在生物體的單一結構，盡量廣泛研究，盡可能蒐集越多相關資訊越好，有時窮盡畢生，只為研究特定的酵素系統、腦部的特定組成，或僅僅研究一種光合作用色素。這便是所謂的化約型（reductionist）科學研究：所有與研究主題相關的資訊都是為了能夠完整描述某一個系統，即所謂的「自下而上」（bottom-up）的研究方法。

　　1968 年，奧地利生物學家路德維希・馮・柏特蘭菲提出「通用系統理論」（general system theory），是與化約型完全相反，即所謂「自上而下」（top-dwon）的研究方式。這項理論的基本要件適用於許多學科所遇到的問題，包括工程學、社會科學和生物學。系統生物學的研究方式，不像化約型研究著重在單獨研究個體的單一結構，而視基因、蛋白質、生化反應和生理反應的相互作用為一完整的網絡，造就生命的起源。系統生物學家研究系統中所有構件，以及彼此的交互作用，這些交互作用致使整個系統能發揮功能。因此，在系統生物學家眼中，系統的整體價值大於所有構件的總和。

　　少有研究生物系統單一構件的生物學家能夠憑藉其專長領域，和有限的背景知識而完全了解複雜的生物系統。柏特蘭菲認為系統生物學必須整合各種學科的研究，集合生物學家、物理學家、計算機科學家、數學家和工程學家的專業知識。以研究氣候變遷為例，透過這樣系統性的研究，才有可能建立預測氣候變遷的數學模型，推測雨量減少對植物、作物供應和人類糧食的影響。

科學家針對宇宙採用系統性的研究方法，使天文物理學家得以在宇宙事件發生的幾十億年前，就得以預知其發生。此圖為對貓掌星雲（Cat's Paw Nebula）進行多次曝光後所得的照片，貓掌星雲坐落在天蠍星附近，靠近銀河中心，和地球的相對距離算近，約有 5500 光年。

參照條目　體內恆定（西元1854年）；生態交互作用（西元1859年）；共演化（西元1873年）；生物圈（西元1875年）；全球暖化（西元1896年）；內共生理論（西元1967年）；臭氧層損耗（西元1987年）。

細胞功能決定

湯瑪士・摩根（Thomas Hunt Morgan，1866~1945 年）
艾倫・圖靈（Alan Turing，1912~1954 年）
路易斯・渥派特（Lewis Wolpert，1929 年生）
克莉絲汀・紐斯林—沃爾哈德（Christiane Nüsslein-Volhard，1942 年生）

　　科學家一直不解，一顆簡單的受精卵如何轉變成高度分化的多細胞生物？細胞如何知道要移動到哪裡？為什麼有些細胞變成神經元，有些變成骨細胞？形態發生指的就是胚胎發育過程中細胞如何在個體空間內分布，構成完整的個體。1901 年，美國演化生物學家、遺傳學家湯瑪士・摩根觀察到，蠕蟲的不同部位各有不同的再生速率，摩根認為細胞開始進行形態發生，是因為接收到來自組織中心（organizing center）的訊號，致使組織中心周遭的細胞開始分化。半個世紀後，1952 年艾倫・圖靈在發表的科學論文《形態發生的化學基礎》（The Chemical Basis of Morphogenesis）提到，稱為形態決定因子（morphogen）的化學物質，原本在生物體內呈現均勻分布，然而一旦聚集則可以造成形態發生。

　　「法國國旗模型」。1969 年，南非裔英國籍的倫敦大學學院發育生物學教授路易斯・渥派特認為形態決定因子由一群源細胞（source cell）所分泌，濃度隨梯度變動，是為傳訊機制，可直接作用在目標細胞上，促其產生反應。目標細胞反應的強烈程度端看形態決定因子的濃度而定。為了以圖示表達，渥派特使用「法國國旗模型」，圖中有三條寬闊的垂直帶狀區域，分別為藍、白及紅色。最靠近源細胞的細胞（藍色區域），接收到的形態因子濃度最高，活化對形態因子具有高閾值的目標細胞；距離源細胞較遠的細胞（白色區域）接收的形態因子濃度最低，活化閾值較低的目標細胞；距離元細胞最遠的細胞（紅色區域）則不會活化。目標細胞的活化與否端看其與原細胞的距離。1980 年代，德國生物學家克莉絲汀・紐斯林—沃爾哈德根據法國國旗模型和形態決定因子的觀念，確認果蠅全身形態發生的遺傳基礎，使她成為1995 年的諾貝爾獎得主。

法國國旗模型是以圖示的方式顯示在胚胎發育時期，形態決定因子的相對濃度決定細胞的分布。這張海報繪出 1916 年巴士底日，兒童擎著玩具步槍，高舉法國國旗，向第一次世界大戰作戰士兵致敬的情景。

參照條目　再生（西元1744年）；染色體上的基因（西元1910年）；胚胎誘導（西元1924年）；自然界的圖形形成（西元1952年）。

西元 1970 年

細胞周期檢查點

利蘭・哈特沃爾（Leland Hartwell，1939 年生）
提摩西・杭特（R. Timothy Hunt，1943 年生）
保羅・納斯（Paul Nurse，1949 年生）

　　生物的生命中，細胞分裂扮演著重要角色，生命不可或缺的功能，例如生殖、生長和發育，以及修復耗損或受傷的細胞，也和細胞分裂有關。許多抗癌藥物藉著干擾癌細胞的細胞周期，發揮治療的功效。

　　細胞周期（cell cycle）是一個連續的過程，完成細胞周期後，一個分裂中的親本細胞會產生兩個子細胞。細胞周期又稱細胞分裂周期，主要可分為兩個階段；間期（interphase）和有絲分裂期（mitotic phase）。進入間期時，細胞開始生長，染色體複製；有絲分裂期時，細胞行有絲分裂和細胞質分裂（cytokinesis）。完成一次細胞周期約需要 24 小時，其中間期約佔 22 至 23 小時，間期又可分為三階段：G1 期、S 期和 G2 期。G1 期和 G2 期中間隔著有絲分裂期，G1 期和 G2 期時細胞正在評估環境中是否有錯誤訊息，以利進行下一階段。

　　從 1970 年開始，科學家發現 G1 期和 G2 期間具有檢查點機制，意在檢查環境狀況，以確保細胞周期的前一階段已經完成，或者錯誤已完全修正。若此，細胞會接受繼續下一階段的起始訊號，S 期時 DNA 開始複製。起始訊號包含周期蛋白（cyclin）和周期蛋白依賴型激酶（cyclin-dependent kinase, Cdk）。如果環境狀況不對，細胞會進行校正，或直接摧毀細胞，未經正確分裂程序的細胞可能導致癌細胞生成。保羅・納斯、利蘭・哈特沃爾及提摩西・杭特因為發現三種具有檢查點機制，可於細胞周期中調控細胞分裂的蛋白，而獲得 1991 年諾貝爾獎。

　　總而言之，細胞周期進行時，親本細胞的體積、染色體數量都會增加一倍，當細胞開始分裂時，會產生兩個具有相同遺傳背景的子細胞，各可進入新的細胞周期。生長快速的腸道細胞，其細胞周期耗時 10 分鐘至 24 小時不等，肝臟細胞一年只分裂一次，而神經或肌肉細胞成熟後則不再分裂。

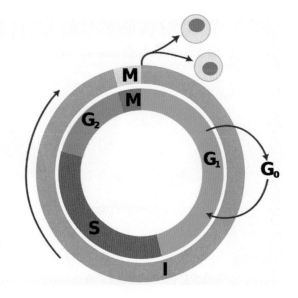

細胞周期的示意圖。進入間期時，細胞開始生長，染色體發生複製，間期又可細分為三個階段（G1 期、S 期和G2 期）。完成一次細胞周期約需 24 小時，有絲分裂期耗時約 1 至 2 小時，此時細胞核開始分裂，細胞分裂於焉發生。

參照條目　細胞學說（西元1838年）；減數分裂（西元1876年）；有絲分裂（西元1882年）； DNA攜帶遺傳資訊（西元1944年）。

斷續平衡

查爾斯·達爾文（Charles Darwin，1809~1882 年）
恩斯特·梅爾（Ernst Mayr，1904~2005 年）
史蒂芬·古爾德（Stephen Jay Gould，1941~2002 年）
尼爾斯·艾崔奇（Niles Eldredge，1943 年生）

　　物種究竟如何演化？是逐步的緩慢變化？還是一次到位的急遽變化？達爾文於 1859 年出版的《物種起源》解釋物種演化是一順暢、穩定的逐步變化過程。演化生物學家普遍接受達爾文以天擇為基礎的演化理論，但達爾文的演化論無法解釋許多突然出現、前所未見的生物化石，這些物種的祖先是哪種生物仍有待發掘。達爾文承認確實有這樣的斷層存在，他認為這可能是因為化石保存不全造成的缺憾。然而，達爾文也注意到並非所有的物種都以相同速率改變，滅絕程度也不一致。

　　1972 年，美國自然史博物館的演化生物學家、古生物學家尼爾斯·艾崔奇及哈佛大學的史蒂芬·古爾德提出另一種解釋演化的理論：斷續平衡（punctuated equilibrium）解釋有如突然出現的新化石生物種。他們認為多數新種的起源都因為和親本物種之間產生極大隔閡，並非由親本物種逐漸演變而成。這些物種早期獨立存在之時，分支出去的新物種在短期內（指地質時間的短期）經歷外型的重大變化。此後，數量極少新物種維持穩定狀態，接下來長達幾百萬年的時間，外觀上可能都沒有巨大變化。

　　恩斯特·梅爾於 1963 年提出廣為科學界接受的異域種化理論，他認為系出同源的物種可能因為受到地理隔離，而在短時間內演化出與親本物種差別極大的新種，由於演化時間很短，來不及留下化石紀錄，斷續平衡即以梅爾的理論為基礎。如今，科學界認為斷續平衡是物種演化的重要模型之一，然而相關爭議未曾平息，斷續平衡也經常遭到各方面的誤解，甚至有人誤認為斷續平衡是一種推翻達爾文天擇演化論的學說。

英國於 1981 年發行的郵票，圖面上有達爾文肖像和加拉巴哥群島上鳥喙形狀不同的鷽鳥，也是達爾文據以發展天擇演化論的基礎。

參照條目　古生物學（西元1796年）；化石紀錄與演化（西元1836年）；達爾文的天擇說（西元1859年）；染色體上的基因（西元1910年）；演化遺傳學（西元1937年）；生物種與生殖隔離（西元1942年）；雜交種與雜交帶（西元1963年）。

永續發展

　　幾百年前，當人類發現自然資源並非取之不盡，用之不竭時，開始尋找能夠保持樹木消耗與更新之間平衡狀態的森林經營模式。所謂永續發展（sustainable development），目標在於以負責任的態度使用自然資源，滿足現實的需求，但又不影響後代子孫使用自然資源的權利。近幾十年來，永續發展的疆界已擴張到環境保護——即綠色運動的主旨——以外的議題，例如經濟成長、社會平等和文化保存。

　　1972 年，聯合國於斯德哥爾摩舉行人類環境會議，是人類史上第一個聚焦於人類活動對環境影響的國際大型會議，會議中指出人類造成汙染、破壞自然資源以及對生物帶來的傷害等問題。1992 年的里約地球高峰會，超過 100 個國家的代表齊聚里約熱內盧，會議主旨在於如何因應地球氣候變遷，並提倡減少二氧化碳和甲烷等的溫室氣體的排放。此外，會議還主張維持地球生物多樣性，以永續的方式使用自然資源，例如減少伐林。

　　國際會議面臨的挑戰在於，如何平衡已發展國家與發展中國家的想望及需求。已發展國家的環境意識逐漸高張，並試圖減少工業發展對環境造成的衝擊。儘管如此，地球上 20% 的人口卻使用 80% 的自然資源，如今越來越多的經費挹注在透過綠色科技、改善能源效率、使用環境友善的再生性資源，例如以風力和太陽能發電。

　　發展中國家追求工業化國家已達到的經濟狀態，然後受到經濟上的限制，發展中國家急需使用自然資源，並以最廉價的方式達到工業化目標，付出極高的環境代價。如何使生態與人類發展之間達到平衡，追求經濟成長的同時又不會環境造成過度傷害，是人類要面臨的挑戰。

可再生資源指的是可以持續補充的資源，例如陽光（太陽能）、風、雨、潮汐、波浪和地熱。

參照條目 人口成長與食物供給（西元1798年）；全球暖化（西元1896年）；影響族群成長的因子（西元1935年）；綠色革命（西元1945年）；能量平衡（西元1960年）；臭氧層損耗（西元1987年）。

親代投資與性擇

羅伯特‧崔弗斯（**Robert L. Trivers**，1943 年生）

　　子代的適存，包括生存和未來的生殖成功，端看親代從交配那一刻起，對子代的生存優勢投注多少心血。1972 年，美國哈佛大學的演化生物學家、社會生物學家羅伯特‧崔弗斯提出「親代投資理論」（parental investement theory）。親代為了子代生存優勢所付出的時間、體力、資源及為此承受的風險，就是所謂的親代投資。在自然界中，親代投資的定義隨物種和性別而有所不同。

　　崔弗斯發現在子代出生之前，雄性親代個體只付出些微的時間和精力，就能坐享生殖成功的後果，完成交配後就能獲得散播基因的演化回饋，並可以接著尋找其他交配對象。相反的，雌性親代個體必須付出懷孕的時間、懷孕過程中付出的身心代價，並且在懷孕期間，雌性個體形同不具生殖能力。子代出生後，親代投資的狀況則隨物種而有所不同。除了少數例外，一般水生無脊椎動物、魚類和兩棲類的子代出生後，不會受到任何親代的照顧。鳥類在子代出生前後的親代投資（通常親代雙方都要付出）包括築巢、護卵和育幼；哺乳類動物，尤其是人類，經歷九個月的孕期後還有一段育幼的時間，親代雙方的投資（通常只有親代單方付出）相當廣泛，甚至長達數十年。

　　崔弗斯認為，親代雙方在親代投資上的相對差異，對雌性個體如何選擇交配對象有極大影響，造成雌性個體在選擇交配對象時非常嚴苛。雄性個體必須與其他對手競爭交配機會，雌性個體的擇偶條件包括體型、力量、鮮豔的體色，以及各項與健康和生殖力相關的因子。雌性個體傾向選擇體形適中，具有優異特徵（例如可傳遞給子代的優良基因）、地位崇高（例如族群中的雄性領導）和掌握資源的對象。以親代雙方都需要照顧子代的物種為例，雌性個體會選擇願意幫助育幼的雄性個體為交配對象。

母獅成群外出打獵時，公獅負責照顧幼獅。幼獅容易遭受鬣狗和花豹的攻擊，其他公獅也會對幼獅造成極大威脅。

參照條目 性擇（西元1871年）、動物體色（西元1890年）。

露西

瑪麗・李奇（**Mary Leakey**，1913~1996 年）
伊夫・柯本斯（**Yves Coppens**，1934 年生）
莫里斯・塔伊布（**Maurice Taieb**，1935 年生）
唐諾・喬韓森（**Donald Johanson**，1943 年生）

　　1974 年，擁有 320 萬年歷史的阿法南猿（Australopithecus afarensis）「露西」（Lucy）的骨骼遺骸首次在世人面前出現，科學家以放射定年法推估露西的年紀。南方古猿屬（Australopithecus）的物種可能是最早期的原始人類（hominid），是演化樹上的人類分支之一。在此之前，科學家發現的人類遺骸，多是化石或零碎的骨骼碎片，然而露西仍留有 40% 的完整骨骼。根據骨盆寬度判斷，這是一具女性的骨骼，身高 110 公分，體重約 30 公斤。多年來，露西的骨骸在美國四處巡迴展覽，2013 年結束展覽，返回家鄉。如今在衣索比亞首都阿迪斯阿貝巴（Addis Ababa），衣索比亞國家博物館展出的是一副露西骨骼的塑膠複製品。

　　1927 年，法國地質學家莫里斯・塔伊布在衣索比亞東北方的哈達（Hadat）發現化石遺骸的線索，為了繼續挖掘，他組織一支聯合三國科學家的團隊，成員包括美國人類學家唐諾・喬韓森、英國考古學家瑪麗・李奇及法國古生物學家伊夫・柯本斯。當他們的實地研究進行到第二季，也就是 1974 年，露西出土，之所以被取名露西，則是因為當時挖掘基地正在播放披頭四樂團的《露西在滿是鑽石的天上》（*Lucy in the Sky with Diamonds*）。

　　經過專業人員檢視露西的骨盆和腿骨之後，認為露西以雙腳行走，頭顱容量也和猿類相當，大約是現代人腦容量的三分之一，致使科學家推論在人類演化的過程中，雙腳行走出現於腦容量增大之前，與過去的觀點恰好相反。有些研究人員曾質疑，露西——即阿法南猿——是否真的就是現代人的祖先。其他陸續出土的遺骸，多數出現在非洲相同地區，並沒有證據顯示阿法南猿具有使用工具和生火的能力

阿法南猿的複製品。阿法南猿是至今科學界發現最古老也是最知名的早期人類，這多虧了露西。東非地區發現的早期人類遺骸，其歷史可回溯至 385 至 295 萬年前，顯示這個物種至少生存 90 萬年，相當於晚期智人存在時間的四倍。

參照條目 靈長類動物（約西元前6500萬年）；尼安德人（約西元前35萬年）；晚期智人（約西元前20萬年）；放射定年法（西元1907年）；最古老的DNA和人類演化（西元2013年）。

膽固醇代謝

阿道夫・溫道斯（**Adolf Windaus**，**1876~1959** 年）
費奧多・林恩（**Feodor Lynen**，**1911~1979** 年）
柯納德・布洛克（**Konrad Emil Block**，**1912~2000** 年）
勞勃・伍華德（**Robert B. Woodward**，**1917~1979** 年）
約瑟夫・戈爾茨坦（**Joseph L. Goldstein**，**1940** 年生）
麥可・布朗（**Michael S. Brown**，**1941** 年生）

　　提到膽固醇（cholesterol），不禁令人聯想到動脈粥狀硬化（atherosclerosis）、心臟病和中風。然而具有通透性和流動性的膽固醇卻打造動物細胞的細胞膜，且維持細胞膜性質不可或缺的物質，使蛋白質和其他化合物得以穿透雙層的動物細胞膜。其他類固醇，例如膽汁等化合物合成的生化過程中，也都需要膽固醇作為起始物質。此外，膽固醇還參與脂肪的消化和吸收、維生素 A、D、E、K 的合成、也和腎上腺素分泌的皮質醇（cortisol）和醛固酮（aldosterone）及男性女性荷爾蒙的合成有關。而環繞軸突周圍，具有絕緣功能以利神經脈衝傳導的的髓鞘（mylein sheath），主要成分也是膽固醇。

　　1769 年，科學家首次在膽汁和膽石（gallstone）中發現膽固醇；1833 年，科學家發現血液中也含有膽固醇。後續的研究著重在膽固醇的化學性質和新陳代謝，以及與膽固醇過高有關的健康風險。1903 年，阿道夫・溫道斯確認膽固醇的化學結構。1951 年，著名的有機化學家勞勃・伍華德成功合成出膽固醇。

　　1950 年代，柯納德・布洛克和費奧多・林恩各別確認的膽固醇的生化合成過程。布洛克發現膽固醇從含有兩個碳原子的乙酸鹽轉變至含有 27 個碳原子，四環結構的膽固醇，過程中共有 26 種酵素參與。人體內既有的膽固醇透過負回饋系統調控體內膽固醇的合成，例如飲食中攝取過多膽固醇，則體內則

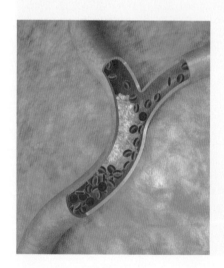

會減少膽固醇的合成，反之亦然。1974 年，德州大學西南醫學院的麥可・布朗和約瑟夫・戈爾茨坦找出一系列能夠調控膽固醇新陳代謝的分子。降血脂藥物 Statins 可抑制膽固醇合成的速率限制步驟（rate limiting step，及反應中速率最慢的步驟），是全球廣泛使用的藥物。

　　截至目前為止，已有 13 位研究膽固醇的科學家獲得諾貝爾獎，說膽固醇是史上「最榮耀的分子」，恐怕一點也不為過。這些獲獎的科學家包括溫道斯（1928 年）、伍華德（1951 年）、布洛克和林恩（1964 年）、布朗及戈爾茨坦（1976 年）。

膽固醇堆積會造成血管阻塞，即所謂的動脈粥狀硬化，是西方人最主要的死因之一。當血流不順，動脈中會出現血栓，血栓一旦崩解會阻礙通往心臟和腦部動脈血，導致心臟病和中風。

參照條目 新陳代謝（西元1614年）；負回饋（西元1885年）；黃體酮（西元1929年）；壓力（西元1936年）。

味覺

池田菊苗（**Kikunae Keda**，1864~1936 年）

學校的老師教我們，人類有四種主要味覺：甜、鹹、酸和苦，且每一種味覺在舌頭上都有特定的感覺區域。自 1901 年起，學生都得背由德國科學家漢尼格建立的味覺分布圖。如今，我們已知人類有五種主要的味覺，第五種味覺為鮮味（日文「umami」，意指味道好、風味佳），凡是含有麩胺酸鈉（monosodium glutamate, MSG）的食物一般都具有鮮味。1907 年，日本花學教授池田菊苗發現鮮味的存在，1974 年，維吉妮雅・柯林斯發現舌頭各部位對位學的感知差異極小，且舌頭上遍布各種味覺接收器，換句話說，味覺分布圖其實並不存在。

早期人類依據四種主要味覺提供的線索，來判斷打算吃下肚的食物是什麼味道：甜味的食物富含熱量；鹹味的食物提供營養；酸味的食物代表已經腐壞或是尚未成熟；苦味的食物則表示可能具有毒性。人類舌頭上有形狀有如高腳杯的突立味蕾上，味覺是一種化學感覺，透過味蕾上特殊的受器細胞來辨認。五成的受器細胞可能集中在單一個味蕾上，每一種味覺可以觸發一種受器。每一個受器細胞都具有突起，即所謂的「味毛」（gustatory hair），味毛通過味孔（taste pore）抵達舌頭表面。當味覺分子混合唾液進入味孔，與味毛發生交互作用，刺激味覺訊號傳導至大腦皮質的味覺區。

有關味覺的研究自 1930 年代持續至今，我們知道有些人的味覺就是比較敏感。利用丙硫氧嘧啶（propylthiouracil，治療甲狀腺功能失調的藥物）作為實驗材料，有 50% 的受試者感覺到苦味；25% 的受試者沒有任何感覺（nontaster，味盲者）；另外 25% 的受試者認為這種藥物「非常苦」（supertaster，超級味覺者）。超級味覺者通常是女性或是亞洲、非洲及南美洲人，他們之所以有這麼敏感的味覺，原因在於他們擁有較多的味覺受器細胞。

有些人覺得十字花科蔬菜（例如抱子甘藍和花椰菜）的味道特別苦，這是因為其中含有和丙硫氧嘧啶相同的化學物質。

參照
條目　神經系統訊息傳遞（西元1791年）；神經元學說（西元1891年）；動作電位（西元1939年）；嗅覺（西元1991年）。

單株抗體

北里柴三郎（**Kitasato Shibasabur，1853~1931 年**）
保爾·艾爾利希（**Paul Ehrlich，1854~1915 年**）
埃米爾·馮·貝林（**Emil von Behring，1854~1917 年**）
麥克·波特（**Michael Potter，1924~2013 年**）
凱薩·密爾斯坦（**Cesar Milstein，1927~2002 年**）
喬治·克勒（**Georges Köhler，1946~1995 年**）

　　19 世紀末，20 世紀初，德國醫生保爾·艾爾利希提出神奇子彈的構想，神奇子彈是一種可以選擇性殺死致病生物，卻不會對病人造成傷害的藥物。艾爾利希在 1890 年提出這樣的構想，當時正值他的職業生涯早期，那時埃米爾·馮·貝林和北里柴三郎正以免疫血清（antiserum）來治療白喉症（diphtheria）和破傷風（tetanus），這種方法可以使病人接觸到細菌毒素時產生特定的抗體，因而獲得免疫力。此後，醫學界一直將「神奇子彈」的期望寄託在單株抗體（monoclonal antibodiy, mAb）。

　　1950 年代，美國國家健康研究院的麥克·波特將誘發實驗鼠生長漿細胞瘤（plasmacytoma）的技術臻至完美，使實驗鼠體內可針對特定抗原產生抗體。波特大方與世界各地的科學家無償分享這些實驗鼠的漿細胞，其中包括英國劍橋大學分子生物實驗室的凱薩·密爾斯坦和喬治·克勒。1975 年，由阿根廷歸化英國的生化學家密爾斯坦和德國籍的博士後研究員克勒，將實驗鼠富含漿細胞瘤淋巴球的脾臟細胞與骨髓瘤細胞（myeloma cell）融合，產生融合瘤（hybridoma）。

　　融合瘤可產生單株抗體，即所有抗體都由來自單一形態的免疫細胞，因此所產生的抗體完全相同。此外，單株抗體還可以源源不絕的生產抗體。單株抗體的出現可謂生物醫學研究在 20 世紀最重大的躍進，密爾斯坦和克勒因此獲得 1984 年諾貝爾獎。密爾斯坦並不打算為他的技術申請專利，導致英國政府高層相當不滿。當時認為單株抗體可廣泛使用於各種治療方式，既安全又有高度選擇性，而且容易生產。2014 年 6 月，美國食品藥物管理局核准 30 種產生單株抗體的產品上市，應用於治療癌症、自體免疫疾病、發炎性疾病，並可作為診斷劑使用。

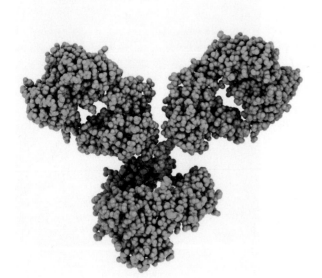

免疫球蛋白 G（immunoglobulin G, IgG）單株抗體的模型圖，是血液和淋巴中最常見的抗體。

參照條目 後天性免疫（西元1897年）；艾爾利希的側鏈說（西元1897年）。

社會生物學

愛德華・威爾森（Edward O. Wilson，1929 年生）
史蒂芬・古爾德（Stephen Jay Gould，1941~2002 年）

　　根據天擇說，相較於不具有優勢基因的個體，具有遺傳變異的個體生存機會和繁殖機會較大。1975 年，美國生物學家、昆蟲學家愛德華・威爾森出版《社會生物學：新綜合理論》（*Sciobiology: The New Synthesis*），書中試圖以演化論和天則說為基礎，解釋動物及人類的行為，他認為動物的行為以將基因傳遞給下一代為目的，以哺乳類動物為例，雌性個體天生的護幼行為可以提高子代生存和繁殖的機會。

　　社會生物學家的研究焦點聚集在動物本能，且注意團體的行為，而非個體的行為。演化學家普遍接受除了人以外的動物，都存在著遺傳而來的適應性行為（inherited adaptive behavior），這也是科學家熱衷研究的領域。然而威爾森認為遺傳對人類行為的影響，並不亞於文化對人類行為的影響。據他的理論，社會和環境因素造成人類行為發生改變，其影響力非常有限。但將社會生物學套用在人類身上的理論，造成極大爭議並引來眾多批評。

　　古生物學家，同時是暢銷科普書作家史蒂芬・古爾德，就是帶頭批判威爾森的科學家之一。古爾德和其他演化生物學家反對將生物決定論（biologic determinism）套用在人類身上，他們認為人類行為也許受到遺傳的影響，但遺傳因素並不能決定人類的行為。若相信人類的遺傳組成如此強大，甚至可以控制一個人的命運，也是人類維持現狀不可或缺的因素，那麼這樣的理論將會被菁英人士拿來強調優越感，使統治者立下獨裁政策，並為種族歧視主義和性別歧視主義所利用。

　　1980 年代以前，社會生物學和行為生態學（behaviorial ecology）可謂同義詞。行為生態學研究動物行為的生態和演化基礎。為了避免將動物行為演化理論套用至人類身上而產生爭議，行為生態學領域的研究人員僅以動物為研究對象，也就是所謂的「行為生態學家」（behavioral ecologist）。

社會生物學認為，雪猴之所以會產生保護後代的本能行為，是為了增加後代生存和繁殖的機會，確保自己的基因能夠繼續傳衍。

參照條目 昆蟲（約西元前4億年）；達爾文的天擇說（西元1859年）；優生學（西元1883年）；聯想學習（西元1897年）；親代投資與性擇（西元1972年）。

致癌基因

裴頓・勞斯（Francis Peyton Rous，1879~1970 年）
麥克・畢夏普（J. Michael Bishop，1936 年生）
哈洛德・法姆斯（Harold Varmus，1939 年生）

　　1911 年，裴頓・勞斯發現勞斯肉瘤病毒（Rous sarcoma virus, RSV），一種能夠引發腫瘤的病毒，使雞罹患癌症。這項發現是史上首次證實病毒能夠在各種生物身上引發癌症，經過 50 年，終於獲得諾貝爾委員會的認同。1963 年，84 歲的勞斯終於獲頒諾貝爾獎。後續研究發現，勞斯肉瘤病毒是一種反轉錄病毒，遺傳物質為 RNA 而非 DNA，病毒可藉由本身所含的反轉錄酶將 RNA 反轉錄為 DNA。病毒的 DNA 進入生物體內正常細胞的染色體後，可重新指揮染色體的活動，進而引發癌症。

　　1976 年，舊金山加州大學的麥克・畢夏普和哈洛德・法姆斯利用勞斯肉瘤病毒證明，惡性腫瘤是由正常細胞的基因誘發而來。所謂的致癌基因（oncogene），即指病毒特殊的遺傳物質，可使正常細胞轉變為成癌細胞，此外，致癌基因也會受到病毒其他物質、放射線和某些化學物質的影響。他們發現勞斯肉瘤病毒的致癌基因並非真正的病毒基因，而是正常細胞的基因，也就是「原致癌基因」（proto-oncogene），是病毒在寄主細胞內複製時所獲得的基因。原致癌基因的基因產物是一種「致活酶」（kinase enzyme），促使正常細胞生長並分裂。畢夏普和法姆斯的發現使科學家分離許多控制細胞正常生長發育的基因，這些基因一旦發生突變，就會導致癌症。

　　在細胞分裂期間，正常狀況下基因內受損的 DNA 會被修復或銷毀。如果修復或自毀的機制發生異常，造成突變累積，受損遺傳物質傳遞到子細胞中。當生物體內正常細胞的遺傳物質遭遇不可逆的改變，此時就會引發癌症。調控細胞生長的基因共有兩類：原致癌基因和抑瘤基因（tumor suppressor gene），這兩類基因一旦發生突變就有可能引起癌症。原致癌基因發生突變可能會導致細胞接受過度刺激，生長不受控制；抑瘤基因發生突變可能造成細胞生長失控。

美國國家癌症研究中心主任，也是 1898 年的諾貝爾獎共同獲獎人哈洛德・法姆斯，於 2010 年發表演講，說明病毒中的致癌基因如何引發癌症。

參照條目　病毒（西元1898年）；致癌病毒（西元1911年）；細菌遺傳學（1946年）；分子生物學的中心法則（西元1958年）。

西元 1977 年

生物資訊學

弗德瑞克・桑格（**Frederick Sanger**，**1918~2013 年**）
寶琳・哈吉威格（**Paulien Hogeweg**，**1943 年生**）

　　世界各地許多實驗室都在產生生物性的資料，速度之驚人，就連最經驗老到的研究團隊恐怕也承受不了。分子生物學領域尤其如此，基因科技的進步加速的生物性資料的產出。基因體學（genomics）是一門研究生物細胞內 DNA 序列、組合，並分析所有 DNA 結構與功能的學科。1975 年，弗德瑞克・桑格解開胰島素的胺基酸序列，20 年後，他發展出科學界第一種 DNA 定序發法，1977 年，他完成科學史上第一種 DNA 生物的基因體解序，對象是共含 5386 個鹼基的噬菌體。至今，基因體學的進展已擴增了一億倍之多！2003 年，人類基因體計畫（human genome project）宣告完成，共定序 2 萬 500 個基因。如今，科學界要面臨的挑戰不再是如何獲得資訊，而是如何利用這些資訊提升自己的研究。

　　讓資料變得有意義。1970 年，荷蘭理論生物學家寶琳・哈吉威格，創造「生物資訊學」（bioinformatics）一詞，這是一門融合生物學、計算機科學和資訊科技的學科。利用資訊科技獲取生物資料，並進行資料的儲存、管理和分析，藉此建立生物資料庫，使研究人員得以從中擷取既有的資料，並增添新的資料，下一步便是發展數學邏輯和資料探勘（data mining）的技術，在既有的資料分析中加入其他資訊，以供比較。最後，生物資訊學的目的在於找出新的生物學洞見，獲得全球性的觀點，建立生物學的基礎觀念。建立細胞正常活動的全面藍圖後，可憑藉著這樣的基礎，對病態細胞的活動有更深入的了解。

　　除了鑑定 DNA 和胺基酸序列、預測蛋白質的胺基酸序列之外，生物資訊學還使科學家能夠藉著量化評估生物體內 DNA 的變化來追蹤其演化路徑；藉著分析具有高度複雜調控機制的系統，了解蛋白質活性的變化，並據以找出癌細胞中的突變基因。

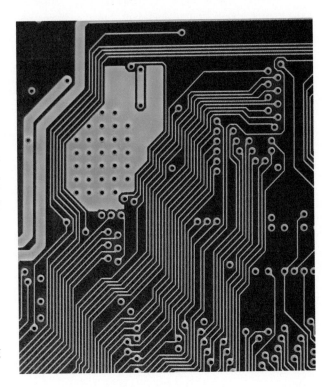

因為線路板的先進科技，導致研究人員快淹沒在數量龐大，且不斷增加的詳細資料中。

參照條目　噬菌體（西元1917年）；胺基酸序列和胰島素（西元1952年）；致癌基因（西元1976年）；基因體學（西元1986年）；人類基因體計畫（西元2003年）；人類微生物體計畫（西元2012年）；最古老的DNA和人類演化（西元2013年）。

體外人工受精

華特・希普（**Walter Heape**，**1855~1929** 年）
格雷弋里・平卡斯（**Gregory G. Pincus**，**1903~1967** 年）
張明覺（**Min Chueh Chang**，**1908~1991** 年）
派屈克・斯特普托（**Patrick C. Steptoe**，**1913~1988** 年）
羅伯特・愛德華茲（**Robert G. Edwards**，**1925~2013** 年）

　　1978 年，科學界想望近一世紀的夢，終於實現。露薏絲・布朗——史上第一位試管嬰兒在英國奧丹（Oldham）出生，這都得感謝產科醫生派屈克・斯特普托和生理學家羅伯特・愛德華茲 10 年來努力不懈的研究。消息一傳出，膝下無子的夫妻大受鼓舞，然而一些教會領導人卻指控兩人的作為是「扮演上帝」。2010 年，愛德華茲獲得諾貝爾獎（當時斯特普托已過世），據估計當時全球已有 400 萬名試管嬰兒出生。露薏絲・布朗也已在 1999 年懷孕產子。

　　體外人工受精（IVF）技術的發展起源於 1891 年，劍橋大學的華特・希普移植胚胎到母兔體內，使其成功產上六隻幼兔。1934 年，哈佛大學的生殖生物學家格雷弋里・平卡斯（數十年後，他成為口服避孕藥的共同發明人）和因茲曼首次提出理論，認為哺乳類動物的卵細胞可以在體外也能正常發育。兩年前，阿道斯・赫胥黎在小說著作《美麗新世界》（*Brave New World*）書中提到，在實驗室製造胚胎的想法。1959 年小說劇情成真，伍斯特實驗生物學基金會（Worcester Foundation for Experimental Biology）的生殖生物學家張明覺，完成史上第一例兔子體外人工受精，以細頸瓶內的精子使剛排出的卵子受精。

　　體外人工受精原理相當簡單，不過將環境參數調整到使卵能夠成功受精，足足花了斯特普托和愛德華茲 10 年時間。一般而言，女性每個月會排出一顆卵，進行體外人工受精時，女性需要服用超級排

卵（super ovulaiton）藥物，使卵巢排出多顆卵，再透過濾泡抽吸術（follicle aspiration）從卵巢內取出卵子。如果沒有卵排出，也可使用捐贈的卵子。精子和卵子在體外混合，進行授精（insemination），通常幾小時後就可完成。也可以將精子直接注入卵內，即所謂的卵細胞質內單精蟲注射（Intracytoplasmic sperm injection, ICSI）。受精卵開始分裂後即形成胚胎，可以在燒瓶中培養三至五天後，再移植到子宮內。體外人工受精的活產率會隨孕婦年齡而下降，35 歲以下的女性，體外人工受精的活產率為 41 至 43%；超過 41 歲的女性，體外人工受精的活產率為 13 至 18%。

體外人工受精的電腦繪圖，玻璃針將精子注入由女性卵巢中取出的卵內。

 參照條目 胎盤（西元1651年）；精子（西元1677年）；發生論（西元1759年）；卵巢及雌性生殖（西元1900年）；生育時機（西元1924年）。

生物放大作用

瑞秋・卡森（**Rachel Carson**，**1907~1964 年**）

　　1929 至 1979 年，有數百種工商業產品使用多氯聯苯（polychlorinated biphenyl, PCBs）為原料。然而因為設備簡陋，加上業者違法傾倒或是不當傾倒多氯聯苯廢棄物，導致多氯聯苯釋放到環境中，其災難性的後果至今仍存在。有越來越多證據指出多氯聯苯會導致癌症，對免疫、生殖、內分泌和神經系統也有負面影響。1976 年，美國通過《有毒物質控制法案》（*Toxic Substances Contral Act*），1979 年，美國根據此法禁止多氯聯苯的生產。

　　多氯聯苯是非常穩定的化學物質，在環境中通常不會分解，不溶於水，但易溶於脂肪組織，並可長時間留存在生物體內。簡言之，多氯聯苯用來說明生物放大作用（biological magnification）的絕佳物質。其他類似的有毒物質包括殺蟲劑（例如 DDT）和重金屬（砷、汞、鉛）。一旦鳥類或哺乳類動物攝入脂溶性的汙染物質，這些物質變儲存在組織和內臟中，和水溶性化學物質不同，脂溶性化學物質很少藉由尿液排出，因為在生物體內的濃度會越來越高，毒性也隨之增強。

　　有毒物質逐漸濃縮，並往食物鏈上方移動，就是所謂的生物放大作用。以下就以五大湖食物鏈生物體內多氯聯苯的濃度（單位為 ppm）來說明，食物鏈越上層的動物，體內多氯聯苯的濃度就越高：位於食物鏈基部的浮游植物（0.025）→浮游動物（0.123）→香魚（1.04）→鱒魚（4.83）→黑脊鷗的卵（124），經過生物放大作用，多氯聯苯的濃度增加近 5000 倍。

　　瑞秋・卡森於 1962 年出版《寂靜的春天》，書中提到 DDT 的濫用造成白頭海鵰、遊隼和褐鵜鶘族群數量遽減，也因此促使美國在 1972 年禁用 DDT。自 1932 至 1968 年，窒素肥料株式會社（Chisso Corporation）持續在水俁灣（Minamata Bay）傾倒甲汞（methylmercury），甲汞累積在魚類及貝類體內，這些魚類及貝類又被當地居民和動物吃下肚。甲汞具有嚴重的神經毒性，致使居民罹患水俁病（Minamata disease），根據紀錄有 1800 人因此喪命。

當重金屬、化學物質和殺蟲劑進入食物鏈，透過生物放大過程，造成野生動物大量死亡，這樣的例子在歷史中屢見不鮮。

參照條目　《寂靜的春天》（西元1962年）。

生物能註冊專利嗎？

路易斯・巴斯德（**Louis Pasteur，1822~1895 年**）
阿南達・查克拉巴蒂（**Ananda Chakrabarty，1938 年生**）

　　長久以來，研究石油化學工業的科學家一直知道細菌能夠透過新陳代謝，將碳氫化合物轉變簡單、無害的物質。沒有任何單一細菌品系能夠代謝原油中所有的碳氫化合物，既然如此，漏油事件發生時，就必須動用許多不同品系的細菌。這些品系的細菌並非全都有能力生活在不同的環境中，有時彼此之間還得互相競爭，新陳代謝的效率因而降低。

　　1971 年，任職於通用電力公司的印度裔美國微生物學家阿南達・查克拉巴蒂發現質體能夠降解原油。而這些質體能夠送入假單胞菌（Pseudomonos），以基因工程製造出自然界不存在的細菌。相較於早先用來分解石油的四種細菌，這種能夠「吃油」的新細菌，分解原油的速度比它們加總起來的速度還要快上好幾倍，也能分解典型漏油事件中 2/3 以上的碳氫化合物。不過，現在暫且先不談它的效率，生物能夠註冊專利嗎？

　　美國憲法第一條第八項：「為促進科學和有用的藝術發展……」賦予人民註冊專利的權利，專利發明人擁有一定時間的專利壟斷權，壟斷其過後則必須與大眾分享該項發明。1873 年，路易斯・巴斯德以純化過後的酵母菌申請專利成功。1930 年成立的《植物專利法》（Plant Patent Act），目的在於保護以植物為對象的農業創新發明，代表植物是個例外，發明人可以以植物來申請專利。1980 年，美國專利商標局的委員希尼・戴蒙反對以上述「吃油」假單孢菌申請專利的意圖，他認為，細菌是自然界的產物。

　　1980 年，美國最高法院調查戴蒙和查克拉巴蒂的案件之後，以五比四的投票結果認定「就專利法設定的目的而嚴，微生物是生物，這一點並不具法律意義」，以及「太陽底下的任何人造事物都可以申請專利」。這項指標性的判決誕生之後，開始出現大量有關生物科技的專利申請，包括史上第一隻基因轉殖鼠：哈佛鼠（Harvard Mouse，1988 年）；基因改造作物（1990 年）。加拿大政府禁止以較高等的生命來申請專利，例如鼠。但 2013 年 6 月美國最高法院判決，自然發生的 DNA 序列不可用以申請專利。

2013 年，美國最高法院判決以含有 BRCA1（乳腺癌易感基因）的人類基因申請專利敗訴。這項判決可能會影響許多以自然界產物為標的的專利申請案，包過從植物、人類或動物的蛋白質，及土壤或海洋微生物體內分離出來的物質。

基因改造作物 ∣

　　基因改造作物（genetically modified crop, GMC）向來備受爭議，是牽涉情緒、政治、經濟和生物科技的發展的議題，有些人認為基因作物會帶來嚴重的社會問題和健康風險。美國是世界上最大宗的基因改造作物生產國家。許多美國國內備受推崇的科學與健康團體都認為「基因作物與非基因作物並無實質差異」，因此相關產品並不需要特別加註「基因改造」（genetically modified, GM）的說明標誌。相反的，組成歐盟的 28 個國家中，有許多國家不相信基因改造食品的安全性，禁止相關產品進口，且其國內也禁止種植基因改造作物來改善國民營養需求。

　　基因改造起源於 1947 年，當時科學家發現基因重組（genetic recombination）現象——即自然界中 DNA 在兩物種間傳遞的現象。基因改造作物藉著插入一至二個基因到植物的基因庫中，改變植物的基因體成，加強某些人類需要的特徵表現。大多數基因改造都經由基因槍（gene gun）以高壓將 DNA 射入植物體內；或者利用農桿菌（agrobacteria）這種寄生於植物的細菌，將目標基因送入植物體內。最常用的農桿菌為蘇力菌（Bacillus thuringiensis），蘇力菌有如自然界的殺蟲劑，可以降低化學物質的使用。1982 年，菸草成為史上第一種基因改造作物，科學家在菸草內加入對殺草劑具有抗性的基因，此後，菸草成為植物遺傳學家最廣泛研究的模式生物。1994 年，美國出現第一項合法上市的基因改造作物商品——莎弗番茄（Flavr Savr tomato）——這種番茄具有較長的庫存壽命。常見的基因改造作物還包括玉米、木瓜和黃豆。

　　批評人士對基改作物的安全性存疑，想從這一點切入，禁止或限制基因改造作物的使用。它們認為基因改造作物會引起過敏反應、汙染非基因改造作物（造成超級雜草），並破壞生態多樣性。此外，全球超過九成的基因改造作物來自孟山都公司（Monsanto Company）。批評人士人認為，如果不對農夫使用該公司的產品加以限制，恐帶來令人擔憂的後果。支持人士則認為，基因改造作物可以抵抗作物病毒疾病，對寒害、霜害的耐受度更高，還能為資源缺乏的發展中國家增加食物供給和營養成分。

基因改造生物的概念圖：豌豆莢中長出玉米。

參照條目　菸草（西元1611年）；人口成長與食物供給（西元1798年）；孟德爾遺傳學（西元1866年）；生物科技（西元1919年）；綠色革命（西元1945年）；細菌遺傳學（西元1946年）。

人類免疫不全症病毒與愛滋病

呂克・蒙塔尼耶（**Luc Montagnier**，1932 年生）
羅伯特・蓋羅（**Robert Gallo**，1937 年生）
法蘭索娃絲・巴爾─西諾西（**Françoise Barré-Sinoussi**，1947 年生）

　　白血球是人體免疫系統的重要組成，1981 年，男同性戀和靜脈注射毒癮者發生白血球免疫不全症的人數不斷升高，這種疾病就是後來所謂的「後天性免疫不全症候群」（acquired immunodeficiency syndrome, AIDS），即愛滋病。隨著全球愛滋病患的數量不斷攀升，科學界急於找出愛滋病的病因，一些彼此間競爭激烈的科學家都想要成為發現愛滋病病因的第一人，羅伯特・蓋羅和呂克・蒙塔尼耶之間的競爭尤其緊張。

　　1976 年，美國國家健康研究院癌症中心的蓋羅和他的同事，完成人類史上第一次成功培養 T 細胞（白血球的一種）的壯舉，並且發現 HTLV 病毒，1981 年，HTLV 成為第一種被科學家發現，能夠感染人體的反轉錄病毒。1984 年 5 月，蓋羅在著名的《自然》期刊上發表一系列科學論文，指出自己已經成功分離和 HTLV 相關的 HTLV-III 病毒，也就是愛滋病的致病病毒。在同期的《科學》（*Science*）期刊，巴黎巴斯德研究中心的蒙塔尼耶也發表科學論文，描述一種從愛滋病患身上分離出來的 LAV 病毒，他在文中表示「這種病毒之於愛滋病的角色仍有待確認」。

　　愛滋病的致病原究竟由誰先發現，不只是兩位科學家之間的競爭，這個問題還有待當時的美國總統雷諾・雷根和法國總統弗朗索瓦・密特朗來解決。這牽涉到哪一國政府可以獲得研究、偵測愛滋病毒的專利權。最終的結果，乃根據所羅門傳統，兩國同享榮耀，共享專利權，愛滋病毒也更

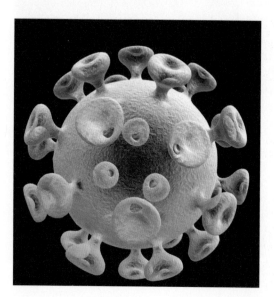

換更中性的名稱：人類免疫不全症病毒（human innunodeficiency virus, HIV）。

　　2008 年，諾貝爾獎頒給蒙塔尼耶和他的同事法蘭索娃絲・巴爾─西諾西，而非蓋羅，蒙塔尼耶坦承他對此感到「非常驚訝」。如今普遍認為（並非所有人都這麼認為），雖然蒙塔尼耶的實驗室率先分離出 HIV，但認為 HIV 就是愛滋病病毒的第一人是蓋羅，且因為他提供相關的背景科學，才使發現 HIV 病毒成為可能。據估計，2013 年全球愛滋病患有 3400 萬人。

此圖為人類免疫不全症病毒，即愛滋病的致病原，這項發現使愛滋病從不治之症，轉變為可以治療的慢性疾病。

參照
條目　聯想學習（西元1897年）；病毒（西元1898年）；DNA攜帶遺傳資訊（西元1944年）；病毒突變和流行病（西元2009年）。

聚合酶鏈鎖反應

凱利・穆利斯（**Kary B. Mullis**，1944 年生）

　　大量生產 DNA。只需要非常少量的 DNA，甚至來自未純化的樣本，加入試管中，再加入一些基本的試劑，配合熱源，只需要幾個小時，聚合酶鏈鎖反應（polymerase chain reaction, PCR）就可以生產幾百萬分純化的 DNA 副本。聚合酶鏈鎖反應出現之前，科學家想要複製 DNA 非常困難，就算讓細菌細胞複製 DNA，也要耗時好幾個禮拜。1983 年，在加州 Cetus 生物科技公司工作的美國生化學家，凱利・穆利斯發展出聚合酶鏈鎖反應的技術。1991 年，聚合酶鏈鎖反應的專利以三億美元賣出，兩年後（1993年），穆利斯成為諾貝爾共同獲獎人。

　　聚合酶鏈鎖反應的過程包括三個主要步驟，各需要不同的溫度：第一步，雙股 DNA 接受高溫，造成雙股分開成為兩條單股 DNA，每一股都可以當作 DNA 複製的模板。加入引子（primer）後，聚合酶沿著模板移動，讀取鹼基並製造出雙股 DNA 的副本。這個步驟在自動循環機中重複 30 至 40 次，每經過一次循環，模板副本的數量呈指數成長。

　　聚合酶鏈鎖反應可應用的範圍從分子生物學到法醫學，例如犯罪現場的指紋分析。更具體的說法是，聚合酶鏈鎖反應可用來製造轉基因動物，作為研究人類疾病的模式、診斷基因缺陷、偵測人類細胞內的愛滋病病毒、鑑定親子關係，以及犯罪鑑定，比對血液或毛髮樣本與嫌犯的關係。演化生物學家能夠利用從化石遺骸中的微量 DNA，或冰存四萬年的長毛象樣本，產生大量的 DNA。以小貓熊為例，藉著聚合酶鏈鎖反應，演化學家發現牠跟浣熊的親緣關係比跟大貓熊的親緣關係還要近。

南方墨點法是實驗室最常見的實驗方法，用來偵測 DNA 樣本中具有特定序列的 DNA，可應用在親緣關係鑑定或 DNA 指紋分析。南方墨點法由英國生物學家艾德溫・南方發明（Edwin Southern，1938 年生）。

參照條目 DNA聚合酶（西元1956年）；人類免疫不全症病毒與愛滋病（西元1983年）；DNA 指紋分析（西元1984年）；重生行動（西元2013年）。

DNA 指紋分析

阿里・傑弗瑞斯（Alec Jeffreys，1950 年生）

　　20 世紀初，指紋是調查犯罪現場時最重要的證據之一，破案能力也居所有調查手法之最。指紋的獨特性幾乎沒有什麼好懷疑（除了同卵雙胞胎以外），然而問題在於檢視人員能否準確的鑑定指紋，尤其是那些不經意狀況下留在犯罪現場的指紋。

　　1984 年，列斯特大學遺傳學教授阿里・傑弗瑞斯在檢視 DNA 的 X 光片時，無意間發現一位技師和他的家庭成員 DNA 之間的異同之處。三年後，他發展出來的 DNA 指紋分析法（DNA fingerprinting）開始商業化，如今不只應用在犯罪調查，同時也可用來鑑定親子關係、確認災難受害者身分（例如 911 事件）、比對器官捐贈者及確定牲畜的譜系。1992 年，科學家透過 DNA 證據確定在巴西以假名埋葬的納粹醫生約瑟夫・門格勒。

　　因為人體任何細胞都含有相同的 DNA，所以血液（精準度最高）、精液、唾液、毛髮或皮膚，都是法醫實驗室可以萃取 DNA 的材料。人和人之間的 DNA 相似度有 99.9%，只有其中 0.1% 是獨特的。據估計，每 300 億人中會遇到一個與自己不是同卵雙胞胎，但與自己具有相同的 DNA 指紋。DNA 指紋又稱遺傳指紋（genetic fingerprinting）、DNA 圖譜（DNA profile）、DNA 定型（DNA typing），藉著分析小衛星（minisatellite）——即不具功能又持續重複的 DNA。科學家從細胞樣本中萃取出 DNA，經過純化，再進行膠體電泳（electrophoresis）分析。

　　美國法庭已普遍接受 DNA 分析的真實性，且 DNA 分析的結果可作為法庭上的證據。DNA 分析的準確性、試驗所需的花費和技術人員避免樣本汙染、精準分析或解釋結果的能力，在在遭受質疑。同時也引起道德倫理的問題，如果 DNA 樣本的取得當下，並未經過當事人同意，是否違反美國憲法對個人隱私的保護？ 1985 年，美國最高法院裁定上述情況並未違憲。

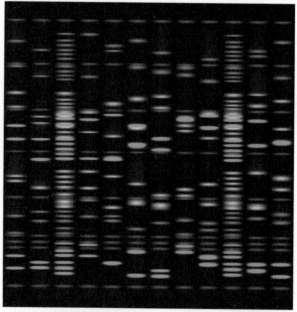

此圖為 DNA 指紋分析，針對 10 個人，6 個基因座（loci）進行分析。

參照條目　DNA聚合酶（西元1956年）；聚合酶鏈鎖反應（西元1983年）；人類基因體計畫（西元2003年）；人類微生物體計畫（西元2012年）。

西元 1986 年

基因體學

法蘭西斯·克里克（Francis Crick，1916~2004 年）
弗德瑞克·桑格（Frederick Sanger，1918~2013 年）
羅莎琳·法蘭克林（Rosalind Franklin，1920~1958 年）
詹姆士·華生（James D. Watson，1928 年生）
湯瑪士·羅德瑞克（Thomas Roderick，1930~2013 年）
華特·吉伯特（Walter Gilbert，1932 年生）
克萊格·凡特（Craing Venter，1946 年生）

基因宏圖。基因體學（genomics）是遺傳學下的分支。遺傳學著重在個體的基因，基因體著重在整個基因系統，包括圖譜（mapping）、定序（sequencing）和基因體的功能分析，研究主題是個體所有的遺傳物質。基因體學的基礎奠立於 1980 年代，雖著科技進步，科學家得以進行 DNA 定序，也引此產生數量龐大的數據資料。1990 年，基因體學漸趨成熟，至今仍持續發展。「基因體學」一詞是緬因州巴哈伯，傑克森實驗室的遺傳學家湯瑪士·羅德瑞克所創造的名詞。

對生物體的完整基因體繪製圖譜和進行定序，需要非常先進的分析工具。1953 年，法蘭西斯·克里克、羅莎琳·法蘭克林和詹姆士·華生確定 DNA 的結構，發現 DNA 含有四個鹼基：腺嘌呤（adenine, A）、胞嘧啶（cyosine, C）、鳥嘌呤（guanine, G）、胸嘧啶（thymine, T）。1970 年代，弗德瑞克·桑格和華特·吉伯特發展出更快速地實驗室定序方法（兩人因此獲頒 1980 年諾貝爾獎），所謂定序即指找出 DNA 分子鹼基排列的準確順序。1986 年、1987 年，半自動和全自動定序機分別問市。1995 年，美國基因體研究中心的克萊格·凡特實驗室，解開流行性感冒桿菌（Haemophilus influenzae）的基因體完整序列，共有 18 億的鹼基對，是科學界首次解開自由生物的基因體序列；2004 年，人類的基因體圖譜也被解開，共有 33 億個鹼基對。

然而如何以方便存取的方式儲存如此龐大的資料，以及如何分析、解釋這些資料彼此間的功能關聯，是科學家同時要面對的挑戰，而生物資訊學的發展滿足這個需求，經由資料處理系統掃描 DNA 序列，在資料庫中尋找與特定功能、疾病相關的基因。所有人類的 DNA 相似度高達 99.9%，人類和昆蟲的基因相似度也很高，由此推測，遺傳密碼早在生命起源之初就開始演化。

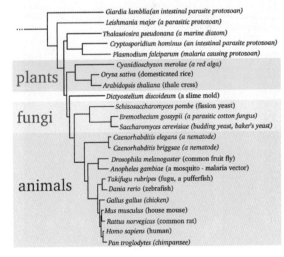

真核生物的譜系樹，根據遺傳分析的結果顯示植物、真菌和動物間的親緣關係。

參照條目 雙股螺旋（西元1953年）；生物資訊學（西元1977年）；人類基因體計畫（西元2003年）；人類微生物體計畫（西元2012年）。

粒線體夏娃

艾倫・威爾森（Allan Wilson，1934~1991 年）
蕾貝卡・卡恩（Rebecca L. Cann，1951 年生）
馬可・史東金（Mark Stoneking，1956 年生）

1987 年，著名的《自然》期刊登出一篇科學論文指出，「所有粒線體的 DNA 都來自同一位女性」，而這位女性生活在非洲，時間大約是 20 萬年前。這篇論文作者為加州大學柏克萊分校的蕾貝卡・卡恩、馬可・史東金，和他們的指導教授艾倫・威爾森，出刊後引起科學界廣泛的興趣和延續至今的爭議。

作者分析研究的材料實為粒線體 DNA，卻被媒體冠上「粒線體夏娃」（mitochondrial Eve）的稱號，雖然好記，卻是曲解。所謂的「夏娃」並非真是指 20 萬年前生活在非洲的某一位女性，也並非是創世紀中所指的夏娃。此外，根據《聖經》，人類的起源頂多幾千年，並非 20 萬年前。再者，許多演化生物學家相信人類在地球不同區域各自演化，而不如「遠離非洲」（out of Africa）理論所言，認為晚期智人起源於非洲，逐漸遷徙到世界各地。

卡恩和她的同事分析粒線體 DNA 而非核 DNA（nuclear DNA, nDNA）。核 DNA 負責傳遞的特徵包括：眼球的顏色、人種的特徵，以及對某些疾病的感受性；粒線體 DNA 只含與產生蛋白質以及粒

線體功能相關的基因。人體內所有細胞都具有核 DNA，核 DNA 融合父親與母親的 DNA（基因重組）；而粒線體 DNA 則完全承襲自母系，只有極少數粒線體 DNA 含有來自父系精子的 DNA。親緣關係相近的個體，其粒線體 DNA 幾乎一模一樣，經過幾千年的演化，僅偶爾出現一些突變。據信，兩個體間粒線體 DNA 突變的數量越少，代表兩者從共祖分化而來的時間越短。

「粒線體夏娃」的支持者並不認為所謂的「夏娃」並非是當時第一女性，或唯一一位女性。他們認為當時地球發生許多災難，使地球人口遽降為一至兩萬人，而所謂的粒線體夏娃即指一路傳承下來的女性後代。據說，夏娃是所有人類後代最近期的共祖。

德國文藝復興時代的畫家小盧卡斯・克拉納赫（Lucas Cranach the Younger，1515~1586 年）於 1536 年後所繪的《亞當與夏娃》（Adam and Eve）。

參照條目 晚期智人（約西元前20萬年）；粒線體與細胞呼吸（西元1925年）；生命分域說（西元1990年）。

臭氧層損耗

　　從 1970 年代起，每過 10 年，臭氧層（ozone layer）中的臭氧就減少 4%。臭氧層耗損導致紫外線 B 輻射（UV-B radiation）的暴露量增加，嚴重影響地球上各種生物。過度暴露在紫外線 B 輻射之下，罹患皮膚癌，即惡性黑色素瘤（malignant melanoma）、白內障（cataract）的機率會增加，免疫系統也會變弱；植物體內營養物質的新陳代謝也會受到干擾，植物發育受到影響，導致作物生產量下降，就連海洋生物也難逃過一劫。有證據指出，海洋食物鏈中位居最底層的浮游植物產量也因紫外線上升而減少，魚、蝦、蟹，和兩棲動物的早期發育也會受到影響。

　　臭氧是自然界相當稀少的氣體，約有九成位於距離地表 10 至 17 公里的大氣層，並向外延伸達 50 公里左右。此處的大氣層稱為平流層（stratosphere），臭氧所在的位置稱為臭氧層。陽光是最常見的紫外線輻射，臭氧可以吸收紫外線 B 輻射，因此只有一小部分的紫外線 B 輻射能夠抵達地球表面。

　　所謂的臭氧層耗損有三分之一發生在南極春天（9 至 12 月初）時，極冠（polar cap）上方的臭氧層，即所謂的臭氧洞（ozone hole）。氟氯碳化物（chlorofluorocarbons, CFCs）和氫氟碳化合物（hydrofluorocarbons, HFCs）是造成臭氧層耗損的主因，是噴霧劑、冷凍劑、泡沫劑和絕緣產品的材料，也可以作為電子工業的溶劑。這些揮發性的物質進入平流層後，遭受紫外線輻射照射之後便會分解，釋出氯原子，氯原子與臭氧發生反應，造成臭氧的分解及耗損。

　　對氟氯碳化物的警覺意識，導致國際間在 1987 年簽訂《蒙特婁議定書》（*Montreal Protocol*），這個國際條約希望管理臭氧層破壞物質，促進各國減少使用氟氯碳化物，及其他會造成臭氧耗損的化合物。2010 年，共有 190 國簽署《蒙特婁議定書》。根據估計，如果人類不再使用氟氯碳化物，2050 年臭氧可望恢復正常數量。

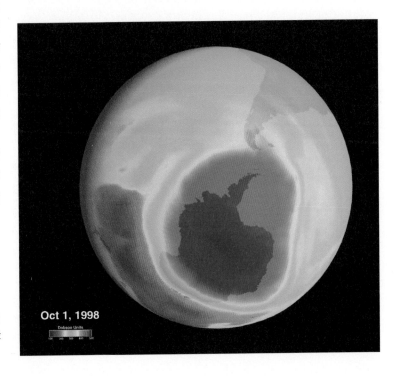

Oct 1, 1998
Dobson Units

美國太空總署於 1998 年 10 月 1 日傳回的衛星圖像，圖中以紫色代表臭氧層的破洞。

參照條目 全球暖化（西元1896年）；食物網（西元1927年）；《寂靜的春天》（西元1962年）；永續發展（西元1972年）；膚色（西元2000年）。

生命分域說

卡爾·林奈（Carl Linnaeus，1707~1778 年）
恩斯特·海克爾（Ernst Haeckel，1834~1919 年）
范尼爾（C. B. van Niel，1897~1985 年）
羅傑·史丹尼爾（Roger Y. Stanier，1916~1982 年）
卡爾·烏斯（Carl Woese，1928~2012 年）
喬治·福克斯（George E. Fox，1945 年生）

　　生物的分類運動起源於 17 世紀，當時歐洲開始出現許多新的動植物。1735 年，分類學領域的先驅卡爾·林奈，發展階級式生物二名分類法，最高階的層級為界（kingdom），包含其下所有更低階層的生物，當時將生物分為兩界：動物界與植物界，然而隨著科學家發現不屬於動植物兩界的單細胞生物。1866 年，恩斯特·海克爾為生物加入第三界：原生生物界（Protista）。

　　1960 年代，羅傑·史丹尼爾和范尼爾根據原核生物和真核生物的的差異，發展四界的分類系統，真核生物的細胞膜外還有一層細胞膜。此外，他們還提出高於界之上的分類階層，稱之為「超級域」（superdomain），或「域」（empire）。原核生物域包含原核生物界（Kingdom Monera），即細菌；而真核生物域包含植物界、動物界和原生動物界。

　　1970 年代之前，所有的分類學說都以生物的外表為分類依據，具解剖構造、形態、胚胎和細胞結構的相似度進行分類。1977 年，伊利諾大學香檳分校的卡爾·烏斯和喬治·福克斯以生物的基因為分類依據，從分子層次出發，為生物進行分類，尤其著重在比較演化過程中會發生變化的核糖體 RNA 次單元核苷酸序列。1990 年，他們根據生物的細胞層次提出三域分類理論，將生物分為：古菌域（Archaea），不同於原核生物，古菌是地球上最古老的生物，能夠適應極端環境（即嗜極端生物，extremophiles）；細菌域（Bacteria）及真核生物域（Eukarya）。真核生物域又分為真菌界（Fungi，即酵母菌、黴菌）、植物界（Plantae，即開花植物、蕨類）和動物界（Animalia，即脊椎動物、無脊椎動物）。近來，原生動物界又被分為好幾個界，生物分類學的最終章至今尚未出現，不同理論將生物分為二至八個界。

世界第三大溫泉，位於美國懷俄明州黃石國家公園的大稜鏡溫泉，這座溫泉能產生彩虹般斑斕色彩，是因為其中含有隸屬於古菌域的嗜熱微生物（thermophile microbes），這種微生物好高溫環境，大稜鏡溫泉中心溫度攝氏 870 度，邊緣溫度攝氏 640 度。

參照條目　原核生物（約西元前39億年）；真核生物（約西元前20億年）；真菌（約西元前14億年）；林奈氏物種分類（西元1735年）；內共生理論（西元1967年）；原生生物的分類（西元2005年）。

嗅覺

理查・艾克賽爾（**Richard Axel**，1946 年生）
琳達・巴克（**Linda B. Buck**，1947 年生）

　　動物利用嗅覺覓食、標記領域、確認自己的後代，並偵測交配對象。嗅覺靈敏的動物之中，獵犬的嗅覺尤其突出。獵犬源自於歐洲，歷史可回溯一千年以上，人類利用獵犬的嗅覺尋找失蹤人口、逃犯，因為如此可靠，獵犬尋找的線索可作為呈堂證供。目前已知獵犬可跟蹤氣味沿途行走 210 公里，這些氣味混合呼吸氣息、汗味和皮膚的味道，且存在時間已經過 300 小時以上。人類可以分別數千種氣味，而獵犬分辨氣味的能力是人類的 1000 倍以上，相比起來，人類的嗅覺算是相對簡單。打獵維生的肉食動物具有最高度發展的嗅覺。

　　獵犬優異的追蹤能力來自嗅器（olfactory organ）。嗅器位於鼻中，具有修飾過的神經細胞，神經細胞表面還有許多細毛。這些細毛含有嗅覺受器（olfactory receptor, OR），突出於鼻腔頂部的上皮（epithelium），浸於黏液之中。嗅覺受器是一種蛋白質，位於嗅覺細胞上，可以偵測空氣中的氣味分子。動物呼吸時，空氣中的氣味分子溶解於黏液中，與嗅覺受器結合，刺激神經脈衝傳導至腦部的嗅球（olfactory bulb），進行氣味解讀。動物鼻腔中散布著能偵測不同氣味分子的嗅覺細胞。

　　1991 年，哥倫比亞大學的琳達・巴克和理查・艾克賽爾以分子層次為基礎，研究實驗鼠嗅覺系統，也因此獲頒 2004 年諾貝爾獎。他們發現一個包含 1000 個基因以上的基因家族（約人類基因數的 3%），每個基因的產物都是數量相等的嗅覺受器，並證明每個嗅覺細胞只含有一個嗅覺受器，僅能辨認幾種特定的氣味。

獵犬嗅覺靈敏，尋找目標不屈不撓，一口氣可追蹤幾十公里。

參照條目　神經系統訊息傳遞（西元1791年）；神經元學說（西元1891年）；動作電位（西元1939年）；費洛蒙（西元1959年）。

瘦素

道格拉斯‧科爾曼（Douglas L. Coleman，1931 年生）
魯道夫‧萊貝爾（Rudolph L. Leibel，1942 年生）
傑弗瑞‧弗理德曼（Jeffrey M. Friedman，1954 年生）

　　1950 年，位於緬因州巴哈伯的傑克森實驗室裡，實驗鼠族群中偶然會出現因為突變而變得肥胖的實驗鼠，胃口奇大無比，這些實驗鼠具有「ob」基因突變。1960 年代，道格拉斯‧科爾曼發現具有糖尿病基因突變（db）和肥胖基因（ob）突變的實驗鼠。1992 年，經過繁殖和測試，柯爾曼和共同合作的魯道夫‧萊貝爾發表結果，表示他們已經製造出具有肥胖突變基因的實驗鼠，和糖尿病突變基因的實驗鼠，前者缺乏一種能夠調節食物攝取和體重的荷爾蒙；後者具有這種荷爾蒙，但缺乏能偵測荷爾蒙訊號的受器。

　　1994 年，在洛克斐勒大學工作的萊貝爾和傑弗瑞‧弗理德曼發現能夠抑制食物攝取和體重增加的荷爾蒙，稱之為「瘦素」（leptin）。具有肥胖突變基因的實驗鼠無法產生具有正常功能的瘦素。瘦素是一種蛋白質，含有 167 個胺基酸，主要由脂肪細胞產生，作用位置為下視丘，具有多功能的效用。瘦素可以阻擋腸道細胞和下視丘細胞，因為受到進食刺激而分泌的神經胜肽 Y（neuropeptide Y, NPY）。在此之前，科學界發現神經胜肽 Y 是調控食慾的重要關鍵，小量的神經胜肽 Y 就能促進食慾，阻擋神經胜肽 Y 的神經傳導可導致喪失食慾。此外，瘦素還能促進 α —促黑素細胞激素（alpha-melanocyte stimulating hormone, MSH）的合成，這種由腦部產生蛋白質激素可能有抑制食慾的功用（然而科學界對這種激素與皮膚色素的關係較為了解）。

　　據信，瘦素和身體適應飢餓的機制有關。在正常的生理狀況下，當身體的脂肪量減少，細胞質中的瘦素也會減少，因而刺激進食、減少能量消耗，直到身體的脂肪儲存量恢復正常。

　　科學界對瘦素懷抱著希望，認為這可能是幫助肥胖人士減重的關鍵答案。人體試驗的結果顯示，以規律間隔的時間提供大量瘦素，只帶來輕微的減重效果。因為瘦素是一種蛋白質，必須透過注射進入人體，若以口服的方式使用，其活性會受到胃部酵素的抑制，目前相關的研究仍持續進行中。

日本版畫大師歌川國芳（Utagawa Kuniyoshi，1797~1861 年）曾有一系列以相撲選手為題作品。相撲選手沒有體重上限，史上最重的相撲選手體重有 225 公斤。

參照條目　人類消化系統（西元1833年）；節儉基因假說（西元1962年）；下視丘；腦垂體軸（西元1968年）。

膚色 |

　　皮膚是身體最大的器官，重量約有 13 公斤，是人體與外界接觸的第一線。膚色一直是造成文化區分的要素。我們通常只注意皮膚的顏色，然而皮膚具有許多重要的功能，除了保護人體免受機械性傷害之外，還能幫助人體調節水分和體溫、儲存脂肪，並產生荷爾蒙和維生素 D3。

　　黑色素（melanin）是決定膚色的主要因子，此外，毛髮和虹膜中也含有黑色素。黑色素由位於表皮（epidermis）底部的黑色素細胞（melanocyte）所產生，一旦接觸到紫外線輻射，黑色素的產量會增加，造成膚色變成棕褐色，長久以來我們一直認為深色的膚色可以保護身體，對抗有害的太陽紫外輻射。

　　2000 年，當時任職於舊金山加州學術研究院的人類學家妮娜・亞布隆斯基和其夫婿喬治・查普林提出論點，認為膚色是人類在超過千年的遷徙過程中，為適應不同程度的紫外輻射所產生的演化適應。他們分析 1978 年美國太空總署臭氧總量分光計（Total Ozone Spectrometer）測量全球 50 餘國紫外輻射的資料，加以分析後提出理論。距離赤道越遠，紫外輻射的程度就越弱，他們發現紫外輻射越弱的地方，人民膚色就越淡。

　　最早期的人類擁有深色毛髮，覆蓋在膚色較淡的皮膚上。大約 120 萬年前，人類離開東非，移動到靠近赤道的地區，此時不需要覆蓋身體的毛髮，膚色也變得較深。亞布隆斯基和查普林提出假說，認為人類遷徙的過程中，因為多餘的紫外線輻射會造成傷害，但人體也需要適量的紫外線來合成維生素 D3，所以膚色也隨之改變，在兩者間取得平衡。維生素 D3 是使血液中維持足量鈣和磷的必須因子，可以促進骨骼生長，也是健康的生殖系統發育所需。

暴露在太陽的紫外線輻射下，膚色會變成棕褐色。隨著世代傳遞，社會對棕褐色膚色的渴望錯綜複雜。對於膚色較淡的人而言，深膚色彷彿是一種時尚的象徵，然而這也必須冒著皮膚炎和皮膚提早衰老的風險。

參照條目　晚期智人（約西元前20萬年）；臭氧層損耗（西元1987年）。

人類基因體計畫

湯瑪士・摩根（**Thomas Hunt Morgan**，**1866~1945** 年）
阿弗雷德・史特曼（**Alfred H. Sturtevant**，**1891~1970** 年）
法蘭西斯・克里克（**Francis Crick**，**1916~2004** 年）
弗德瑞克・桑格（**Frederick Sanger**，**1918~2013** 年）
詹姆士・華生（**James D. Watson**，**1928** 年生）

　　過去人類史上進行過的最大型生物計畫，就是登陸月球。到了 1980 年代末期，最大型生物計畫轉向製作人類的基因體圖譜，2003 年 99% 的人類基因體圖譜已經完成。人類基因體計畫（Human Genome Project, HGP）的目的在於找出人類疾病（例如癌症）的遺傳基礎，並確定那些遺傳變異會導致某些人特別容易罹患某些疾病。從遺傳的角度了解這些疾病，讓我們有機會發展出專一性更高的生物藥劑。2013 年，科學界已經發現 1800 個與疾病相關的基因，臨床實驗上也已經發展出 350 種生物科技產品。

　　美國能源部和美國國家健康研究院共同出資贊助人類基因體計畫。1990 年，人類基因體計畫啟動，是一項國際間共同合作的研究，期望在 15 年內完成任務。2003 年，計畫進度超前兩年，將人類基因體幾乎全部定序完成，花費近 38 億美元；2006 年，最後一個人類染色體的定序結果也公諸於世。人類共有 23 對染色體，其中 22 對與性別無關。人類約有 2 萬至 2 萬 5000 個基因（與老鼠的基因總數相當），共有 33 億個鹼基對（果蠅有 1 萬 3767 個基因）。所有生物的 DNA 都由相同的四個鹼基組成，生物依鹼基排列的順序發展成人、果蠅或植物。

　　果蠅的基因體計畫大約在 100 年前就已經啟動。1911 年，在哥倫比亞大學湯瑪士・摩根的指導下，阿弗雷德・史特曼博士論文以黑腹果蠅為研究材料，發表史上第一個基因體圖譜。1953 年，詹姆士・華生和法蘭西斯・克里克發現 DNA 的雙股螺旋結構，並確認四個鹼基分別是腺嘌呤（adenine, A）、胸嘧啶（thymine, T）、鳥嘌呤（guanine, G）和胞嘧啶（cyosine, C）。1975 年，弗德瑞克・桑格發展出 DNA 定序的技術。摩根、華生、克里克和桑格，同為諾貝爾獎桂冠得主。

此圖可見紫外線雷射光束，穿透測量 DNA 所用的分光管（cuvette）。

参照條目　去氧核糖核酸（DNA）（西元1869年）；染色體上的基因（西元1910年）；DNA攜帶遺傳資訊（西元1944年）；雙股螺旋（西元1953年）；生物資訊學（西元1977年）；基因體學（西元1986年）；人類微生物體計畫（西元2012年）。

原生生物的分類

恩斯特・海克爾（Ernst Haeckel，1834~1919 年）
羅伯特・懷塔克（Robert H. Whittaker，1920~1980 年）

　　生物學家是分類專家，然而累積超過兩個世紀的經驗，原生生物的分類依然變動不已。根據古代的分類方式，所有生物只分為植物和動物兩類，1866 年加入恩斯特・海克爾所稱的單細胞生物——原生生物，從名稱可知這是一群非常原始的生物。1959 年，美國植物生態學家羅伯特・懷塔克提出生物五界說，後來又改為四界，原生生物界（Protista）乃是其中之一。

　　直到最近，原生生物才被納入真核生物域的四界之一。真核生物域的細胞核及胞器外都具有一層膜。根據真核生物細胞的超微結構（ultrastructure，即胞器）、生物化學和遺傳背景，動物、植物和真菌界各為單系群（monophyletic）。所謂單系群則指源自於同一個祖先的後代生物。

　　原生生物種類超過20萬種，生存在時而有水的環境，或生存在水中。原生生物通常為單細胞生物，形狀大小各異，繁殖方式、運動方式以及獲取營養的方式也不盡相同。然而，根據 DNA 和超微結構的研究分析結果，原生生物的多元性超乎以往的認定，有些原生生物和其他界生物的親緣關係甚至還比較相近。原生生物並不是單系群生物，而是多系群生物（polyphyletic），且原生生物界也並非是一個真正的分類單位，只是將不屬於動物、植物和真菌的生物歸入原生生物界。儘管如此，為了方便，這些生物依然被稱為原生生物。

　　2005 年，加拿大戴爾豪斯大學的生物學家席那・艾德爾提出新的分類理論，試圖找出原生生物之間的關聯性，並把所有原生生物歸為第五個超級分類群，其下再根據運動方式即獲取營養的方式加以分類。此外，他還提出一個更簡單、更清楚的原生生物分類方式：具有移動能力，會主動攝食者歸為原生動物（Protozoa）；藻類或生活形式類似植物，以光合作用生產自己的食物者歸為一類；如真菌般消化環境中食物者歸為另一類。

墨西哥瓜特賽內加（Cuatro Cienegas）的疊層石（stromatolite）礁岸。疊層石是世界上最古老的化石，由原核生物藍細菌（cyanobacteria，即過去所謂的藍綠藻）和原生動物的遺骸層層堆疊而成。在科學界揭開疊層石的來源之前，這種岩石被稱為「活石」（living rock）。

參照條目 真核生物（約西元前20億年）；雷文霍克的顯微世界（西元1674年）；林奈氏物種分類（西元1735年）；光合作用（西元1845年）；內共生理論（西元1967年）；生命分域說（西元1990年）。

誘導性多功能幹細胞

詹姆士・湯姆森（**James Thomson**，1958 年生）
山中伸彌（**Shinya Yamanaka**，1962 年生）

　　近年來不只在科學界，就連大眾社會也對幹細胞產生高度興趣，不僅因為幹細胞在組織和器官移植上表現出來的醫療潛力，還因為幹細胞為糖尿病、阿茲海默症和帕金森氏症的治療帶來希望。不過，利用幹細胞必須破壞人類胚胎，同時還帶來複製人的可能性，都引起道德倫理和政治上的爭議，企圖阻止這類的研究繼續發展。科學界冀望誘導性多功能幹細胞（induced pluripotent stem cell, iPS）的成功發展可以維持幹細胞的好處，同時又能稍微消彌批評聲浪。

　　哺乳類胚胎發產出胚囊（blastocyst stage）之後幾天，幹細胞就開始出現，有如哺乳類動物的囊胚期（blastula stage）。胚胎幹細胞是一團未分化的細胞，可以藉著分裂產生更多幹細胞。幹細胞可以分化成三種細胞體系的細胞或胚層（外胚層、中胚層、內胚層），並形成各種特化的細胞。此外，成人體內也有幹細胞，主要由骨髓或臍帶血產生，可以藉以修復成人體內的細胞或組織。

　　1998 年，威斯康辛大學麥迪遜分校的詹姆士・湯姆森成功分離人類的胚胎幹細胞，因為事關人類，是一項相當成功又備受爭議的科學成就。2006 年，日本東京大學的山中伸彌克服許多困難，利用成鼠的纖維母細胞（fibroblast）成功製造出誘導性多功能幹細胞。2007 年，伸彌更進一步利用成人的皮細胞，製造出誘導性多功能幹細胞，同年稍後，湯姆森也成功重複這個實驗。過程中，皮膚細胞中加入許多轉錄因子（transcription factor）。DNA 上的遺傳資訊轉錄為傳訊 RNA（mRNA）的過程中，許多轉錄因子這些蛋白質進行調控。伸彌也因此成為 2012 年諾貝爾獎共同獲獎人。

　　早期科學界對使用誘導性多功能幹細胞來完成醫療任務的熱情，也隨時間逐漸平息，畢竟胚胎幹細胞和誘導性多功能幹細胞還是有所差異，且誘導性多功能幹細胞有引發癌症的風險。至今，美國尚未同意以誘導性多功能幹細胞進行臨床研究。

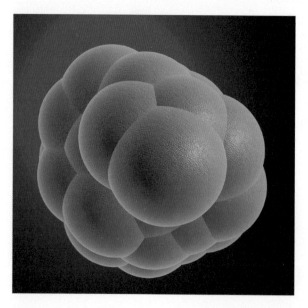

誘導性多功能幹細胞，重新編成的成人細胞。可作為疾病研究的模型，也有治療阿茲海默症、脊椎損傷、糖尿病、燒傷和骨關節炎的醫療潛力。

參照
條目　胚層說（西元1828年）；海拉細胞的不死傳奇（西元1951年）；選殖（細胞核轉移）（西元1952年）。

病毒突變和流行病

1918 至 1919 年，全世界有五億人感染流行性感冒，相當於全世界 1/5 人口，據說只有 2000 萬至 1 億人活下來；光在美國就奪走 67 萬 5000 人，是第一次世界大戰傷亡總人數的十倍之多。70 年後，造成西班牙流感的相同病毒株（H1N1）引發豬流感（swine flu），影響全球近 20% 的人口，在 2009 至 2010 年間，造成 20 至 30 萬人死亡。這種厲害的 H1N1 病毒株，和引發季節性流感的病毒並不相同。

病毒和生物關係緊密，包括人類在內，因為病毒只能在寄主的細胞中繁殖。病毒附著在寄主細胞表面上的蛋白質，將其遺傳物質（DNA 或 RNA）注入寄主細胞中，佔用寄主細胞的機制，使寄主製造更多病毒，之後才轉移至其他寄主細胞。為了避免感染相同的病毒株，寄主會產生免疫反應，製造抗體，避免相同的病毒再次附著於細胞表面。為了生存，病毒必須突變，改變其表面蛋白質的構形，才能躲過寄主免疫系統的反擊。寄主體內因未曾感染病毒而產生的抗體，無法對付突變過後的新病毒株，因此每一季都需要製造新的流感疫苗。

DNA 病毒，例如天花，在複製 DNA 前須經過詳細的檢查過程，因此突變速度較慢；相反的，流感病毒這類的 RNA 病毒，遺傳物質進行複製時不需冗長的校對工作，所以突變速率非常快，寄主免疫系統無法跟上病毒日新月異的突變腳步。

流感病毒可結合來自禽流感、豬流感和人類流感。飼養在圍欄內的豬隻一旦感染來自禽類或人類的流感病毒，很快就能將病毒傳染給豬圈內的同伴。豬體內雖含有突變過後的流感病毒，但豬隻本身並未感染流感。突變過後的病毒株，例如 H1N1 西班牙流感病毒和豬流感病毒，和之前的病毒株大不相同，因此人類的免疫系統無法發揮功用，對這些病毒毫無抵抗能力。

這張照片攝於 1918 年，一位護士正從消防栓中取水，她戴著面罩以免感染 1918 至 1919 年肆虐各地的西班牙流感。

參照條目 後天性免疫（西元1897年）；病毒（西元1898年）；DNA攜帶遺傳資訊（西元1944年）。

墨西哥灣漏油事故

　　2010 年 4 至 7 月，發生史上最嚴重的海洋漏油事件，英國 BP 石油公司的深地平線鑽油平臺爆炸，並沉入海底，造成 11 名工人死亡。事故發生的 87 天期間，共有 2 億 1000 萬加侖的石油散入墨西哥灣，使路易斯安那州、密西西比州、阿拉巴馬州和佛羅里達州灣岸地區經歷一場生態和經濟浩劫，居民和清油工人的生活也大受影響。2013 年，此次事故的判決出爐，BP 石油公司在刑事和民事上的總賠償金額將高達 420 億美元。

　　漏出的石油含 40% 的甲烷，無氧的海水恐造成海洋生物窒息而死，形成「死亡區」。清理漏油的方式包括物理性方法（撈油船、浮柵欄油、控制燃燒）、化學性的清潔劑，以及利用微生物。有些方法對情況有益，有些方法則會使情況加劇。Corexit 這種石油分散劑含有致癌因子，對浮游植物、珊瑚、牡蠣和蝦類具有毒性。造成蝦、蟹和魚類發生突變，刺激人類呼吸道和皮膚，並引發精神健康的問題，也會傷害清油工人和當地居民的肝臟及腎臟。石油分散劑會使石油下沉得更，更深入海灘之中。2012 年一項研究估計，Corexit 石油分散劑的毒性比石油高 52 倍。相反的，透過吃油的海洋螺菌（Oceanospirillale）來除油，效率極高。這種存在於自然界的細菌在墨西哥灣已經演化數百萬年，可以清除自然泄漏的石油。科學家擔心海洋螺菌也會造成對影響海洋動植物的死亡區，不過這種情況目前尚未發生。

　　1989 年 3 月，愛克森瓦拉茲（Exxon Valdez）號油輪擱淺於阿拉斯加威廉王子灣（Prince William Sound），漏油量高達 1000 萬加侖，影響海岸線達 2000 多公里。動物的皮毛或羽毛一旦沾上石油會喪失隔熱能力，導致生物失溫而死。最嚴重的生物包括海獺（死亡數量 1000 至 2800 隻）、港灣海豹（死亡數量 300 隻）、海鳥（死亡數量 10 至 25 萬隻）以及白頭海鵰（死亡數量 247 隻）。據估計，環境復原至少需要 30 年。

漏油事故導致海洋出現死亡區，缺氧的水域使海洋生物窒息而死，還會造成嚴重的生態及經濟浩劫，使昔日的觀光海灘乏人問津。

參照條目　人口成長與食物供給（西元1798年）；生態交互作用（西元1859年）；族群生態學（西元1925年）；生物能註冊專利嗎？（西元1980年）。

轉譯醫學 |

　　科學研究可分為基礎科學或應用科學。學術機構或研究機構通常進行基礎科學的研究，這種研究偏向理論式的研究，著眼於長遠處。只要有重大發現，回饋便是登上著名的期刊，提升學術地位，受到科學界的盛讚。進行基礎研究的科學家經常未將焦點集中在應用層面，且基礎科學的研究領域經常具有高度的專業性。相反的，商業實驗室（生物科技、藥學、農業、化學）的研究人員研究目標非常多元，著眼於短期的成功，注重產品的商業價值和實用價值。

　　然而，如今基礎科學與應用科學間的界線越來越模糊。基礎科學研究不再僅侷限於理論，隨著科學界對人類和微生物的分子結構和生化性質越來越了解，針對特殊疾病的新型藥物也隨之發展，也能夠校正人類的基因缺陷。當進行基礎科學研究的學術界科學家受到商業公司的贊助，合約通常會載明對於科學家的任何發現，贊助商擁有優先的專利申請權。此外，許多追求進步、創新的生物醫藥、化學和電子公司甚至鼓勵旗下的科學家進行基礎研究，即便這樣的研究不會帶來立即的商業價值。

　　近年來，歐洲和美國政府越來越重視轉譯研究，即將基礎科學實驗室的發現直接應用在對人體健康或社會有利的層面，生物醫學的領域尤其如此。2011 年 12 月，美國國家健康研究院建立國家轉譯科學促進中心（National Center for Adcancing Translational Sciences），打著「從實驗桌邊到床邊，在從床邊到實驗桌邊」（bench to bedside and back）的口號，轉譯醫學意圖將基礎研究（例如基因體學、轉基因模式動物、結構生物學、生物化學和分子生物學）的發現應用到臨床研究，若是成功了，可作為臨床醫學的實用基礎。

荷蘭藝術家揚‧斯特恩（Jan Steen，約 1625~1679 年）所繪的《生病的女人》（*The Sick Woman*），19 世紀之前能夠治病的有效藥物非常少，多數治療只能依賴醫生開的安慰劑。

參照條目 科學方法（西元1620年）；血壓（西元1733年）；病菌說（西元1890年）；組織培養（西元1902年）；抗生素（西元1928年）；選殖（細胞核轉移）（西元1952年）；單株抗體（西元1975年）；生物資訊學（西元1977年）；基因體學（西元1986年）。

米中的白蛋白

白蛋白（Albumin）是哺乳類動物體內最豐富的血漿蛋白（plasma protein），佔人類體內血漿蛋白的 50 至 55%。白蛋白由肝臟製造，負責攜帶血液中的荷爾蒙、消化脂肪和吸收膽汁的鹽類、膽紅素（bilirubin）和凝血蛋白。白蛋白最重要的功能便是藉著將水分留在循環系統中，尤其是微血管中，來維持血液量；在醫療上，白蛋白作為血漿擴張劑（plasma expander），用來治療失血過多和嚴重燒傷造成的休克，在戰地也可以用來穩定傷患的狀況，等待全血（whole blood）抵達，因血氧濃度供應不正常而造成的休克，會產生不可逆的後果；白蛋白也可應用在藥物和疫苗的生產上。

從人體血漿中可以萃取出人體血清白蛋白（human serum albumin, HSA），然而全世界每年約需要的 50 萬公斤的白蛋白，自然資源遠不敷使用。利用人工合成的方法，或在實驗室製造白蛋白，一直遭遇重重困難。近來科學界開始利用遺傳工程來製造人類血清白蛋白，然而現今面臨的挑戰是如何發展一種高產量低成本的系統，且能將引發人類過敏反應的風險降至最低。過去曾以馬鈴薯植株和菸草葉片最為生產系統，因為產量過低，未能滿足人類的需求。

2005 年，稻米的基因體完全解序。2011 年，中國武漢大學楊代常及其研究團隊發表報告，他們成功利用細菌（農桿菌）將產生人類血清白蛋白的基因插入稻米（Oryza sativa）基因體中，使稻米產生人類血清白蛋白。在稻米產生種子的過程中，活化產生人類血清白蛋白的基因，導致人類血清白蛋

白隨著滋養植物胚胎發芽時所需的營養物質，一起儲存在穀粒中。將稻米產生的人類血清白蛋白與人類體內的血清蛋白比較，兩者結構一模一樣，585 個胺基酸序列和蛋白質的立體構形皆相同，也和鼠的血清白蛋白具有相同的生物性質。一公斤糙米（brown rice）大約可以產生 2.8 克的人類血清白蛋白，是一種高產量低成本的生產系統，可以源源不絕的供應人類血清白蛋白。

泰國清邁的綠色梯田。

 參照條目　稻米栽培（約西元前7000年）；血液凝結（西元1905年）；生物科技（西元1919年）；基因改造作物（西元1982年）。

人類微生物體計畫

約書亞・列德伯格（**Joshua Lederberg，1925~2008 年**）

　　2001 年，約書亞・列德伯格創造「微生物體」（microbiome）一詞，意指人體內外所有的微生物及相關的遺傳物質。2012 年，「人類微生物體計畫」（Human Microbiome Project, HMP）的研究結果發現，截至目前為止，人體數量最多的並非是自身細胞，反倒是微生物細胞。人體所含的微生物細胞，數量比人體自身的細胞還多出 10 倍，佔據人體質量 1 至 3%，重量約 0.9 至 2.7 公斤。此外，人體共有 2 萬 2000 個基因，然而人體所含的細菌基因約 800 萬個，超過自身基因的 360 倍。

　　2006 年，人類的基因體計畫完成，人類基因體完全解序，是科學家能夠根據這個結果來分辨人類和微生物的基因。2008 年，美國國家健康研究院啟動人類微生物體計畫，預計以五年時間研究健康人體的微生物族群，藉此建立參考資料庫，了解微生物族群的變動或差異是否與個體罹患疾病有關。科學家發現人體內外約有一萬種微生物——主要是細菌，也含有原生動物、酵母菌和病毒——並在 2012 年 6 月鑑定人體內外 81 至 99% 的微生物。人體微生物最多的地方在皮膚、生殖器官、口，腸道的微生物族群尤其豐富。說來不意外，人體特定部位會有相似的微生物相。人體的微生物組成會隨著時間而改變，也會受到疾病和藥物的影響，抗生素的影響尤其大。

　　早期，要鑑定微生物非常耗時勞力，必須先將它們分離出來，生長在培養基上。人類微生物體計畫利用 DNA 定序機及電腦軟體分析細菌獨有的 16S rRNA 序列，再以譜系研究來進行微生物的分類和鑑定。

　　長久以來，我們認為人體健康和微生物無關，微生物只會引起感染性疾病。現在我們知道人類消化和吸收營養物質的過程中，微生物扮演重要的角色，除了負責合成某些維生素和天然的抗發炎物質以外，還負責藥物和其他外來化學物質的新陳代謝。

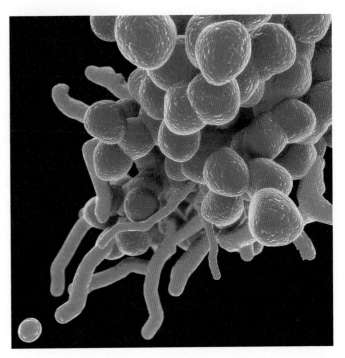

紫色圓球狀是腸球菌（enterococci），是人類和動物腸道內常見的細菌，但也常在醫院裡引起嚴重感染。目前最令人擔心的是，腸球菌恐怕已經對多種抗生素產生抗性。

參照條目 生態交互作用（西元1859年）；益生菌（西元1907年）；抗生素（西元1928年）；基因體學（西元1986年）；人類基因體計畫（西元2003年）。

表觀遺傳學

尚一巴蒂斯・拉馬克（**Jean-Baptiste Lamark**，1744~1829 年）

　　兩個世紀前，尚一巴蒂斯・拉馬克提出理論，認為環境因素會影響個體特徵，受影響的特徵甚至可能遺傳給後代。終其一生，他的理論都受到強烈抨擊，然而現在，根據動物和人類的研究結果，科學家開始產生不一樣的想法。

　　第二次世界大戰冬季飢荒（World War II Hongerwinter）結束至今近 60 年，倖存者體內有許多不正常的甲基化（methylaiton）現象，導致與許多疾病相關的基因因而開啟或關閉。荷蘭的冬季飢荒始於 1944 年，當時食物供給量遽降，人民進食量不足每日建議進食量的 1/4。這樣的狀況持續到 1945 年 5 月荷蘭解放運動之後，有 1 萬 8000 至 2 萬 2000 人餓死。這段期間出生的胎兒和飢荒前後出生的手足相比，顯得身形嬌小，體重過輕，罹患肥胖、心臟病、糖尿病和高血壓的機率也特別高。1968 至 1970 年間奈及利亞比夫拉飢荒（Biafra famine）期間出生的胎兒也有類似的狀況。中國大饑荒期間（1958~1961 年），出生後無法吸吮母乳的胎兒，罹患精神分裂症（schizophrenia）的機率也較高。

　　個體的特徵由基因（即 DNA 所攜帶的遺傳資訊）決定。DNA 指揮蛋白質和 RNA 分子的合成，經過轉譯後使細胞開始生產蛋白質，這個過程連結遺傳組成和外觀特徵。表觀遺傳學（epigenetics）指的是 DNA 序列以外的所有基因改變。表觀遺傳學所指的改變通常包含 DNA 的甲基化，加入甲基（— CH3）的 DNA 猶如做了記號，且將遺傳訊息轉錄為 RNA 的能力也會受到干擾。有些癌細胞中也可見到這些表觀記號。

　　2012 年，安德魯・芬伯格發現雌工蜂體內有不同的 DNA 甲基化方式。蜂巢中的工蜂彼此具有一模一樣的遺傳組成，卻有著不同的行為模式。有些工蜂留在巢中負責照顧蜂后，一旦成熟之後便離開蜂巢，在外尋找花粉。內勤蜂和外勤蜂的 DNA 有不同的甲基化方式。如果移除巢內的內勤蜂，外勤蜂會取代內勤蜂的角色，DNA 甲基化的方式也會變得跟內勤蜂依樣。因此，表觀記號具有可逆性，而且跟行為有關。

內勤蜂與外勤蜂雖然具有相同遺傳組成，然而 DNA 甲基化的方式不同，因此行為有可能改變基因表現的方式。

參照條目 拉馬克的遺傳學說（西元1809年）；孟德爾遺傳學（西元1866年）；重新發現遺傳學（西元1900年）；染色體上的基因（西元1910年）；DNA攜帶遺傳資訊（西元1944年）。

美洲栗疫病

　　1900 年，世界上約有 400 億棵美洲栗（American chestnut tree），佔北美硬木總量的 1/4，也是美國東部森林裡最高大雄偉的樹種。美洲栗生長超過 15 公尺後才會分枝，木材堅實筆直又抗腐，是家具製造商眼中的上等木材。1904 年，感染真菌的日本栗苗木隨著船隻抵達美洲，無意間將這種病害傳染給美洲栗，使美洲栗大量死亡。到了 1950 年，美洲栗幾乎全數死亡，成為這種真菌疫病的受害者。

　　栗疫病菌（Cryphonectria parasitica）是一種真菌，藉由樹皮上的傷口或隨樹齡增生的裂口進入植物體內，在樹皮下方環繞樹皮生長，造成癌腫（Canker），並釋放草酸（oxalic acid），加速樹木死亡。2013 年，科學界以兩種方法試圖增加美洲栗對栗疫病的抵抗能力：培育雜交栗，以及近期出現的基因改造栗。

　　自 1940 年起，美洲栗基金會便試著使美洲栗與對能抗真菌的中國栗雜交。遭受真菌攻擊時，中國栗的遺傳組成使其可以在真菌釋放足量的草酸之前，就在真菌外圍形成防堵構造；美洲栗也有相似的回應機制，但速度太慢，來不及救自己一命。美洲栗基金會的目標是培育出具有美洲栗各種特色：木材堅實、抗寒抗旱、喜生長於緬因州至路易斯安那州地區，同時又能抵抗真菌的新品種。

　　森林生物科技學家威廉・鮑威爾和來自紐約州立大學環境科學院的查爾斯・梅納德正從遺傳學的角度尋找對策。他們正在試驗一種基因改造栗樹，這種基改栗樹具有來自小麥，可抑制草酸活性的基因，能阻止真菌奪走栗樹的性命。跟其他基改植物一樣，這種基改栗樹必須在隔離的實驗田中生長，以免使其他樹木授粉。這項做法是否成功，還需要好幾年的時間來評估。

一個世紀之前，美洲栗是美國東北部最常見、最有價值的硬木。50 年後，經過栗疫病的肆虐，倖存無幾，至今依然如此。

參照條目　真菌（約西元前14億年）；陸生植物（約西元前4.5億年）；裸子植物（約西元前3億年）；人工選殖（選拔育種）（西元1760年）；生物科技（西元1919年）；基因改造作物（西元1982年）。

重生行動

喬治・居維葉（Georges Cuvier，1769~1832 年）

　　滅絕代表一個物種演化之路走到終點，最後的個體死亡之時。1796 年，法國自然學家喬治・居維葉提出極具說服力的證據，證實物種的確會滅絕，根據估計，地球上出現過的物種，超過 99% 都已滅絕。化石證據證實過去五億年間，曾經發生過五起重大的滅絕事件，最近一次發生在 6500 萬年前的白堊紀，造成半數的海洋生物及許多陸生動植物消失在地球上，據信這起滅絕事件的起因是一顆小行星或彗星衝擊地球。靠近現代，物種滅絕乃是由氣候變遷、遺傳因素、棲地破壞和汙染等因素引起，其他因素還包括過度狩獵、捕撈，入侵種的引入和疾病。

　　近代滅絕的物種包括長毛象（wolly mammoth，滅絕於 3000 至 1 萬年前）、旅鴿（passenger piegon，滅絕於 1914 年）、袋狼（Tasmania tiger，滅絕於 1930 年）和西班牙羱羊（Pyrenean 或 Spain ibex，滅絕於 2000 年）。不過，並非所有的科學家都認為滅絕是「永遠的」，有許多積極的運動企圖讓已滅絕的動植物重生（de-extinction）。複製是最常被提出的方法，如約翰・布洛斯南的《重返侏儸紀》（*Carnosaur*，1984 年）及麥可・克萊頓的《侏儸紀公園》（*Jurassic Park*，1990 年）。在物種重生的過程中，必須從已滅絕未超過數千年的物種遺骸中抽取可用的 DNA（並非如小說中所述，可從已滅絕幾百萬年的物種遺骸中抽取 DNA），在新寄主體內重新復育。

　　目前為止，物種的重生行動成功程度相當有限。2003 年，西班言科學家將史上最後一頭西班牙羱羊以冰存三年的冰凍組織，移植到山羊體內，然後這項做法未能成功。2009 年，一頭複製的西班牙羱羊誕生，但七分鐘後就因呼吸疾病而死。2013 年，科學界又重新燃起對物種重生的熱忱，由俄羅斯和南韓科學家企圖展開一項幾經討論、備受爭議的實驗，利用在西伯利亞發現長毛象冰存完好的遺骸進行複製。

此圖為英國自然學家理查・里德克（Richard Lydekker，1849~1983 年），1989 年著作《各地的野牛、野綿羊和野山羊：生存與滅絕》（*Wild Oxen, Sheep & Goats of All Lands: Living and Extinct*）書中的西班牙羱羊插畫。

参照條目　泥盆紀（約西元前4.17億年）；恐龍（約西元前2.3億年）；古生物學（西元1796年）；入侵種（西元1859年）；活化石：腔棘魚（西元1938年）；選殖（細胞核轉移）（西元1952年）；《寂靜的春天》（西元1962年）；斷續平衡（西元1972年）；聚合酶鏈鎖反應（西元1983年）。

西元 **2013** 年

最古老的 DNA 和人類演化

斯萬特・帕博（**Svante Pääbo**，**1955** 年生）

2013 年 12 月，科學界發現世界上最古老的人類發展遺跡，許多有關人類演化的問題繼之而來。在西班牙北部的地下洞穴「骨穴」（pit of bones）中，科學家發現一塊大腿骨化石，隨後又發現 28 具近乎完整的人類骨骸，是 1970 年代後的最新發現。來自德國來比錫馬克斯普朗克協會的馬賽亞斯・梅爾和同事，從粉狀的大腿骨化石中抽取歷史有 40 萬年的粒線體 DNA，足足比當時最古老的人類 DNA 樣本多 30 萬年。

經過初步檢驗，這塊大腿骨遺骸的結構近似尼安德人，但 DNA 證據顯示其親緣關係與丹尼索瓦人（Denisovan）更為接近，過去丹尼索瓦人的 DNA 樣本來自距離西班牙東方 5600 公里的西伯利亞，歷史有八萬年。這項發現挑戰過去根據化石遺址和 DNA 分析，所建構出來的人類發展故事。過去一般認為，現代人、尼安德人和丹尼索瓦人的共祖，出現在 50 萬年前的非洲。共祖離開非洲之後，在 30 萬年前分化為尼安德人和丹尼索瓦人。尼安德人往西行進，前往歐洲；丹尼索瓦人則往東行進；而現代人的祖先則留在非洲，發展為智人（Homo sapiens），並在六萬年前左右開始往歐洲和亞洲移動，與尼安德人及丹尼索瓦人混種繁殖，尼安德人及丹尼索瓦人隨後滅絕。然而，新的 DNA 證據引發一個問題：丹尼索瓦人的化石怎麼會出現在西班牙？

科學家能夠獲得新的 DNA 分析結果，全都拜萃取古老 DNA 技術日新月異所賜。當物種死亡，DNA 為分解成小碎片，隨著時間與周遭其他物種的 DNA 相混，尤其是土壤中的細菌。1997 年，瑞典生物學家，專攻演化遺傳學的斯萬特・帕博，當時也在馬克斯普朗克協會工作，他發展出一種萃取 DNA 的新技術，並以這項技術在 2010 年完成尼安德人的基因體定序，以及上述西班牙大腿骨的分析。這般先進的技術發展，很可能改寫人類的歷史。

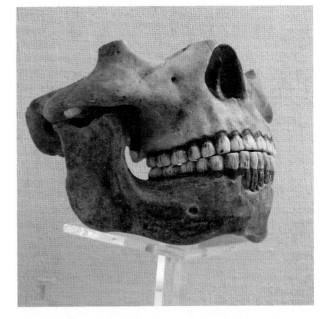

此圖為海德堡人（Homo heidelbergensis）的下頜骨，海德堡人過去曾出沒於歐洲、非洲和西亞，生存時間約為 130 萬年前。海德堡人是第一種生存在寒冷氣候區的人種，可能也是第一種有埋葬死者習慣的人種。

參照條目 尼安德人（約西元前35萬年）；晚期智人（約西元前20萬年）；露西（西元1974年）；基因體學（西元1986年）；粒線體夏娃（西元1987年）；人類基因體計畫（西元2003年）。

科學人文 ⑤⑦
生物之書
The Biology Book: From the Origin of Life to Epigenetics, 250 Milestones in the History of Biology

作　者——麥可·傑拉德（Michael C. Gerald）、葛羅莉亞·傑拉德（Gloria E. Gerald）
譯　者——陸維濃
副 主 編——陳怡慈
執行編輯——張啟淵
美術設計——三人制創

董 事 長——趙政岷
出 版 者——時報文化出版企業股份有限公司
　　　　　一〇八〇一九臺北市和平西路三段二四〇號四樓
　　　　　發行專線—（〇二）二三〇六—六八四二
　　　　　讀者服務專線—〇八〇〇—二三一—七〇五
　　　　　　　　　　（〇二）二三〇四—七一〇三
　　　　　讀者服務傳真—（〇二）二三〇四—六八五八
　　　　　郵撥——一九三四—四七二四時報文化出版公司
　　　　　信箱——一〇八九九臺北華江橋郵局第九九信箱
時報悅讀網——http://www.readingtimes.com.tw
法律顧問——理律法律事務所 陳長文律師、李念祖律師
印　　刷——勁達印刷有限公司
初版一刷——二〇一六年十一月十八日
初版二刷——二〇二二年三月四日
定　　價——新台幣五八〇元
（缺頁或破損的書，請寄回更換）

時報文化出版公司成立於一九七五年，
並於一九九九年股票上櫃公開發行，於二〇〇八年脫離中時集團非屬旺中，
以「尊重智慧與創意的文化事業」為信念。

生物之書 / 麥可.傑拉德(Michael C. Gerald), 葛羅莉亞.傑拉德(Gloria E. Gerald)作 ; 陸維濃譯. --
初版. -- 臺北市 : 時報文化, 2016.11
　面 ; 公分. -- (科學人文 ; 57)

譯自 : The biology book : from the origin of life to epigenetics, 250 milestones in the history of biology

ISBN 978-957-13-6814-6(平裝)

1.生物學史

360.9　　　　　　　　　　　　　　　　　　105019428